*K. B. Jazimirski*

# THERMOCHEMIE VON KOMPLEXVERBINDUNGEN

K. B. JAZIMIRSKI

# THERMOCHEMIE
# VON
# KOMPLEXVERBINDUNGEN

**Mit 15 Abbildungen im Text**

1956

AKADEMIE-VERLAG · BERLIN

К. Б. Яцимирский

Термохимия комплексных соединений

Erschienen im Verlag der Akademie der Wissenschaften der UdSSR Moskau 1951

Übersetzt aus dem Russischen von Georg Crull

Wissenschaftliche Redaktion: Dr. B. Rackow, Inst. f. Phys. Chemie d. Friedrich-Schiller-Universität Jena

Erschienen im Akademie-Verlag GmbH., Berlin W 8, Mohrenstraße 39

Lizenz-Nr. 202 · 100/152/56



Gesamtherstellung: VEB Druckerei „Thomas Müntzer" Bad Langensalza

Bestell- und Verlags-Nr.: 5211

Printed in Germany

## VORWORT

Die Chemie der Komplexverbindungen entwickelte sich in der Gegenwart zu einem wichtigen, selbständigen Wissenschaftsgebiet. Die Untersuchungen der sowjetischen Wissenschaftler auf diesem Gebiet stehen in der Weltliteratur an hervorragender Stelle. Die weitere erfolgreiche Entwicklung der Chemie der Komplexverbindungen erfordert eine Erweiterung und Vertiefung der thermodynamischen Forschungen und insbesondere der Erforschung der Thermochemie von Komplexverbindungen. Die Aktualität der Arbeiten auf dem Gebiet der Thermochemie von Komplexverbindungen wird in den Beschlüssen der Allunionstagungen über die Komplexchemie hervorgehoben.

In vorliegender Arbeit, die von mir auf Anregung von A. F. KAPUSTINSKI begonnen und mit seiner immerwährenden Unterstützung durchgeführt wurde, wurde eine Durcharbeitung des auf diesem Gebiet vorhandenen Materials hinsichtlich allgemeiner Gesetzmäßigkeiten vorgenommen. Außerdem wurden die theoretischen Voraussetzungen erläutert und auf ihrer Grundlage eine kurze Übersicht über die Thermochemie der wichtigsten Klassen von Komplexverbindungen gegeben.

Die Arbeit schließt mit einer Zusammenfassung der thermochemischen Konstanten der Komplexverbindungen ab. Diese wurde auf Grund der bis 1945 verfügbaren Literatur einschließlich der Ergebnisse unserer Untersuchungen erarbeitet.

Der Verfasser ist für kritische Bemerkungen und Wünsche dankbar, die auf die Verbesserung und weitere Vervollkommnung dieser Arbeit gerichtet sind.

Ich erachte es für meine angenehme Pflicht, Herrn A. F. KAPUSTINSKI meine tiefe Verbundenheit für seine ununterbrochene Unterstützung bei dieser Arbeit, seine wertvollen Ratschläge und Hinweise bei der Lösung einer Reihe von Fragen auszudrücken.

Ebenfalls spreche ich meinen aufrichtigen Dank meinem offiziellen Rezensenten Herrn Doktor der chemischen Wissenschaften M. M. JAKSCHIN und Herrn Professor, Doktor der chemischen Wissenschaften K. G. CHOMJAKOW für eine Reihe wertvoller Hinweise und Ratschläge aus, die von mir bei der endgültigen Abfassung der Arbeit berücksichtigt wurden.

K. B. JAZIMIRSKI.

# INHALTSVERZEICHNIS

ERSTER TEIL

# Theoretische Grundlagen der Thermochemie der Komplexverbindungen

## EINLEITUNG

Das experimentelle Material auf dem Gebiet der Thermochemie von Komplexverbindungen kam schon lange vor der Ausbildung der Theorie dieser Verbindungen zum Vorschein, und zwar als es noch keine Komplexchemie gab. Die ersten versuchsmäßigen Bestimmungen wurden vom Begründer der Thermochemie als Wissenschaft durchgeführt, dem Entdecker des Gesetzes von der Konstanz der Wärmesummen, dem bekannten russischen Wissenschaftler und Akademiemitglied G. J. Hess*). Es ist allgemein bekannt, daß Hess bereits in seiner ersten kalorimetrischen Untersuchung, und zwar in einer Arbeit, die 1839 in Liebigs Annalen [1] veröffentlicht wurde, die Verdünnungswärmen der Schwefelsäure gemessen hat und durch Vergleich der Mischungsverhältnisse mit den freigewordenen Wärmemengen die Existenz einiger Hydrate der Schwefelsäure entdeckte. Auf diese Weise war er der Wegbereiter bei der Ausbildung der kalorimetrischen Methode der physikalisch-chemischen Analyse bereits lange vor N. S. Kurnakow, der die physikalisch-chemische Analyse zum selbständigen Teilgebiet der allgemeinen Chemie machte.

Hess legte als erster durch Bestimmung der Bildungswärmen der verschiedenen Schwefelsäurehydrate, die, wie wir jetzt wissen, Komplexverbindungen sind, den Grund für die Thermochemie komplexer Molekeln und erhärtete damit die Priorität der russischen Wissenschaft in der Ausarbeitung dieses wichtigen Zweiges der Chemie.

Die Thermochemie, die bis zu den kalorimetrischen Untersuchungen von M. W. Lomonossow zurückreicht und deren Begründung als Wissenschaft Hess zu verdanken ist, erhielt eine glanzvolle Entwicklung in unserem Vaterlande hauptsächlich durch die Arbeiten von N. N. Beketow, W. F. Luginin, M. W. Wrewski, J. A. Kablukow und viele andere Forscher. Jedoch befaßten sich die russischen Wissenschaftler lange Zeit hindurch nicht mit der Thermochemie komplexer Verbindungen. Für sie interessierten sich hauptsächlich ausländische Thermochemiker. Dieser Zustand fand eine wesentliche Änderung nach der Großen Sozialistischen Oktoberrevolution.

---

*) Anm. d. Herausg. der Übersetzung: Hermann Heinrich Hess, geb. 1802 in Genf, promoviert 1825 in Dorpat gest. 1850 in Petersburg.

Im folgenden geben wir eine kurze Übersicht über die wichtigsten Arbeiten über die Thermochemie von Komplexverbindungen.

Bereits THOMSEN [2] erhielt nicht nur thermochemische Daten für viele Salzhydrate und Komplexverbindungen vom Doppelsalztyp, sondern er stellte eine Reihe von empirischen Gesetzmäßigkeiten fest. Insbesondere wurde bemerkt, daß bei der Einwirkung von Halogenwasserstoffsäuren auf die Lösungen einiger Metallhalogenide (Halogenide von Platin, Palladium, Quecksilber und andere) ein bedeutender Wärmeeffekt auftritt, während bei der Mischung der Salzsäurelösung mit Chloriden von Magnesium, Eisen, Kupfer usw. keine Wärmeentwicklung erfolgt. Weiter stellte dieser Forscher fest, daß die Wärmeeffekte bei den untersuchten Reaktionen in folgender Reihe abnehmen: $HJ > HBr > HCl$. Hierbei machte THOMSEN auf folgenden Umstand aufmerksam: Die Bildung von Metall-Halogenwasserstoffsäuren ist besonders bevorzugt bei solchen Metallen, bei denen die Neutralisationswärme ihrer Oxyde mit Salpetersäure klein ist.

Bei der Aufstellung von Gesetzmäßigkeiten in der Bildung von Salzhydraten zeigte THOMSEN, daß in der Reihenfolge $MgX_2$, $CaX_2$, $SrX_2$, $BaX_2$ die Hydratation sich mit der Vergrößerung des Atomgewichts des Metalls verringert. Was den Einfluß der Natur des Halogens auf die Hydratationswärme des wasserfreien Salzes betrifft, so konnte THOMSEN hier keine bestimmten Gesetzmäßigkeiten feststellen. Er zeigte jedoch, daß im Fall einiger Metalle (Zink, Kupfer, Kadmium, Gold) sich die Hydrationswärme in der Reihenfolge Chlorid, Bromid, Jodid verringert, während bei andern Metallen (Kalzium, Strontium und Barium) eine entgegengesetzte Reihenfolge der Hydratationswärme beobachtet wird.

Ungefähr hundert Komplexverbindungen (Acidokomplexe, Aquosalze, Salze mit Ammoniak und organischen Aminen) wurden thermochemisch durch BERTHELOT [3] untersucht. Er betrachtet die Komplexverbindungen vom Typ der Doppelsalze als Derivate von komplexen Metallsäuren („acides metalliques complexes“) und unterscheidet einige Typen: $RX \cdot MX_2$; $2RX \cdot MX_2$; $4RX \cdot MX_2$. Bei der Untersuchung dieser Reihen macht BERTHELOT darauf aufmerksam, daß sich jede neue Molekel RX an das Doppelsalz mit sich verringerndem Wärmeeffekt addiert. Indem er auf die Unmöglichkeit hinwies, theoretisch die Grenzen der „völligen Absättigungsfähigkeit der chemischen Bindungen“ festzustellen, stellt er die allgemeine These auf, daß die Energie des Systems im Maße der Komplizierung seines Zusammenbaues sich erschöpft.

Die Schule BERTHELOTS lieferte einen bedeutenden Beitrag zur thermochemischen Untersuchung von Komplexverbindungen. Hier schienen vor allen Dingen die Arbeiten von ISAMBERT [4] und ANDRÉ [5] bezüglich der thermochemischen Untersuchung von Metall-Ammoniakaten, die Untersuchungen von VARET [6] bezüglich der thermochemischen Untersuchung von Acidokomplexen des Quecksilbers, die Untersuchung von Fluorosilikaten durch TRUCHOT [7], sowie die Arbeiten von PIGEON [8] über die Thermochemie der Halogenoplatinate und andere.

Die Arbeiten über die Energetik von Komplexverbindungen erfuhren mit der Ausbildung der Theorie ihres Baues eine wesentliche Erweiterung und Vertiefung.

Hier müssen besonders die sich über 20 Jahre (1912—1934) erstreckenden Arbeiten von EPHRAIM und Mitarbeitern über die thermische Beständigkeit von Komplexen mit ungeladenen Liganden (Ammoniak, Amin, $SO_2$ usw.) und Polyhalogeniden erwähnt werden. Allerdings sind diese Untersuchungen meist qualitativer Art.

Die erwähnten Verfasser führten keine kalorimetrischen Messungen der Reaktionswärmen bei der Bildung komplexer Verbindungen durch, sondern bestimmten entweder die Dissoziationstensionen komplexer Verbindungen bei verschiedenen Temperaturen oder stellten diejenige Temperatur fest, bei der die Dissoziationstension einen bestimmten Wert erreichte. In Verbindung damit, daß in vielen Fällen die Zusammensetzung der Bodenkörper nicht analysiert wurde, können die Daten von EPHRAIM nur zu verhältnismäßig grober Schätzung der thermischen Beständigkeit der komplexen Verbindungen verwandt werden.

EPHRAIM folgert ebenfalls eine Reihe empirischer Gesetzmäßigkeiten, die sich auf die thermische Beständigkeit der komplexen Verbindungen beziehen (vorwiegend Metallsalz-Ammoniakate). Insbesondere versuchte dieser Forscher einen Zusammenhang zwischen der Widerstandsfähigkeit letztgenannter und dem Atomumfang des komplexbildenden Metalls festzustellen. Diese These EPHRAIMS wurde in der Folge einer Kritik unterzogen. GRINBERG [17] weist darauf hin, daß entsprechend den modernen Vorstellungen kein Grund vorhanden sei, eine einfache Abhängigkeit zwischen der Widerstandsfähigkeit der sich bildenden Komplexverbindungen und dem Atomumfang anzunehmen. Denn der Atomumfang des Metalls steht mit dem Umfang des dazugehörigen Metall-Ions in keinerlei Abhängigkeitsverhältnis, und gerade der letztgenannte bestimmt die Beständigkeit des Komplexes. Übrigens stellte bereits EPHRAIM eine Reihe von Abweichungen von dieser Regel fest. Dann fand er, daß die Beständigkeit der Metall-Ammoniakate nicht nur durch die Art des komplexbildenden Metalls bestimmt wird, sondern auch durch die Art der ionogen gebundenen Säurereste. Dies wird dadurch erklärt, daß wir stets mit der Resultierenden zweier Größen bei der Untersuchung der Komplexbeständigkeit zu rechnen haben. Die eine von ihnen wird durch die Natur des Metalls bestimmt, die andere durch die Natur des Säurerestes. In den Arbeiten EPHRAIMS werden Reihenfolgen von Anionen nach abnehmender Beständigkeit der Ammoniak-Addition für die Salze ein und desselben Metalls angeführt. Für Nickelsalze sieht eine solche Reihe folgendermaßen aus:

$$ClO_4^- > J^- > Br^- > ClO_3^- > NO_3^- > Cl^- > SO_4^{2-} > S_4O_6^{2-} > H_2PO_2^- = HCOO^- > CNS^-.$$

Die Untersuchung der thermischen Beständigkeit komplexer Verbindungen erfuhr eine weitere Entwicklung in den Arbeiten von BILTZ und seinen Mitarbeitern [18—30]. Durch diese Forscher wurde die thermische Beständigkeit einiger hundert Ammoniakate mit verschiedenen Methoden untersucht. Für einige Verbindungen wurde die Bildungswärme kalorimetrisch bestimmt. In den meisten Fällen jedoch maßen die Verfasser die Dampftension der Ammoniakate bei verschiedenen Temperaturen und errechneten den Wärmeeffekt unter

Verwendung der NERNSTschen Näherungsgleichung. Das Vorhandensein der Tensionsmessungen bei mehreren Temperaturen, die sorgfältige Untersuchung der Bodenkörper und die in einigen Fällen erlangte Bestätigung der errechneten Daten durch kalorimetrische Messungen gestatten es, die Daten von BILTZ und seiner Schule für eine ziemlich genaue Errechnung der Bildungswärmen von Komplexverbindungen und folglich auch für eine zuverlässige Bewertung der thermischen Beständigkeit zu verwenden.

In den Arbeiten von BILTZ und Mitarbeitern werden gewöhnlich zwei Reihen von Größen angeführt, „Gesamtbildungswärme" und „Teilbildungswärme". Unter der erstgenannten verstehen die Autoren die Wärme der Umsetzung:

$$MX_{n(k)} + mNH_{3(g)} = MX_n \cdot mNH_{3(k)} + mQ_{ges} \; .$$

Unter der zweiten Größe verstehen sie die Wärme der Reaktion

$$MX_n \cdot mNH_{3(k)} + NH_{3(g)} = MX_n \cdot (m + 1)\, NH_{3(k)} + Q_{teil}$$

Sowohl die Gesamtreaktionswärme als auch die Teilreaktionswärme beziehen die Autoren stets auf ein Mol Ammoniak. Es ist verständlich, daß sich diese Größen von einander unterscheiden und daher nicht verwechselt werden dürfen. Auf diesen Umstand müssen wir hinweisen, weil in der Literatur (insbesondere in dem bekannten Nachschlagewerk von BICHOWSKY und ROSSINI [31]) eine derartige Verwechslung stellenweise stattfindet.

Von bedeutendem Interesse sind ebenfalls die theoretischen Überlegungen von BILTZ und GRIMM [27], die sich auf diese Frage beziehen. Die Verfasser betrachten folgendes System thermochemischer Kreisprozesse:

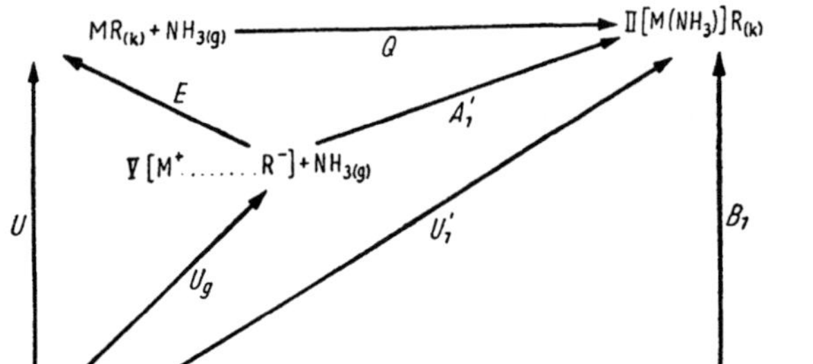


Die Zustände I, II, III und IV bedürfen keinerlei Erläuterung. Der Zustand V bezeichnet ein aufgeweitetes Kristallgitter des Ursprungssalzes, d. h. ein Gitter, in dem die Abstände zwischen den Ionen $M^+$ und $R^-$ die gleichen sind wie im Gitter der Komplexverbindung $[M(NH_3)]R$. Dementsprechend nennen die Verfasser eine Energieänderung beim Prozeß I—V „Aufweitungsarbeit" und bezeichnen sie mit $E$. Die Energieänderung beim Prozeß V—II nennen sie „Anlagerungsarbeit" und bezeichnen sie mit $A_1'$. Schließlich wird die Änderung der Energie IV — II von den Verfassern als Gitterenergie des Komplexsalzes bezeichnet.

Die wichtigste und am häufigsten zitierte Gleichung, die sich aus dem expliziertem System der thermochemischen Kreisprozesse ergibt, ist folgende:

$$Q = A_1' - E\,. \quad (1)$$

Aus dieser Gleichung folgt, daß die Bildungswärme des Ammoniakates aus dem Ursprungssalz und dem Ammoniak durch zwei dem Vorzeichen nach einander entgegengesetzte Größen bedingt wird: Erstens die „Aufweitungsarbeit", d. h. den Energieaufwand, der zur Trennung der Ionen des Ursprungssalzes und zu seiner Aufweiterung bis zu dem Abstand erforderlich ist, der für das Komplexsalz typisch ist, zweitens die „Anlagerungsarbeit", d. h. die Energieabgabe bei der Anlagerung der Ammoniakmolekeln an das Kation bei aufgeweitetem Gitter.

Biltz und Grimm zeigten auch Wege zur Errechnung der „Aufweitungsarbeit" auf, wobei sie letztere mit der Differenz der Gitterenergien des Ausgangs- und des „aufgeweiteten" Salzes gleichsetzen. Die erwähnten Forscher errechnen die Energie des Gitters nach Gleichungen, die letztere als Funktion des Molekelumfangs des Salzes ausdrücken. Wenn an die Lösung der Aufgabe in dieser Art herangegangen wird, kann gezeigt werden, daß bei übrigen gleichbleibenden Bedingungen sich mit der Vergrößerung der Gitterenergie des Ursprungssalzes die „Aufweitungsarbeit" stark vergrößert, und in Verbindung hiermit verringert sich $Q$, und es wird die Bindung von Ammoniak wenig wahrscheinlich.

Hieraus erklärt sich die Unmöglichkeit, Ammoniakate der meisten Fluoride und Hydroxyde der Metalle zu erhalten, und auch die Tatsache, daß im Falle der Salze, in deren Verband Kationen mit Edelgaskonfiguration eintreten, die Beständigkeit von den Jodiden über Bromide zu den Chloriden abnimmt. Derartige Reihen mit sich verringernder thermischer Beständigkeit der Ammoniakate bezeichnet Biltz als normal. Normale Reihen der Beständigkeit der Ammoniakate sind nicht nur für Salze der Hauptgruppenmetalle des periodischen Systems typisch, sondern auch für einige Nebengruppenmetalle (Nickel, Eisen, Kobalt, Mangan u. a.).

Jedoch bei Salzen mit ausgeprägter Ionenpolarisation (genauer gesagt mit einer chemischen Bindung, die sich mehr der kovalenten Bindung nähert), werden umgekehrte Beziehungen beobachtet. Die Beständigkeit der Ammoniakate verringert sich in der Reihe vom Chlorid über Bromid zum Jodid. Derartige Reihen nennt Biltz „verkehrte Reihen". Die Umkehrung der Beständigkeitsreihen kann laut Biltz dadurch erklärt werden, daß im gegebenen Falle die Energie der gegenseitigen Ionenpolarisation ($D$) im Ursprungssalz eine sehr wesentliche Rolle spielt, wobei sich die Gleichung (1) folgendermaßen ändert:

$$Q = A_1' - E - D\,. \quad (2)$$

Die starke Vergrößerung der Polarisationsenergie in der Halogenidreihe vom Chlor zum Jod kann zur völligen Umkehr der Beständigkeitsreihen der Ammoniakate führen.

Analoge „direkte" und „verkehrte" Reihen gibt es auch für Aquosalze, wie sie bereits Thomsen [2] festgestellt hat.

Von den anderen wichtigsten Gesetzmäßigkeiten, die Biltz festgestellt hatte, führen wir die Vergrößerung der Beständigkeit der Ammoniakate bei Vergrößerung der Aufladung und Verringerung des Metallionen-Radius. an sowie die Vergrößerung der Beständigkeit der Ammoniakate der Metallsalze mit der Zunahme des „edlen Verhaltens" der Metalle. Biltz stellte ebenfalls fest, daß sich die „spezielle Bildungswärme" des Ammoniakates mit der Vergrößerung der Anzahl der addierten Ammoniakmolekeln verringert. Übrigens ist die letztere Gesetzmäßigkeit nur ein häufiger Fall der oben untersuchten Regel von Berthelot [3] über die „Erschöpfung" der Energie des Systems in Abhängigkeit von der komplexen Vergrößerung seines Aufbaus.

Die Arbeiten von Biltz und seiner Schule spielten zweifellos eine beachtliche Rolle bei der Entwicklung der Thermochemie von Komplexverbindungen. Dessen ungeachtet muß hier auf einige, wenn auch sehr geringe Mängel in diesen Arbeiten hingewiesen werden. Im experimentellen Teil bestehen sie in einer sehr geringen Anzahl direkter kalorimetrischer Messungen der Bildungswärmen der Ammoniakate und im völligen Fehlen von Daten für die beständigsten und interessantesten Vertreter dieser Gruppe von Komplexverbindungen. Wir haben die Ammoniakate der Salze von Kobalt (III), Chrom (III), des Platin (II und IV) und der andern platinähnlichen Metalle im Auge. Ein wesentlicher Mangel der theoretischen Überlegungen von Biltz und Grimm ist der Umstand, daß diese Autoren nur elektrostatische Faktoren berücksichtigen und zur Erklärung von Anomalien Polarisation als Modellvorstellung heranziehen. Mit Hilfe letzterer ist jedoch nur eine qualitative Erklärung der beobachteten „Abweichungen" zu erklären, während quantitative Berechnungen unmöglich sind. Der Begriff der Gitterenergie des Komplexsalzes ist ungeeignet. Ungeeignet sind ebenfalls die Termini „Aufweitungsarbeit" und „Anlagerungsarbeit".

Eine weitere Fortsetzung der Richtung der Arbeiten von Biltz und Ephraim auf dem Gebiet der Thermochemie von Komplexverbindungen finden wir in den Arbeiten von Klemm und Mitarbeitern [32—35], die vorwiegend der Untersuchung der Metallsalz-Ammoniakate aus der dritten Gruppe des periodischen Systems gewidmet sind, sowie in der Untersuchung von Spacu und Mitarbeitern [36—38], die die Dampftensionen der Ammoniakate zahlreicher Salze des Zinks, des Kadmiums und des Kupfers untersuchten, sowie die Dampftensionen der Anlagerungsprodukte von Ammoniak an verschiedene Komplexsalze. Der gleichen Richtung schließen sich auch die Arbeiten von Hieber und Mitarbeitern [39—43] an, die der Untersuchung von Bildungswärmen komplexer Verbindungen mit dem Hydrazin und organischen Aminen gewidmet sind. Ein wesentlicher Unterschied der Arbeiten Hiebers von den vorhergehenden Untersuchungen besteht darin, daß diese Forscher die Bildungswärmen in allen Fällen durch unmittelbare kalorimetrische Methoden gemessen haben.

Von bedeutendem Interesse sind die Untersuchungen von Grinberg und Ptizin [44] über die Dampftension komplexer Ammoniakate vom zweitwertigen Platin. Die Forscher stellten in diesem Falle eine stark ausgeprägte „Reihenumkehr" der Beständigkeit fest. Diese Untersuchungen sind auch deswegen interessant, weil sie das wenig erforschte, aber für die Komplexchemie außerordentlich wichtige Gebiet der beständigen Komplexe umfaßt.

Eine Untersuchungsreihe über die Bildungswärmen von komplexen Halogeniden des Aluminiums wurde von Jakubson [45] und Plotnikow [46] durchgeführt.

Der Untersuchung von Bildungswärmen einiger Oxoverbindungen ist die Arbeit von Syrkin und Gladischew [47] gewidmet.

Die Untersuchungen sowjetischer Gelehrter über die Chemie der Komplexverbindungen nehmen in der wissenschaftlichen Welt eine hervorragende Stelle ein. Durch die Arbeiten von Tschugajew, Tschernjajew, Grinberg, Lebedinski, Swjaginzew und Dutzende anderer Wissenschaftler erreichte die Entwicklung der Chemie in unserem Lande außergewöhnliche Erfolge. Allgemein bekannt ist auch die hervorragende Rolle russischer Wissenschaftler bei der Entwicklung der Thermochemie. Es genügt zu erwähnen, daß bereits Lomonossow eine Reihe thermochemischer Untersuchungen durchgeführt hat und daß die Entdeckung des Grundprinzips der Thermochemie, das unter der Bezeichnung „Hessscher Wärmesummensatz" bekannt ist, der russischen Wissenschaft angehört. Allgemein bekannt sind auch die klassischen Arbeiten auf dem Gebiet der Thermochemie von Beketow, Luginin, Kablukow, Wrewski, Kapustinski und vieler anderer russischer Wissenschaftler.

Auf Grund dieser Tatsachen erscheint es uns völlig natürlich, daß die Arbeiten über die Untersuchung der Thermochemie komplexer Verbindungen in unserem Lande eine führende Rolle einnehmen und das Interesse zahlreicher Chemiker auf sich lenken müssen.

Zum Abschluß der sehr kurzen Übersicht über die Entwicklung der Thermochemie müssen ebenfalls die sich bis in die letzte Zeit erstreckenden Arbeiten über thermochemische Untersuchung von Komplexverbindungen (hauptsächlich vom Doppelsalztyp) der französischen Thermochemiker Bouzat und Chauvenet [48], Puche [49] u. a. erwähnt werden. Trotz der Tatsache, daß die Anzahl der in thermochemischer Beziehung untersuchten Komplexverbindungen 1400 Objekte übersteigt, sind die thermochemischen Daten für diese ganze Klasse von chemischen Verbindungen von niemandem systematisiert und kritisch bearbeitet worden. Insbesondere sind in dem bekanntesten Nachschlagewerk von Bichowsky und Rossini [31], das 1936 herausgegeben wurde, die Daten für komplexe Verbindungen nicht einer besonderen Gruppe zugeteilt und sind außerdem äußerst unvollständig. In ihm sind Daten nur für 928 komplexe Verbindungen angeführt. Aus dieser Zahl müssen die Werte für 70 Verbindungen wegen Fehlens von Unterlagen über die Zusammensetzung der Bodenkörper und wegen ungenügender Genauigkeit gestrichen werden. Z. B. wurde die Bildungswärme von $FeSO_4 \cdot NH_3$ auf Grund des Hinweises errechnet, daß für diese Verbindung der Druck des Ammoniaks 1 Atm. im Bereich von 300—400° erreicht. Genauso wurde die Bildungswärme von $NiSO_4 \cdot \frac{1}{2}NH_3$ auf Grund des Hinweises von Ephraim errechnet daß der Druck des Ammoniaks 1 Atmosphäre für diese Verbindung bei einer Temperatur erreicht, die 380° überschreitet.

Die Bildungswärmen einiger Ammoniakate der Kupfersalze (z. B. $Cu(NO_3)_2 \cdot xNH_3$ und $CuJ_2 \cdot xNH_3$) wurden von den Verfassern bei Fehlen von Unterlagen über die Zusammensetzung der Bodenkörper errechnet. Indem sie unwahrscheinliche Werte für die Bildungswärme von $CdCl_2 \cdot 4H_2O$ anführen, berufen die Autoren sich auf eine Arbeit des Studenten WOROBJOW [50]. Indessen bestimmte Letztgenannter nicht die Bildungswärmen von $CdCl_2 \cdot 4H_2O$, sondern beschrieb nur, wie man sie erhalten kann. Die Zahl derartiger Beispiele könnte noch wesentlich erhöht werden.

Aus den verbleibenden Daten von 858 Verbindungen bedürfen die Werte für 118 Verbindungen einer Korrektur, da bei ihrer Errechnung grobe Fehler unterlaufen sind. So verwenden in einigen Fällen die Verfasser irrtümlicherweise „allgemeine Bildungswärmen“ an Stelle von „speziellen Bildungswärmen“ (z. B. im Falle von $FeCl_2 \cdot 6NH_3$); in zahlreichen anderen Fällen sind Rechenfehler unterlaufen.

Wir befassen uns mit der Kritik der Daten für Komplexverbindungen, wie sie von BICHOWSKI und ROSSINI angeführt sind, nicht nur deshalb so ausführlich, weil dieses Nachschlagewerk sich einer großen Verbreitung erfreut, sondern auch deswegen, weil die gleichen Fehler auch in den „International Critical Tables“ und im „Handbuch der technischen Enzyklopädie“ enthalten sind. (Die „Thermochemie“ von BICHOWSKY und ROSSINI stellt einen wesentlich erweiterten und überarbeiteten Auszug aus den „International Critical Tables“ dar.) In dem bekannten Nachschlagewerk von LANDOLT-BÖRNSTEIN [51] werden ebenfalls

Tabelle 1

*Gesamtzahl der Komplexverbindungen, die in*

| Lfd. Nr. | Gruppe der Komplexverbindungen | Anzahl der | | |
|---|---|---|---|---|
| | | Wasserstoff | I. Hauptgruppe | Untergruppe des Kupfers |
| 1 | Aquosalze und Deuterate | 5 | 21 | 6 |
| 2 | Komplexverbindungen mit $H_2S$ | — | — | — |
| 3 | Komplexverbindungen mit $SO_2$ | — | 12 | — |
| 4 | Komplexverbindungen mit $NH_3$, $ND_3$, $N_2H_4$ und $NH_2OH$ | 59 | 28 | 115 |
| 5 | Komplexverbindungen mit organischen Diaminen | 2 | — | 4 |
| 6 | Komplexverbindungen mit organischen Monoaminen | 19 | 37 | 3 |
| 7 | Komplexverbindungen mit Urotropin | 5 | — | — |
| 8 | Komplexverbindungen mit Pyridin | — | — | 3 |
| 9 | Komplexverbindungen mit Phosphin | 3 | — | 8 |
| 10 | Komplexverbindungen mit Kohlenmonoxyd | — | — | 1 |
| 11 | Komplexverbindungen mit Alkoholen und Äthern | 1 | — | 1 |
| 12 | Komplexverbindungen mit Harnstoff und seinen Abkömmlingen | 6 | — | — |
| 13 | Acidokomplexe | 5 | — | 24 |
| 14 | Komplexverbindungen mit ungleichartigen Liganden | — | — | 6 |
| 15 | Polyhalogenide und Polysulfide | — | — | — |
| | Insgesamt | 105 | 98 | 171 |

thermochemische Daten von Komplexverbindungen angeführt. Sie sind jedoch verstreut und nicht überarbeitet, und außerdem haben sich in dieser Ausgabe einige Fehler eingeschlichen. All das führt zur Notwendigkeit, das gesamte vorhandene Material über die Thermochemie von Komplexverbindungen zu sammeln, zu systematisieren und kritisch zu überarbeiten. Eine entsprechende Zusammenstellung, die auf Grund der überarbeiteten Literatur bis 1945 und unter Hinzufügung unserer eigenen experimentellen und theoretisch errechneten Werte zusammengestellt wurde, ist in vorliegende Arbeit aufgenommen worden. In ihr werden thermochemische Daten für 1463 Komplexverbindungen angeführt (siehe zweiten Teil).

Auf Grund dieser Zusammenstellung kann eine allgemeine Charakterisierung des Forschungsstandes in thermochemischer Beziehung für die verschiedenen Gruppen von Komplexverbindungen gegeben werden. Im folgenden wird Tabelle 1 gebracht. In ihr wird die Gesamtzahl der Komplexverbindungen der wichtigsten Gruppen angeführt, für die thermochemische Daten vorliegen. Zur Zahl der untersuchten Verbindungen, die in die Tabelle aufgenommen wurden, gehören auch die Verbindungen, deren Daten von uns erhalten wurden (115 theoretisch berechnete und 69 experimentell bestimmte). Aus der Betrachtung der Tabelle 1 kann vor allem ein Schluß über die ungenügende Erforschung zahlreicher wichtiger Gruppen komplexer Verbindungen in thermochemischer Beziehung gezogen werden. Auffallend ist die sehr beschränkte Anzahl von Daten für Komplexverbindungen mit Harnstoff, Thioharnstoff, Urotropin, Pyridin usw., obwohl

*thermochemischer Beziehung erforscht sind*

| Verbindungen nach Gruppen des periodischen Systems und nach einzelnen Elementen | | | | | | | | | | Insgesamt Verbindungen der betreffenden Gruppe |
|---|---|---|---|---|---|---|---|---|---|---|
| II. Hauptgruppe | Untergruppe des Zinks | III | IV | Antimon und Wismut | Sauerstoff und Schwefel | Chrom und Uran | Mangan | Haloide | VIII | |
| 72 | 8 | 9 | — | — | 6 | 6 | 12 | — | 25 | 170 |
| 2 | — | 3 | 6 | — | — | — | — | — | — | 11 |
| 4 | — | 2 | — | — | — | — | — | — | — | 18 |
| 73 | 138 | 83 | 39 | 5 | — | 18 | 15 | — | 66 | 639 |
| — | 18 | — | — | — | — | — | — | — | 17 | 41 |
| — | 3 | — | 11 | — | — | — | — | — | 3 | 76 |
| — | — | — | — | — | — | — | — | — | — | 5 |
| — | 14 | — | — | — | — | — | — | — | 17 | 34 |
| — | — | 3 | 5 | — | — | — | — | — | — | 19 |
| — | — | — | — | — | — | — | — | — | 4 | 5 |
| 7 | 4 | 4 | 10 | — | — | — | — | — | 6 | 33 |
| — | — | — | — | — | — | — | — | — | — | 6 |
| 5 | 29 | 27 | 25 | 4 | — | — | 2 | — | 66 | 187 |
| — | 38 | 10 | 6 | — | — | 15 | — | — | 124 | 199 |
| — | — | — | — | — | 10 | — | — | 10 | — | 20 |
| 163 | 252 | 141 | 102 | 9 | 16 | 39 | 29 | 10 | 328 | 1463 |

die Zahl der bekannten Vertreter dieser Gruppen von Verbindungen sehr bedeutend ist. Vollständig fehlen die Daten für so wichtige Gruppen wie innerkomplexe Verbindungen, Mehrkernkomplexe und Heteropolysäuren. Außerdem muß erwähnt werden, daß für die beständigsten Komplexe (Verbindungen von Chrom, Platin, Rhodium, Iridium usw.) eine beschränkte Anzahl thermochemischer Daten vorliegt. Zur Illustration dieser Lage kann folgende Tatsache angeführt werden. Obwohl zu Beginn der vorliegenden Arbeit in der Literatur ungefähr 2000 Komplexverbindungen des Kobalts (III) beschrieben wurden, waren thermochemisch nur 10 Verbindungen untersucht. Unter den vorhandenen thermochemischen Daten sind viele auf indirektem Wege gewonnen worden. Diese Bemerkung bezieht sich vor allem auf die Ammoniakate, für die die meisten thermochemischen Daten auf Grund einer Messung der Dampfspannung der betreffenden Verbindung erlangt wurden.

Eine weitere Bereicherung von thermochemischen Daten für komplexe Verbindungen ist gegenwärtig eine der vordringlichsten Aufgaben. Es ist völlig verständlich, daß für eine erfolgreiche Lösung dieser Aufgabe eine bedeutende Zeitspanne und die angespannte Arbeit vieler Forscher erforderlich ist.

Oben wurde gezeigt, daß in der theroretischen Bearbeitung des vorhandenen Materials erst die ersten Schritte getan wurden. Jedoch schrieb bereits der große Mendelejew [52]: „Man könte denken, daß einige Besonderheiten des Reagierens organischer Verbindungen (z. B. Substitution, die geringe Geschwindigkeit vieler Reaktionen und ähnliches) von den gleichen Ursachen abhängen, die zur Komplexbildung führen. Für die bevorstehenden Zeitabschnitte der Chemie liegt hier meiner Ansicht nach eine der wichtigsten und interessantesten Aufgaben, die das schwer begreifliche Gebiet der Lösung und die Natur der Kräfte beleuchten können, welche die Bildung der Verbindungen lenken."

Es braucht wohl kaum nachgewiesen zu werden, daß für die weitere Entwicklung der Theorie des Aufbaus von Komplexverbindungen eine maximale Ausnutzung energetischer Merkmale erforderlich ist, ähnlich, wie dies bei der Lösung von Problemen der chemischen Bindung in einfachen Verbindungen der Fall ist. Außerdem möge eine theoretische Bearbeitung der thermochemischen Daten für komplexe Verbindungen viel für das Verständnis der Art von Kräften beitragen, die die Bildung nicht nur von Komplexverbindungen, sondern auch von anderen Verbindungen lenken. Schließlich möge die Entwicklung der Thermochemie komplexer Verbindungen zu einer Reihe wichtiger Ergebnisse für die unmittelbare praktische Anwendung führen. Insbesondere soll eine möglichst vollständige Berücksichtigung der Faktoren, die die thermische Beständigkeit von Komplexverbindungen bedingen, bei Vorhandensein von Entropiedaten direkte Hinweise für die Synthese neuer Komplexverbindungen liefern. Die Feststellung einer Beziehung zwischen der Löslichkeit von Komplexverbindungen und den thermochemischen Daten wird es gestatten, neue analytische Reaktionen unter Verwendung von Komplexverbindungen und neue Methoden für ihre Synthese aufzuzeigen.

KAPITEL I

# Gitterenergie von Komplexsalzen und komplexe Ionenradien

## *1. Energie des Gitters von Komplexsalzen*

Bei der Behandlung des Zustandes der Thermochemie schrieb MENDELEJEW [52]: „Meiner Meinung nach geben zwei wesentliche Umstände keine Möglichkeit, aus dem bereits angesammelten riesigen Vorrat thermochemischer Daten strenge Folgerungen zu ziehen, die für die chemische Mechanik wichtig sind: erstens wird die Mehrheit der Bestimmungen in verdünnten wäßrigen Lösungen durchgeführt, und zweitens verlaufen die physikalisch-chemischen Änderungen (Konzentration, Verteilung, Wechsel des Zustandes u. a.) unausbleiblich neben den chemischen, und es ist in den meisten Fällen unmöglich, die thermischen Effekte der physikalischen Art von denen der rein chemischen Art zu trennen."

Eine der wesentlichsten Besonderheiten von Komplexsalzen ist das Vorhandensein von mindestens zwei verschiedenen chemischen Bindungstypen in ihrem Kristallgitter: Bindungen innerhalb des komplexen Ions und Bindung zwischen den Ionen. Je stärker dieser Unterschied ausgeprägt ist, einen um so typischeren Vertreter von Komplexverbindungen stellt das Salz vor. Für eine erfolgreiche Lösung der Fragen, die mit der Energetik von Komplexverbindungen in Zusammenhang stehen, ist vor allem die Unterteilung des summaren Energieeffektes der komplexen Salzbildung in Effekte notwendig, die durch die ersten (zwischenionischen) und die zweiten (innerkomplexischen) Kräfte bedingt sind. In Verbindung damit messen wir der Gitterenergie des Komplexsalzes eine besondere Bedeutung bei.

Der Begriff der Gitterenergie des Komplexsalzes ist bisher von niemandem in allgemeiner Form klar und deutlich formuliert worden. Zum Unterschied von BILTZ und GRIMM [27] geben wir folgende Definition der Gitterenergie eines Komplexsalzes:

> *Die Gitterenergie des Komplexsalzes ist die Änderung der Inneren Energie beim Übergang vom festen Salz zum Ionengas, das aus den gleichen Ionen besteht wie der Kristall.*

Im folgenden werden Beispiele für solche Prozesse gebracht:

$$K_2PtCl_{6(k)} = 2K^+_{(g)} + [PtCl_6]^{2-}_{(g)} \qquad \text{(III)}$$

$$[Ni(NH_3)_6]Cl_{2(k)} = [Ni(NH_3)_6]^{2+}_{(g)} + 2Cl^-_{(g)} \qquad \text{(IIIa)}$$

$$[Co(NH_3)_6][Fe(CN)_6]_{(k)} = [Co(NH_3)_6]^{3+}_{(g)} + [Fe(CN)_6]^{3-}_{(g)}\,. \qquad \text{(IIIb)}$$

Die Gitterenergie des Komplexsalzes werden wir in den gesamten weiteren Ausführungen mit $U_k$ bezeichnen und zur Erleichterung der Berechnung auf Standardbedingungen beziehen.

Unsere Bestimmung der Gitterenergie des Komplexsalzes nähert sich am meisten der Bestimmung der Gitterenergie mit komplexen Anionen von FERSMAN [53]. Er verstand unter dieser Größe eine „Energie, die verbraucht werden muß, um den Kristall in unter natürlichen Bedingungen beständige einfache Kationen und komplexe Anionen zu zerlegen".

Unmittelbar aus der von uns gegebenen Formulierung ergibt sich folgende Gleichung:

$$U_k = -\Delta H^\circ_{ka} + \Delta H^\circ_k + \Delta H^\circ_a \qquad (3)$$

wo $-\Delta H^\circ_{ka}$, $-\Delta H^\circ_k$ und $\Delta H^\circ_a$ die Bildungswärmen sind, jeweils bezogen auf das kristallisierte Salz, das gasförmige Kation bzw. gasförmige Anion. Die Gleichung (3) ist nicht von der Art Ionen abhängig, die das betreffende Salz bilden, auch nicht von irgendwelchen Annahmen über die Art der Kräfte, die zwischen den Ionen in Kristall wirken. Daher werden wir die Werte der Gitterenergie, die auf Grund dieser Gleichung gefunden wurden, als „experimentelle" Werte bezeichnen.

Jedoch ist in der überwältigenden Mehrzahl der Fälle eine Errechnung der Bildungswärme des Komplexions möglich. Daher haben wir wesentlich häufiger die Gleichung (3) für die Durchführung von Berechnungen verwandt, die sich auf die Energie von gasförmigen komplexen Ionen bezieht, und wir haben dieselbe insbesondere zur Errechnung der Energie verwandt, die bei der Anlagerung von gasförmigen Liganden an das gasartige Zentralion abgegeben wird. Die für diese Berechnungen erforderliche Gitterenergie des Komplexsalzes kann man mit Hilfe der Gleichung KAPUSTINSKIS [54] errechnen.

$$U_k = 287{,}2 \frac{\Sigma_n \cdot z_1 \cdot z_2}{r_1 + r_2}\left(1 - \frac{0{,}345}{r_1 + r_2}\right) \qquad (4)$$

wo $\Sigma_n$ die Zahl der Ionen ist, die die betreffende Salzmolekel bilden, ferner wo $z_1$ und $z_2$ die Ladungen der Ionen und $r_1$ und $r_2$ ihre Radien bedeuten.

Die komplexen Salze bestehen in den meisten Fällen aus großen, schwach polarisierten Ionen. Dies berechtigt uns zur Annahme, daß in diesem Falle die Gleichung KAPUSTINSKIS die Möglichkeit gibt, die Gitterenergie nicht nur abzuschätzen, sondern mit einer Genauigkeit von $\pm 1\%$ zu errechnen. Für derartige Berechnungen muß man nur die Radien und Ladungen der Ionen kennen. Allerdings muß erwähnt werden, daß im Falle der Salze vom Typ $M_2X$ und $M_3X$ die Gleichung (4) nur eine angenäherte Abschätzung ermöglicht. Die Ursache dieser Ausnahme ist bis jetzt ungeklärt geblieben.

Die Gitterenergie des komplexen Salzes kann ebenfalls mittels der gut bekannten Gleichung von FAJANS errechnet werden:

$$U_k = L_k + L_a - L\,, \qquad (5)$$

wo $L_k$ und $L_a$ die Hydratationswärmen der Ionen sind, die das Salzgitter bilden, sowie $L$ die Lösungswärme des Salzes darstellt.

Im Falle der großen schwach polarisierten Ionen wird ihre Hydratationswärme durch die Ladung und den Radius bestimmt. Folglich muß man für die Berechnung von $U_k$ mittels der Gleichung (5) die Ladungen der Ionen, ihre Radien, die Lösungswärme des Salzes sowie die Abhänigkeit der Hydratationswärme der Ionen von ihren Ladungen und Radien kennen. Mit der Betrachtung dieser Abhängigkeit wollen wir uns im folgenden näher befassen und weisen jetzt nur darauf hin, daß auf Grund obiger Ausführungen für die Errechnung der Gitterenergie von Komplexsalzen die Gleichung KAPUSTINSKIS unter den bekannten Gleichungen die bequemste und genaueste ist.

Die Gleichung KAPUSTINSKIS gestattet in Verbindung mit der Gleichung (3) die Lösung einer der wichtigsten theoretischen Aufgaben der Thermochemie komplexer Verbindungen, nämlich die Auffindung der Bildungsenergie des isolierten komplexen Ions im Gaszustand. Die Kenntnis letztgenannter Größe ermöglicht die Abschätzung der Beständigkeit der Anlagerung verschiedener Liganden an verschiedene Zentralionen.

## *2. Thermochemische Radien der Ionen*

Zur Errechnung der Gitterenergie des komplexen Salzes nach der Gleichung von KAPUSTINSKI ist die Kenntnis der Radien der komplexen Ionen erforderlich. Zuerst wurden diese Größen von HASSEL, KRINGSTAD und BOEDTER-NAESS [55 bis 56] für eine Reihe von Ionen aus röntgenanalytischen Daten errechnet. Außerdem können die Ionenradien aus dem Molekelumfang des Komplexsalzes berechnet werden, wenn der Typ des Kristallgitters bekannt ist [57]. Mit Hilfe dieser Methoden wurden die Radien der Ionen vom Typ $[M(NH_3)_6]^{2+}$, $[M(H_2O)_6]^{2+}$ und $RO_4^-$ errechnet.

Jedoch sind diese beiden Methoden nur für die Berechnung der Radien von Ionen verwendbar, die der Form nach sich der Kugel annähern (oktaedrische, kubische, tetraedrische usw.). Jedoch interessieren uns in gleichem Maße auch die Kristallgitter, die aus unsymmetrischen oder von der Kugelform stark abweichenden Ionen bestehen (lineare, flache, pyramidale und sonstige). Wir nehmen an, daß auch solchen Ionen bestimmte sog. „thermochemische Radien“ zugeordnet werden können. Dieser Terminus wurde zuerst von KAPUSTINSKI [58] für die Werte der Radien vorgeschlagen, die von ihm aus thermochemischen Daten gefunden wurden.

*Der thermochemische Radius ist der Radius eines hypothetischen kugelförmigen Ions, das isoenergetisch ein gegebenes Ion im Kristallgitter ersetzt.*

Im Falle sphärischer oder der Form nach diesen angenäherter Ionen besteht kein Unterschied zwischen den thermochemischen und den kristallchemischen Radien (wir bedienten uns in allen Fällen der Ionenradien nach GOLDSCHMIDT). Im Falle der Ionen, die sich formenmäßig von den kugeligen unterscheiden, erhalten wir durch Verwendung der thermochemischen Radien erst die Möglichkeit, auch für jene eine energetische Kennzeichnung zu finden.

Man kann einige Methoden zur Auffindung von thermochemischen Ionenradien vorschlagen. Der einfachste Weg zur Errechnung dieser Größe wurde von KAPUSTINSKI [58] vorgeschlagen. Wenn die Bildungswärmen gasförmiger Ionen, die das betreffende Salz bilden, sowie die Bildungswärme des kristallisierten Salzes bekannt sind, so kann die Gitterenergie mittels Gleichung (3) errechnet werden. Wenn man nun den gefundenen Wert der Gitterenergie in die Gleichung KAPUSTINSKIS (4) einsetzt und den Radius eines der Ionen kennt, kann man die Größe des Radius des zweiten Ions finden.

Diese Methode wurde von uns zur Errechnung der Radien von Aquo-Ionen [59] verwandt. Im folgenden bringen wir zur Veranschaulichung eine Berechnung der Radien $[Ba(H_2O)^{2+}$ und $[Ba(H_2O)_2]^{2+}$ mit Hilfe der behandelten Methode.

Auf Grund der Daten von ELEY und EVANS (60) wurden die Wärmetönungen folgender Reaktionen gefunden:

$$Ba^{2+}_{(g)} + H_2O_{(g)} = [Ba(H_2O)]^{2+}_{(g)} + 32\ \text{kcal}\ ;$$

$$Ba^{2+}_{(g)} + 2H_2O_{(g)} = [Ba(H_2O)_2]^{2+}_{g} + 64\ \text{kcal}\ .$$

Hieraus fanden wir für $[Ba(H_2O)]^{2+}_{(g)}$ die Bildungswärme ($-\Delta H^\circ$) gleich —298 kcal und für $[Ba(H_2O)_2]^{2+}_{(g)}$ gleich —208 kcal.

Die Ergebnisse der weiteren Berechnungen und die erforderlichen thermochemischen Größen werden in den Tabellen 2 und 2a gebracht. Die von uns gebrachten Ergebnisse der Berechnungen zeigen ebenfalls, daß die thermochemischen Radien der Ionen durch die gleiche Konstanz gekennzeichnet sind wie die Radien, die aus den Daten der Röntgenanalyse stammen. Im folgenden werden wir die behandelte Errechnungsmethode der thermochemischen Radien mit „Methode KAPUSTINSKI" bezeichnen. Ein etwas schwieriger Weg zur Auffindung der thermochemischen Radien der Ionen wurde von uns vorgeschlagen [61]. Aus der Gleichung (3) folgt, daß die Verschiedenheit zwischen den Bildungswärmen zweier Salze mit ein und demselben Ion (entweder Kation oder Anion) durch den

Tabelle 2

*Thermochemischer Radius von* $[Ba(H_2O)]^{2+}$

(Daten zur Berechnung und Rechnungsergebnisse für einige Verbindungen)

| Thermochemische Kennzeichen | $[Ba(H_2O)]Cl_2$ | $[Ba(H_2O)]Br_2$ | $[Ba(H_2O)]J_2$ | $[Ba(H_2O)](NO_3)_2$ | $[Ba(H_2O)](CN)_2$ | $[Ba(H_2O)](ClO_3)_2$ |
|---|---|---|---|---|---|---|
| Bildungswärme der Verbindung | 278 | 255 | 221 | 256 | 130 | 249 |
| Bildungswärme des gasförmigen Anions | 62,5 | 59 | 53 | 33 | —13 | 58 |
| Gitterenergie nach Gleichung (3) | 451 | 435 | 413 | 488 | 454 | 431 |
| Summe der Ionenradien | 3,43 | 3,57 | 3,80 | 3,15 | 3,42 | 3,61 |
| Radius des Ions $[Ba(H_2O)]^{2+}$ | 1,62 | 1,61 | 1,60 | 1,60 | 1,60 | 1,61 |

Durchschnittswert des Radius von $[Ba(H_2O)]^{2+}$ —1,61 ± 0,01 Å.

Tabelle 2a

*Thermischer Radius von* $[Ba(H_2O)_2]^{2+}$

(Daten zur Berechnung und Rechnungsergebnisse für einige Verbindungen)

| Thermochemische Kennzeichen | $[Ba(H_2O)_2]Cl_2$ | $[Ba(H_2O)_2]Br_2$ | $[Ba(H_2O)_2]J_2$ | $[Ba(H_2O)_2](CN)_2$ |
|---|---|---|---|---|
| Bildungswärme der Verbindung . . . | 349 | 326 | 292 | 200 |
| Bildungswärme des gasförmigen Anions. . . . . . . . . . . . . . | 62,5 | 59 | 53 | —13 |
| Gitterenergie nach Gleichung (3) . . . | 432 | 416 | 394 | 433 |
| Summe der Ionenradien . . . . . . | 3,60 | 3,76 | 4,00 | 3,60 |
| Radius des Ions $[Ba(H_2O)_2]^{2+}$ . . . . | 1,79 | 1,80 | 1,80 | 1,78 |

Durchschnittswert des Radius von $[Ba(H_2O)_2]^{2+}$ — 1,79 ± 0,01 Å.

Unterschied der Bildungswärmen der ausgewechselten Ionen und den Unterschied der Gitterenergien bestimmt wird.

$$U_{k_{M_1X}} - U_{k_{M_2X}} = -\Delta H^\circ_{M_1X} + \Delta H^\circ_{M_2X} + \Delta H^\circ_{M_1^+} - \Delta H^\circ_{M_2^+} \,. \tag{6}$$

Wenn wir an Stelle von $U_k$ ihren Wert von Kapustinski einsetzen, erhalten wir

$$287{,}2 \sum n z_1 z_2 \left[\frac{1}{r_{M_1} + r_X}\left(1 - \frac{0{,}345}{r_{M_1} + r_X}\right) - \frac{1}{r_{M_2} + r_X}\left(1 - \frac{0{,}345}{r_{M_2} + r_X}\right)\right]$$
$$= -\Delta H^\circ_{M_1X} + \Delta H^\circ_{M_2X} + \Delta H^\circ_{M_1^+} + \Delta H^\circ_{M_2^+} \,. \tag{7}$$

Zur Lösung der Gleichung (7) muß man die Bildungswärmen der zwei Salze kennen, deren Bestandteil das zu untersuchende Ion ist, die Bildungswärmen der zwei entgegengesetzt geladenen Ionen im gasförmigen Zustand, die als Bestandteile den gleichen Salzen angehören, sowie die Radien dieser beiden Ionen.

Bei Verwendung dieser Methode zur Errechnung der thermochemischen Radien ist es notwendig, die entsprechenden thermochemischen Größen mit ausreichender Genauigkeit zu bestimmen (die Fehlergrenze soll in den Bestimmungen ± 0,3 kcal nicht übersteigen), da man es mit dem Unterschied der Bildungswärmen zu tun hat und im ungünstigen Falle eine Summierung experimenteller Fehler möglich ist.

Den Radius eines unbekannten Ions $r_X$ finden wir, wenn wir die erhaltene Gleichung vierten Grades graphisch lösen.

Für die Errechnung der thermochemischen Radien nach der vorgeschlagenen Methode muß der Unterschied der Bildungswärmen verschiedener Ionenverbindungen mit gut untersuchten Ionen entgegengesetzter Ladung verwandt werden. Hierbei haben wir als Ionen entgegengesetzter Ladung sphärische einatomige Ionen mit einer edelgasähnlichen Elektronenkonfiguration ausgewählt.

Die Radien gleichgeladener Anionen wurden nach den Bildungswärmen der entsprechenden Salze von Kalium, Natrium, Rubidium, Caesium, Barium, Strontium und Calcium errechnet. Die Radien doppelt geladener Anionen wurden nach der Differenz der Bildungswärmen von Salzen mit doppelt geladenen Kationen ($Ca^{2+}$, $Sr^{2+}$, $Ba^{2+}$) im Zusammenhang mit der Tatsache errechnet, daß mit der Gleichung von KAPUSTINSKI eine genaue Errechnung der Gitterenergie der Salze von Typ $M_2X$ unmöglich ist. Die Radien komplexer Kationen wurden aus der Differenz der Bildungswärmen der entsprechenden Halogenide (Chloride, Bromide und Joide) errechnet. Als Beispiel wollen wir die Abschätzung thermochemischer Radien gleichgeladener Anionen mittels der Differenz der Bildungswärmen entsprechender Salze des Natriums und Kaliums untersuchen. Wenn wir für diesen Fall die Gleichung (7) anwenden, erhalten wir

$$576{,}4\left[\frac{1}{0{,}98+r_X}\left(1-\frac{0{,}345}{0{,}98+r_X}\right)-\frac{1}{1{,}33+r_X}\left(1-\frac{0{,}345}{1{,}33+r_X}\right)\right] = \Delta H^\circ_{KX} - \Delta U^\circ_{NaX} + 121{,}2 - 143{,}9 \qquad (7a)$$

(Bildungswärmen gasförmiger Ionen des Kaliums und Natriums werden in Teil 2 aufgeführt.) Wenn wir den linken Teil der Gleichung (7a) mit $\Delta U$ bezeichnen und die Differenz der Bildungswärmen mit $\delta H$, erhalten wir

$$\delta H = 22{,}7 - \Delta U\,. \qquad (7b)$$

Aus der Gleichung (7a) folgt, daß in diesem Falle die Größe $\Delta U$ nur vom Radius des Anions abhängt und leicht errechnet werden kann. In Tab. 3 bringen wir die Differenz der Bildungswärmen der entsprechenden Salze, die nach der

Tabelle 3

*Differenzen der thermochemischen Größen für Natrium- und Kaliumsalze in Abhängigkeit vom Radius des Anions*

| Radius des Anions in Å | Differenz der Gitterenergien in kcal $\Delta U = U_{NaX} - U_{KX}$ | Differenz der Bildungswärmen in kcal $\delta H = \Delta H^\circ_{KX} - \Delta H^\circ_{NaX}$ | Differenz der Lösungswärmen in kcal $L_{NaX} - L_{KX}$ |
|---|---|---|---|
| 1,3 | 24,0 | + 1,3 | —4,1 |
| 1,4 | 22,5 | — 0,2 | —2,6 |
| 1,5 | 21,1 | — 1,6 | —1,2 |
| 1,6 | 19,8 | — 2,9 | 0,1 |
| 1,7 | 18,7 | — 4,0 | 1,2 |
| 1,8 | 17,7 | — 5,0 | 2,2 |
| 1,9 | 16,7 | — 6,0 | 3,2 |
| 2,0 | 15,8 | — 6,9 | 4,1 |
| 2,1 | 15,0 | — 7,7 | 4,9 |
| 2,2 | 14,2 | — 8,5 | 5,7 |
| 2,3 | 13,5 | — 9,2 | 6,4 |
| 2,4 | 12,8 | — 9,9 | 7,1 |
| 2,5 | 12,2 | —10,5 | 7,7 |

Gleichung (7b) errechnet wurde. Aus dieser Gleichung folgt, daß die Differenz der Bildungswärmen hier nur durch die Radien der entsprechenden Anionen bestimmt wird.

Die Differenz der experimentell gefundenen Bildungswärmen der Hydroxyde des Kaliums und Natriums beträgt 0,1 kcal, der Hydrosulfide 6,7, der Bisulfate

7,8, der Bikarbonate 3,8, der Formiate 3,0, der Cyanide 5,5, der Nitrite 2,6, der Hydroselenide 8 kcal usw. Hieraus können die Radien der entsprechenden Ionen auf folgende Weise (mit einer Genauigkeit von 0,05 Å) geschätzt werden: $OH^-$ — 1,40 Å, $HS^-$ — 1,95, $HSO_4^-$ — 2,10, $HCO_3^-$ — 1,70, $HCO_2^-$ — 1,60, $CN^-$ — 1,85, $NO_2^-$ — 155, $HSe^-$ — 2,10 Å usw. Eine weitere Präzisierung der Größe der Ionenradien muß auf Grund analoger Rechnungen unter Verwendung thermochemischer Daten für andere Salze durchgeführt werden. Hierbei vergrößert sich die Genauigkeit der Berechnung des thermochemischen Radius. Die Differenz der Bildungswärmen zweier Salze mit ein und demselben Ion kann bei Vorhandensein von Daten der Lösungswärmen der entsprechenden Salze und der Bildungswärmen zweier Ionen in Wasserlösung errechnet werden. Da die Bildungswärmen des festen Salzes gleich der Summe der Bildungswärmen der entsprechenden Ionen in Wasserlösung und der Lösungswärme des Salzes bei unendlicher Verdünnung ist, so ist im vorliegenden Falle

$$\delta H = L_{\mathrm{KX}} - L_{\mathrm{NaX}} + 60{,}27 - 57{,}48$$

(60,27 und 57,48 kcal sind die Bildungswärmen, bezogen auf Ionen des Kaliums und Natriums in wäßriger Lösung) oder

$$L_{\mathrm{KX}} - L_{\mathrm{NaX}} = \delta H - 2{,}8 \; .$$

Folglich wird auch die Differenz der Lösungswärmen in diesem Falle nur durch den Radius des entgegengesetzt geladenen Ions bestimmt (s. Tab. 3).

Die Differenz der Lösungswärmen der entsprechenden Salze des Natriums und Kaliums betragen im Falle der Propionate 0,0 kcal, der Benzoate 2,3, der Nitrate 3,6, der Acetate 0,5 kcal. Daher sind die Radien der entsprechenden Anionen (mit einer Genauigkeit von $\pm$ 0,05 Å) gleich: $C_2H_5COO^-$ — 1,60 Å, $C_6H_5COO^-$ — 1,80, $NO_3^-$ — 1,95, $CH_3COO^-$ — 1,60° Å usw. In diesem Falle muß eine weitere Präzisierung der Größe des thermochemischen Radius mittels analogen Vergleichs mit den Lösungswärmen der Salze des Rubidiums, Caesiums, Strontiums und Calciums durchgeführt werden.

Die vorgeschlagene Methode zur Auffindung der thermochemischen Radien mittels der Größe der Differenz der entsprechenden thermochemischen Größen werden wir im folgenden kurz mit „Differenzenmethode“ bezeichnen. Mit Hilfe dieser Methode haben wir die Radien einer Reihe vielatomiger Anionen, komplexer Kationen mit Ammoniak und organischen Anionen, sowie einer Reihe von Kationen mit ungleichartigen Liganden errechnet. Die thermochemischen Radien vielatomiger und komplexer Ionen sind durch die gleiche Konstanz gekennzeichnet, wie die kristallchemischen Radien, die aus den Daten der Röntgenanalyse gefunden werden. Zur Veranschaulichung dieser Situation bringen wir in Tab. 4 die Werte der thermochemischen Radien folgender Anionen: $NO_3^-$, $ClO_3^-$, $HCO_2^-$, $SO_4^{2-}$, $CrO_4^2$, sowie $O_2^{2-}$ in einer Reihe verschiedener Salze. Diese Werte wurden mit Hilfe der Gleichung von Kapustinski für die Gitterenergie des Salzes errechnet. Die Werte von $U_k$ wurden aus den thermochemischen Daten [Differenz zwischen der Bildungswärme des festen Salzes und derjenigen der gasförmigen Ionen,

Tabelle 4

*Thermochemische Ionenradien*

| Verbindung | Thermochemischer Ionenradius in Å | Verbindung | Thermochemischer Ionenradius in Å |
|---|---|---|---|
| Ion $NO_3^-$ | | $[Ni(H_2O)_6](ClO_3)_2$ | 2,05 |
| $NaNO_3$ | 1,89 | $[Ni(NH_3)_6](ClO_3)_2$ | 2,03 |
| $KNO_3$ | 1,89 | Ion $HCO_2^-$ | |
| $RbNO_3$ | 1,89 | $NaHCO_2$ | 1,58 |
| $CsNO_3$ | 1,86 | $KHCO_2$ | 1,57 |
| $Ca(NO_3)_2$ | 1,88 | $Ca(HCO_2)_2$ | 1,58 |
| $Sr(NO_3)_2$ | 1,88 | $Sr(HCO_2)_2$ | 1,60 |
| $Ba(NO_3)_2$ | 1,89 | $Ba(HCO_2)_2$ | 1,60 |
| $[Mg(H_2O)](NO_3)_2$ | 1,86 | $[Zn(NH_3)_6](HCO_2)_2$ | 1,56 |
| $[Ca(H_2O)](NO_3)_2$ | 1,87 | $[Cu(NH_3)_6(HCO_2)_2$ | 1,60 |
| $[Ca(H_2O)_2](NO_3)_2$ | 1,86 | Ion $SO_4^{2-}$ | |
| $[Ca(H_2O)_4](NO_3)_2$ | 1,87 | $CaSO_4$ | 2,28 |
| $[Sr(H_2O)_4](NO_3)_2$ | 1,88 | $SrSO_4$ | 2,31 |
| $[Ni(H_2O)_6](NO_3)_2$ | 1,88 | $BaSO_4$ | 2,31 |
| $[Mg(H_2O)_6](NO_3)_2$ | 1,90 | $[Co(NH_3)_5NO_2]SO_4$ | 2,33 |
| $[Co(H_2O)_6](NO_3)_2$ | 1,90 | $[Co(NH_3)_5Cl]SO_4$ | 2,33 |
| $[Zn(H_2O)_6](NO_3)_2$ | 1,90 | $[Co(NH_3)_5Br]SO_4$ | 2,32 |
| $[Ca(H_2O)_6](NO_3)_2$ | 1,90 | Ion $CrO_4^{2-}$ | |
| $[Co(NH_3)_5Cl](NO_3)_2$ | 1,94 | $BaCrO_4$ | 2,39 |
| $[Co(NH_3)_5Br](NO_3)_2$ | 1,93 | $[Co(NH_3)_5NO_2]CrO_4$ | 2,42 |
| Ion $ClO_3^-$ | | $[Co(NH_3)_5Cl]CrO_4$ | 2,41 |
| $NaClO_3$ | 2,01 | $[Co(NH_3)_5Br]CrO_4$ | 2,37 |
| $KClO_3$ | 2,00 | Ion $O_2^{2-}$ | |
| $RbClO_3$ | 1,98 | $CaO_2$ | 1,80 |
| $CsClO_3$ | 1,99 | $SrO_2$ | 1,80 |
| $Sr(ClO_3)_2$ | 2,00 | $Ba_2O$ | 1,79 |
| $Ba(ClO_3)_2$ | 2,02 | | |
| $[Ba(H_2O)](ClO_3)_2$ | 2,01 | | |

— Gleichung (3)] gefunden, und die Radien der Kationen wurden nach den Daten GOLDSCHMIDTs verwendet. In Tab. 4 sind die Verbindungen vom gleichen Typ in der Reihenfolge des steigenden Kationenradius angeordnet.

Eine Analyse der angeführten Daten zeigt, daß die Schwankungen in der Größe der thermochemischen Radien der zu untersuchenden Ionen gewöhnlich nicht die Schwankungen in der Größe der röntgenanalytischen Ionenradien übersteigen. Gleichzeitig verdient das Vorhandensein einer bestimmten Abhängigkeit der Größe des thermochemischen Radius des Anions vom Umfang des Kations Beachtung. Mit einer Vergrößerung des Umfanges des entgegengesetzt geladenen Ions vergrößert sich der Radius des nichtsphärischen Ions. Die Änderung der Größe des thermochemischen Ionen-Radius erreicht kaum 2%, ist aber zweifellos vorhanden.

In unserer gesamten Ausführung beschränken wir uns auf die Betrachtung derjenigen Fälle, bei denen ein freies Rotieren der vielatomigen Ionen fehlt. Eine Erklärung für die oben beschriebene Erscheinung kann jedoch darin gesehen werden, daß das große Kation weniger tief in die „Vertiefungen" eindringt, die sich auf dem nichtsphärischen Anion befinden. Ein derartiger „Eindringungseffekt" führt bei kleineren Kationen zu einer spürbaren Verringerung des thermochemischen Radius des nichtsphärischen Anions. Zur besseren Anschaulichkeit wird dieser Effekt in der Abb. 1 dargestellt.

Eine geometrische Berechnung zeigt, daß in den Fällen, in denen die Umfänge des „äußeren" Ions annähernd gleich sind oder die Umfänge der Atome des Sauerstoffs im Anion $RO_n^{2-}$ übersteigen, der „Eindringungseffekt" sich wenig auf die Größe des thermochemischen Radius auswirkt. Wenn aber die äußeren Ionen kleiner als die Sauerstoffatome sind, erreicht der „Eindringungseffekt" eine wesentliche Größe. Von diesem Gesichtspunkt aus ist das Fehlen einer Konstanz der thermochemischen Radien der Anionen bei Lithium- und Magnesiumsalzen leicht zu erklären, was von uns schon früher festgestellt wurde [61].

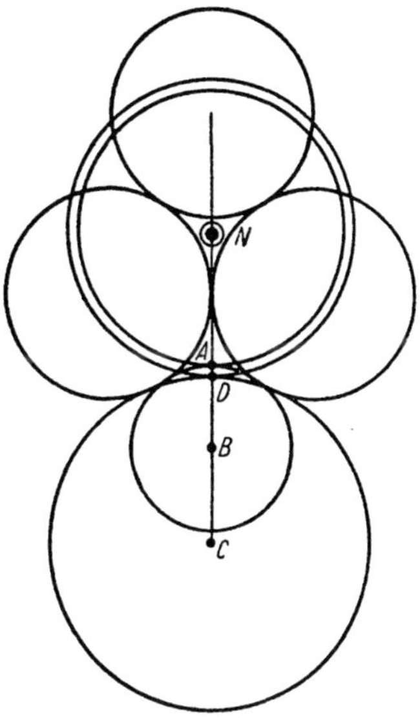


Abb. 1. Schema zum „Eindringungseffekt"

*ND* — thermochemischer Radius;
*AD* — Verkürzung des thermochemischen Radius infolge des Eindringungseffektes

Durch das Vorhandensein des „Eindringungseffektes" können ebenfalls einige scheinbare Anomalien in der Reihenfolge der Hydratationswärmen der Salze erklärt werden. Die Hydratationswärme des wasserfreien Salzes kann aus der Gleichung

$$Q = U_k - U + W,$$

gefunden werden, wo $U_k$ die Gitterenergie des Aquosalzes ist, $U$ = Gitterenergie des ursprünglichen Salzes und $W$ = Bildungswärme des gasförmigen Aquoions aus dem gasförmigen zentralen Ion und den gasförmigen Molekeln des Wassers.

Für Salze mit ein und demselben Aquokation ist die Größe $W$ konstant, und die Aufeinanderfolge der Hydratationswärmen wird durch die Differenz der Gitterenergie bestimmt, d. h. für Salze mit Kationen, die eine Edelgaskonfiguration besitzen, wächst sie mit der Vergrößerung des Anionenumfangs.

Diese Schlußfolgerung wird vollkommen im Falle der sphärischen Anionen ($F^-$, $Cl^-$, $Br^-$, $J^-$) bestätigt; jedoch wird die Sache komplizierter bei vielatomigen Anionen. So müßte z. B. die Hydratationswärme der entsprechenden Nitrate größer sein als die Hydratationswärme der entsprechenden Chloride (der Radius von $NO_3^-$ beträgt 1,89 Å und $Cl^-$ 1,81 Å). In Wirklichkeit aber wird eine umgekehrte Abhängigkeit beobachtet. Eine ähnliche Anomalie wird auch im Falle der Chlorate und Bromide beobachtet (die Radien der Ionen sind entsprechend gleich 2,00 und 1,96 Å). Diese offensichtlichen Anomalien kommen daher zustande, weil bei der Vereinigung eines im Vergleich zum einfachen Ion größeren

Aquokations mit einem vielatomigen Anion der „Eindringungseffekt" kleiner wird, was auch zu einer verhältnismäßigen Vergrößerung der Differenz der Gitterenergien im Vergleich mit den Halogeniden führt. Beispiele, die diese Erscheinung veranschaulichen, werden in Tab. 5 gebracht.

Wie KAPUSTINSKI und JAZIMIRSKI [62] zeigten, ist der thermochemische Radius des nichtsphärischen Ions weder dem maximalen Abstand von seinem Zentrum bis zur Oberfläche gleich (d. h. dem Radius der umbeschriebenen Kugel), noch dem Minimalabstand, sondern stellt eine Art Mittelwert zwischen diesen beiden Größen dar. So ist z. B. der thermochemische Radius des Anions unschwer aus

Tabelle 5

*Hydratationswärmen einiger wasserfreier Salze*

| Verbindung, die bei Anlagerung von Wasser entsteht | Hydratationswärme | Verbindung, die bei Anlagerung von Wasser entsteht | Hydratationswärme |
|---|---|---|---|
| $[Li(H_2O)_3]Cl$ . . . | 42,3 | $[Ca(H_2O)](NO_3)_2$ . | 14,0 |
| $[Li(H_2O)_3]NO_3$ . . | 40,0 | $[Ca(H_2O)_4]Cl_2$ . . . | 58,4 |
| $[Mg(H_2O)_2]Cl_2$ . . | 36,9 | $[Ca(H_2O)_4](NO_3)_2$ . | 54,4 |
| $[Mg(H_2O)_2](NO_3)_2$ . | 28,8 | $[Ba(H_2O)]Br_2$ . . . | 16,6 |
| $[Mg(H_2O)_6]Cl_2$ . . | 96,3 | $[Ba(H_2O)](ClO_3)_2$ . | 14,4 |
| $[Mg(H_2O)_6](NO_3)_2$ | 89,0 | $[Ba(H_2O)]Cl_2$ . . . | 15,3 |
| $[Ca(H_2O)]Cl_2$ . . . | 16,8 | $[Ba(H_2O)](JO_3)_2$ . | 12,7 |

den gemessenen Abständen zwischen dem Zentralatom eines zusammengesetzten Ions und dem Kation des Metalls zu errechnen. In Wirklichkeit jedoch kann dieser Abstand im allgemeinen Falle nicht gleich der Summe der thermochemischen Ionenradien sein, da unsere thermochemischen Radien in der Annahme einer oktaedrischen Koordination errechnet wurden, während in den zu untersuchenden Gittern die Koordination die verschiedenartigsten Formen haben kann. Jedoch muß das Verhältnis der Summe der thermochemischen Radien zu dem tatsächlichen Zwischenionenabstand ein konstantes sein. Als Beispiel einer derartigen Konstanz der Verhältnisse können Salze dienen, die nach dem Typ des Calcits und Baryts kristallisieren (Tab. 6).

Tabelle 6

*Das Verhältnis der Summe der thermochemischen Ionenradien zum tatsächlichen Zwischenionen-Abstand*

| Verbindung | Summe der thermochemischen Radien in Å | Abstand M—S in Å | Verhältnis der Radiensumme zum Abstand M—S | Verbindung | Summe der thermochemischen Radien in Å | Abstand M—C oder M—N in Å | Verhältnis der Radiensumme zum Abstand M—C oder M—N |
|---|---|---|---|---|---|---|---|
| Baryttyp | | | | Calcittyp | | | |
| $BaSO_4$ . | 3,73 | 3,54 | 1,05 | $CaCO_3$ . | 2,91 | 3,23 | 0,90 |
| $SrSO_4$ . | 3,57 | 3,39 | 1,05 | $MnCO_3$ . | 2,76 | 3,04 | 0,91 |
| $PbSO_4$ . | 3,62 | 3,41 | 1,06 | $NaNO_3$ . | 2,87 | 3,24 | 0,89 |

Die in Tabelle 6 angeführten Daten weisen auf die zweifellos bestehende Verbindung zwischen den kristallchemischen Merkmalen des Ions und dem thermochemischen Radius hin. Es kann angenommen werden, daß das Verhältnis des thermochemischen Ionenradius zum Maximalabstand zwischen Mittelpunkt und dem am weitesten entfernten Punkt des Ions (d. h. zum Radius der umbeschriebenen Kugel) für die Ionen der gegebenen Form konstant ist. Wir beschränken uns vorläufig auf die Betrachtung tetraedrischer und dreieckiger Ionen infolge ungenügenden Materials anderer Ionentypen. In Tab. 7 werden die thermochemischen Radien und die Radien der umbeschriebenen Kugeln für die zwei genannten Ionentypen angeführt. Das Verhältnis dieser zwei Größen bleibt für die Ionen der gegebenen Formen tatsächlich konstant und zwar 0,67 für dreieckige und 0,69 $\pm$ 0,03 für tetraedrische Ionen (darunter auch für deformiert tetraedrische Ionen).

Tabelle 7

*Verhältnis der thermochemischen Radien zu den Radien der umbeschriebenen Kugel*

| Ion | Radius in Å | | Verhältnis | Ion | Radius in Å | | Verhältnis |
|---|---|---|---|---|---|---|---|
| | thermochemischer | der umbeschriebenen Kugel | | | thermochemischer | der umbeschriebenen Kugel | |
| | Dreieckige Ionen | | | $BF_4^-$ . . | 2,28 | 2,86 | 0,80 |
| $NO_3^-$ . . | 1,89 | 2,79 | 0,67 | $SO_4^{2-}$ . . | 2,30 | 2,94 | 0,78 |
| $CO_3^{2-}$ . . | 1,85 | 2,79 | 0,66 | $CrO_4^{2-}$ . | 2,40 | 3,16 | 0,76 |
| | | | | $MoO_4$ . . | 2,54 | 3,26 | 0,78 |
| | Tetraedrische Ionen | | | | | | |
| $ClO_4^-$ . . | 2,36 | 2,90 | 0,81 | | | | |
| $MnO_4^-$ . | 2,40 | 3,10 | 0,78 | | | | |

Das Vorhandensein einer derart einfachen Abhängigkeit zwischen dem Radius der umbeschriebenen Kugel und dem thermochemischen Radius des Ions ermöglicht die Errechnung der thermochemischen Radien für eine Reihe anderer Ionen mit analogem Aufbau ($BO_3^{3-}$, $BeF_4^{2-}$, $JO_4^-$, $SeO_4^{2-}$, $TeO_4^{2-}$, $PO_4^{3-}$, $AsO_4^{3-}$, $SbO_4^{3-}$, $BiO_4^{3-}$), insofern als für sie die Radien der umbeschriebenen Kugeln und die Form bekannt sind. Eine Zusammenstellung der thermochemischen Radien wird in Tab. 8 angeführt.

Tabelle 8

*Thermochemische Ionenradien, berechnet aus kristallchemischen Daten*

| Ion | Radius der umbeschriebenen Kugel | Thermochemischer Radius | Ion | Radius der umbeschriebenen Kugel | Thermochemischer Radius |
|---|---|---|---|---|---|
| | in Å | | | in Å | |
| $BO_3^{3-}$ . . . | 2,86 | 1,91 | $PO_4^{3-}$ . . . | 3,01 | 2,38 |
| $BeF_4^{2-}$ . . . | 3,10 | 2,45 | $AsO_4^{3-}$ . . . | 3,14 | 2,48 |
| $JO_4^-$ . . . | 3,15 | 2,49 | $SbO_4^{3-}$ . . . | 3,29 | 2,60 |
| $SeO_4^{2-}$ . . | 3,07 | 2,43 | $BiO_4^{3-}$ . . . | 3,40 | 2,68 |
| $TeO_4^{2-}$ . . . | 3,22 | 2,54 | | | |

Ein gewisses Interesse besitzt die in Tab. 9 gezeigte Gegenüberstellung der thermochemischen Radien dreieckiger und tetraedrischer Ionen mit ihrer Stellung im periodischen System.

Außer nach den oben beschriebenen Methoden können thermochemische Radien komplexer Ionen auch auf Grund von Daten über ihre Entropie in wäßriger Lösung errechnet werden. Durch KAPUSTINSKI [63] wurde ein gesetzmäßiger Zu-

Tabelle 9

*Die Radien der Anionen vom Typ $RO_n^{m-}$ in Abhängigkeit von ihrer Stellung im Periodischen System D. I. MENDELEJEWs*

| Periode | Gruppe | | | | |
|---|---|---|---|---|---|
| | III | IV | V | VI | VII |
| 2 | $BO_3^{3-}$ 1,91 | $CO_3^{2-}$ 1,85 | $NO_3^-$ 1,89 | — | — |
| 3 | — | $SiO_4^{4-}$ 2,40 | $PO_4^{3-}$ 2,38 | $SO_4^{2-}$ 2,30 | $ClO_4^-$ 2,36 |
| 4 | — | — | — | $CrO_4^{2-}$ 2,40 | $MnO_4^-$ 2,40 |
| 4 | — | — | $AsO_4^{3-}$ 2,48 | $SeO_4^{2-}$ 2,43 | — |
| 5 | — | — | — | $MoO_4^{2-}$ 2,54 | — |
| 5 | — | — | $SbO_4^{3-}$ 2,60 | $TeO_4^{2-}$ 2,45 | $JO_4^-$ 2,49 |

sammenhang zwischen der Ladung und dem Radius eines einatomigen Ions einerseits festgestellt. Unter Verwendung der gefolgerten Gleichung errechnete KAPUSTINSKI auf Grund der Größe der Entropie die Radien einiger Ionen. Im folgenden wird von uns gezeigt werden, daß eine analoge Verbindung auch zwischen der Entropie eines vielatomigen Ions in Lösung und seinem Radius festgestellt werden kann. Unter Benutzung der daraus gefolgerten Abhängigkeit errechneten wir den thermochemischen Radius des Ions $MnO_4^-$. Diese Methode kann gleichfalls zur Auffindung thermochemischer Radien anderer Ionen verwandt werden. Im Prinzip kann man ebenfalls thermochemische Ionenradien errechnen, indem man von der Größe ihrer Solvationswärmen sowie von anderen thermochemischen Daten ausgeht, die gleichermaßen durch die Größe der Ladung und des Ionenradius bestimmt werden können. In den Fällen, wo bei dem zu untersuchenden Prozeß eine Wechselwirkung entsteht, die nicht in direkter Abhängigkeit von den elektrostatischen Eigenschaften des Ions steht (Bildung kovalenter Verbindungen, stark ausgeprägte Polarisation usw.), ist eine Errechnung der Ionenradien mittels entsprechender Korrekturen unmöglich.

Tabelle 10

*Radien der komplexen und vielatomigen Ionen*

| Ion | Thermochemischer Radius in Å und seine Berechnungsmethode | Bildungswärme des gasförmigen Ions in kcal |
|---|---|---|
| I. Anionen | | |
| $CN^-$ | 1,82 (2) | — 12,8 |
| $CNS^-$ | 1,95 (2) | 11,6 |
| $NO_2^-$ | 1,55 (2) | 32,7 |
| $HCO_2^-$ | 1,58 (2) | 107,6 |
| $CH_3CO_2^-$ | 1,59 (2) | 122,0 |
| $C_2H_3O_2^-$ | 1,59 (2) | 115,0 |
| $C_2H_5CO_2^-$ | 1,59 (2) | 91,0 |
| $CH_3COCH_2CO_2^-$ | 1,59 (2) | 73,0 |
| $CNO^-$ | 1,59 (2) | 47,4 |
| $C_6H_5CO_2^-$ | 1,77 (2) | 71,0 |
| $JO_3^-$ | 1,82 (2) | 80,7 |
| $NO_3^-$ | 1,89 (2) | 80,0 |
| $BrO_3^-$ | 1,91 (2) | 44,5 |
| $ClO_3^-$ | 2,00 (2) | 57,8 |
| $C_6H_2(NO_2)_3O^-$ | 2,23 (2) | 132 |
| $ClO_4^-$ | 2,36 (2) | 91,5 |
| $MnO_4^-$ | 2,40 (3) | 174 |
| $JO_4^-$ | 2,49 (6) | 99 |
| $NH_2^-$ | 1,30 (2) | — 41,5 |
| $OH^-$ | 1,40 (2, 3) | 40,5 |
| $HCO_3^-$ | 1,63 (2) | 180,0 |
| $OHH_2O^-$ | 1,75 (2) | 135,4 |
| $HS^-$ | 1,95 (2) | 27,8 |
| $HSO_4^-$ | 2,06 (2) | 246 |
| $CO_3^{2-}$ | 1,85 (2) | 47,0 |
| $SO_4^{2-}$ | 2,30 (2) | 178 |
| $CrO_4^{2-}$ | 2,40 (1) | 182 |
| $SeO_4^{2-}$ | 2,43 (6) | 124 |
| $MoO_4^{2-}$ | 2,54 (6) | 230 |
| $TeO_4^{2-}$ | 2,54 (6) | 155 |
| $WO_4^{2-}$ | 2,57 (6) | 266 |
| $BO_3^{3-}$ | 1,91 (6) | —240 |
| $PO_4^{3-}$ | 2,38 (6) | 50 |
| $AsO_4^{3-}$ | 2,48 (6) | — 20 |
| $SbO_4^{3-}$ | 2,60 (6) | — 20 |
| $SiO_4^{4-}$ | 2,4 (6) | (—350) |
| II. Kationen | | |
| $NH_4^+$ | 1,43 (4) | —145,5 |
| $PH_4^+$ | 1,80 (2) | —163,5 |
| $N(CH_3)_4^+$ | 3,00 (2) | — |
| $N(C_2H_5)_4^+$ | 3,63 (2) | — |
| $[Li(H_2O)]^+$ | 0,88 (1) | — 78,0 |
| $[Li(H_2O)_2]^+$ | 1,15 (1) | 7,2 |
| $[Li(H_2O)_2]^+$ | 1,37 (1) | 89,3 |
| $[Na(H_2O)_2]^+$ | 1,46 (1) | 17,2 |
| $[Mg(H_2O)_2]^{2+}$ | 1,08 (1) | —342 |
| $[Ca(H_2O)]^{2+}$ | 1,27 (1) | —352 |
| $[Sr(H_2O)]^{2+}$ | 1,49 (1) | —319 |
| $[Ca(H_2O)_2]^{2+}$ | 1,52 (1) | —251 |
| $[Ba(H_2O)]^{2+}$ | 1,60 (1) | —298 |

Tabelle 10 (Fortsetzung)

| Ion | Thermochemischer Radius in Å und seine Berechnungsmethode | Bildungswärme des gasförmigen Ions in kcal |
|---|---|---|
| $[Sr(H_2O)_2]^{2+}$ . . . . . . . | 1,70 (1) | —225 |
| $[Ba(H_2O)_2]^{2+}$ . . . . . . . | 1,79 (1) | —208 |
| $[Ca(H_2O)_4]^{2+}$ . . . . . . . | 2,07 (1) | — 50 |
| $[Sr(H_2O)_4]^{2+}$ . . . . . . . | 2,17 (1) | — 36 |
| $[Mg(H_2O)_6]^{2+}$ . . . . . . . | 2,35 (5) | 90 |
| $[Ni(H_2O)_6]^{2+}$ . . . . . . . | 2,29 (5) | — 8 |
| $[Co(H_2O)_6]^{2+}$ . . . . . . . | 2,34 (5) | — 3 |
| $[Mn(H_2O)_6]^{2+}$ . . . . . . | 2,35 (5) | 35 |
| $[Zn(H_2O)_6]^{2+}$ . . . . . . . | 2,35 (5) | 18 |
| $[Ca(H_2O)_6]^{2+}$ . . . . . . . | 2,8 (1) | 151 |
| $[Sr(H_2O)_6]^{2+}$ . . . . . . . | 2,8 (1) | 152 |
| $[Cu(NH_3)_3]^{+}$ . . . . . . . | 2,0 (2) | (— 95) |
| $[Ag(NH_3)_3]^{+}$ . . . . . . . | 2,0 (2) | (—106) |
| $[Au(NH_3)_3]^{+}$ . . . . . . . | 2,0 (2) | (—112) |
| $[Au(NH_3)_6]^{+}$ . . . . . . . | 2,70 (2) | — 38 |
| $[Sr(NH_3)]^{2+}$ . . . . . . . | 1,95 (2) | (—322) |
| $[Sr(NH_3)_2]^{2+}$ . . . . . . . | 2,1 (2) | (—282) |
| $[Ba(NH_3)_2]^{2+}$ . . . . . . . | 2,2 (2) | (—282) |
| $[Be(NH_3)_4]^{2+}$ . . . . . . . | 2,03 (2) | (—280) |
| $[Cd(NH_3)_4]^{2+}$ . . . . . . . | 2,3 (1) | —316 |
| $[Co(NH_3)_4]^{2+}$ . . . . . . . | 2,4 (1) | —217 |
| $[Ba(NH_3)_4]^{2+}$ . . . . . . . | 2,5 (1) | —210 |
| $[Cu(NH_3)_6]^{2+}$ . . . . . . . | 2,60 (5) | —277 |
| $[Ni(NH_3)_6]^{2+}$ . . . . . . . | 2,58 (4) | —248 |
| $[Zn(NH_3)_6]^{2+}$ . . . . . . . | 2,64 (4) | —228 |
| $[Co(NH_3)_6]^{2+}$ . . . . . . . | 2,60 (4) | —249 |
| $[Cd(NH_3)_6]^{2+}$ . . . . . . . | 2,66 (4) | —245 |
| $[Fe(NH_3)_6]^{2+}$ . . . . . . . | 2,63 (4) | —247 |
| $[Mn(NH_3)_6]^{2+}$. . . . . . . | 2,65 (4) | —220 |
| $[Mg(NH_3)_6]^{2+}$. . . . . . . | 2,63 (4) | —170 |
| $[Ca(NH_3)_6]^{2+}$ . . . . . . . | 2,67 (4) | —149 |
| $[Sr(NH_3)_6]^{2+}$ . . . . . . . | 2,7 (1) | —145 |
| $[Ba(NH_3)_6]^{2+}$ . . . . . . . | 2,9 (1) | —141 |
| $[Be(NH_3)_6]^{2+}$ . . . . . . . | 2,17 (2) | (—229) |
| $[Ca(NH_3)_8]^{2+}$ . . . . . . . | 3,2 (2) | (— 76) |
| $[Sr(NH_3)_8]^{2+}$ . . . . . . . | 3,2 (2) | (— 74) |
| $[Ba(NH_3)_8]^{2+}$ . . . . . . . | 3,2 (2) | (— 80) |
| $[Pb(NH_3)_8]^{2+}$ . . . . . . . | 3,2 (2) | (—195) |
| $[Hg(NH_3)_8]^{2+}$ . . . . . . . | 3,2 (2) | (—220) |
| $[CoEn_3]^{2+}$ . . . . . . . . | 2,7 (2) | (—306) |
| $[NiEn_3]^{2+}$ . . . . . . . . | 2,65 (2) | (—314) |
| $[CdEn_3]^{2+}$ . . . . . . . . | 2,73 (2) | (—307) |
| $[CoPyr_4]^{2+}$ . . . . . . . . | 2,3 (2) | (—458) |
| $[Co(N_2H_4)_2]^{2+}$. . . . . . . | 2,3 (2) | (—413) |
| $[FeEn_3]^{2+}$ . . . . . . . . | 2,7 (2) | (—312) |
| $[FePyr_4]^{2+}$ . . . . . . . . | 2,3 (2) | (—451) |
| $[CoEn_3]^{3+}$ . . . . . . . . | 2,5 (2) | (—712) |
| $[Co(NH_3)_6]^{3+}$ . . . . . . . | 2,4 (4) | (—658) |
| $[Co(NH_3)_5H_2O]^{3+}$ . . . . . | 2,4 (4) | (—619) |
| $[Co(NH_3)_5Cl]^{2+}$ . . . . . . | 2,36 (2) | —257 |
| $[Co(NH_3)_5Br]^{2+}$ . . . . . . | 2,43 (2) | —263 |
| $[Co(NH_3)_5J]^{2+}$ . . . . . . | 2,57 (2) | —265 |
| $[Co(NH_3)_5NO_2]^{2+}$ . . . . . | 2,30 (2) | —267 |
| $[Co(NH_3)_5NO_3]^{2+}$ . . . . . | 2,40 (2) | —243 |

### *3. Zusammenfassung der Radien komplexer und vielatomiger Ionen*

Zum Abschluß dieses Abschnitts bringen wir eine Zusammenstellung der Radien komplexer und vielatomiger Ionen, die mit Hilfe folgender Methoden errechnet wurden:

1. Methode Kapustinski, die von uns oben behandelt wurde. Die Mehrzahl der angeführten Werte wurde von uns früher veröffentlicht [59]. Hier führen wir zusätzlich die Radien einiger Ammoniakat-Kationen an. Die Methoden zur Errechnung der Bildungswärmen der entsprechenden gasförmigen Ionen und die Begründung der angeführten Ziffern wird in den folgenden Abschnitten gegeben.

2. Die Differenzenmethode. Eine wesentliche Zahl der Ionenradien, die nach dieser Methode errechnet wurden, wurde von uns früher mitgeteilt [61, 64, 65]. Außer diesen werden in der Tabelle Daten für eine Reihe komplexer Ammoniakate und Aminate gebracht, die auf Grund eines Vergleichs der Bildungswärmen der entsprechenden Halogenide errechnet wurden.

3. Die Methode zur Bestimmung des Ionenradius nach der Größe seiner Entropie in Wasserlösung, die von Kapustinski [63] für einatomige Ionen vorgeschlagen und von uns auf vielatomige Ionen verallgemeinert wurde.

4. Auf Grund der Daten der Röntgenstrukturanalyse der Salze [55, 56] u. a.

5. Auf Grund der Dichte der Salze [57].

6. Auf Grund der Größe des Radius der umbeschriebenen Kugel und des entsprechenden Umrechnungsfaktors, der durch den Typ des Ions bestimmt wird [62].

In Tabelle 10 ist neben jedem Wert des Ionenradius in Klammern die Methode seiner Bestimmung in Übereinstimmung mit der oben angeführten Numerierung angegeben.

In der 3. Spalte der Tabelle werden die Durchschnittswerte der Bildungswärmen der gasförmigen Ionen gebracht, die mit Hilfe der Gleichung (3) errechnet wurden. In diese Gleichung wurden die Werte der Gitterenergie einiger Salze und Bildungswärmen der gasförmigen Ionen mit entgegengesetzter Ladung eingesetzt. In Klammern werden diejenigen Werte angeführt, deren Genauigkeit mit $\pm$ 10 kcal geschätzt wurde.

KAPITEL II

## Energetische Eigenschaften der Ionen

Im vorhergehenden Abschnitt haben wir die Errechnungsmethoden der Ionenradien, der Gitterenergie der Salze und der Bildungswärme gasförmiger Ionen behandelt.

Unter Verwendung der letztgenannten Größe kann eine Reihe von Kennzeichen der Atome und Molekeln gewonnen werden, die für die Thermochemie von Komplexverbindungen sehr wichtig sind. Für die wichtigsten von ihnen halten wir:

1. Die Protonenaffinität des Ions, d. h. die Energie, die bei der Anlagerung des gasförmigen Protons an das gegebene gasförmige Ion oder Molekel frei wird.

2. Die Elektronenaffinität des Atoms oder der Atomgruppe, d. h. die Energie, die bei der Anlagerung eines Elektrons an ein gasförmiges Atom oder Radikal frei wird.

3. Die Anlagerungsenergie, d. h. die Energie, die bei der Anlagerung gasförmiger Liganden an das gasförmige Zentralion frei wird.

4. Das Ionisierungspotential, d. h. die Energie, die bei der Anlagerung von Elektronen an ein gasförmiges Kation frei wird.

5. Die Alkylaffinität, d. h. die Energie, die bei der Anlagerung von $CH_3^+$ der $C_2H_5^+$ an ein gasförmiges Anion oder Molekel frei wird.

6. Die Hydratationswärme, d. h. die Energie, die bei der Übertragung eines gegebenen Ions aus dem Vakuum in eine unendlich verdünnte Wasserlösung frei wird.

Gehen wir zur Behandlung dieser Merkmale der Ionen über.

### *1. Protonenaffinität*

Unter Protonenaffinität des Anions versteht man die Energie des Prozesses

$$X^-_{(g)} + H^+_{(g)} = HX_{(g)} + K\,, \qquad \text{(VI)}$$

wo $X^-_{(g)}$ = gasförmiges Anion
$H^+_{(g)}$ = gasförmiges Proton
$HX_{(g)}$ = gasförmiges Hydrid
$K$ = Protonenaffinität darstellt.

Zur Errechnung der Protonenaffinität ist die Kenntnis der Bildungswärmen aller drei Bestandteile erforderlich, die an dem zu betrachtenden Prozeß beteiligt sind. Die Bildungswärme des gasförmigen Protons ist bekannt [31]; ebenfalls bekannt ist die Bildungswärme zahlreicher gasförmiger Hydride. Oben (s. Tab. 10) haben wir die von uns errechneten Werte für die Bildungswärmen einer Reihe von Anionen im gasförmigen Zustand gebracht. Das Vorhandensein aller drei Werte ermöglicht die Berechnung der Protonenaffinität nach der Gleichung

$$K = -\Delta H^{\circ}_{\mathrm{HX}} + \Delta H^{\circ}_{\mathrm{X}} + \Delta H^{\circ}_{\mathrm{H+}}\,, \tag{8}$$

wo $-\Delta H^{\circ}_{\mathrm{HX}}$, $-\Delta H^{\circ}_{\mathrm{X-}}$ und $-\Delta H^{\circ}_{\mathrm{H+}}$ die Bildungswärmen darstellen, jeweils bezogen auf das Hydrid, Anion und Proton im Gaszustand. Die nach der Gleichung (8) errechneten Werte der Protonenaffinität werden in Tab. 11 gebracht.

Tabelle 11

*Protonenaffinität der Anionen*

| Anion | Protonenaffinität in kcal | | Anion | Protonenaffinität in kcal | |
|---|---|---|---|---|---|
| | nach Daten des Verfassers | nach Daten anderer Forscher | | nach Daten des Verfassers | nach Daten anderer Forscher |
| $NH_2^-$ . . . | 419 | 380 [66] | $HS^-$ . . . | 343 | 338 [67], 351 [69] |
| $F^-$ . . . . | 363 | 361 [67], 366 [66] | $Br^-$ . . . . | 315 | 314 [67], 322 [69] |
| $OH^-$ . . . | 383 | 392 [68], 370 [66], 386 [69] | $HSO_4^-$ . . . | 296 | — |
| $HCO_2^-$ . . . | 347 | 382 [68] | $J^-$ . . . . | 307 | 307 [67], 315 [66] |
| $CH_3CO_2^-$ . . | 343 | 382 [68] | $ClO_4^-$ . . . | 285 | — |
| $C_2H_5CO_2^-$ . | 352 | — | $O^{2-}$* . . . | 615 | 612 [69] |
| $C_6H_5CO_2^-$ . | 345 | — | $S^{2-}$* . . . | 541 | 533 [69] |
| $Cl^-$ . . . . | 325 | 326 [67], 327 [66] | $CO_3^{2-}$* . . | 498 | — |
| $CN^-$ . . . | 348 | 338 [67] | $SO_4^{2-}$* . . . | 433 | — |
| $NO_3^-$ . . . | 320 | — | | | |

* Für doppelt geladene Anionen werden die Werte der Anlagerungswärmen eines Protons angegeben.

Die Protonenaffinität wurde für eine Reihe von Anionen früher durch Jusa [66], West [67], Briegleb [68], Kapustinski, Makolkin und Krischtalik [69] errechnet. Unsere Werte stimmen in den meisten Fällen befriedigend mit den Werten überein, die von den obengenannten Verfassern gefunden wurden. Eine wesentliche Abweichung ist im Falle des Anions $NH_2^-$ zu beobachten, für das wir eine Protonenaffinität von 419 kcal gefunden haben, während sie nach den Daten von Jusa nur 380 kcal beträgt [66]. Letztgenannter errechnete die Protonenaffinität der Amidgruppe, wobei er von der Voraussetzung der Gleichheit der Gitterenergie der Chloride und Amide mit ein und demselben Kation ausging. Eine derartige Vermutung ist unbegründet, und der durch sie gefundene Wert der Protonenaffinität der Amidgruppe (380 kcal) ist zweifellos zu klein, da in diesem Falle angenommen werden müßte, daß es zwischen der Protonenaffinität der Gruppe $OH^-$ und $NH_2^-$ keine wesentlichen Unterschiede mehr gäbe.

Die von uns erhaltenen Werte für die Protonenaffinität der Formiat- und Acetat-Anionen unterscheidet sich wesentlich von den durch Briegleb [68] errechneten. Wir nehmen jedoch an, daß die Werte Brieglebs zu hoch gegriffen sind, da sie sich praktisch nicht von der Protonenaffinität der Hydroxylgruppe unterscheiden.

Die Protonenaffinität der Ionen $ClO_4^-$, $NO_3^-$, $HSO_4^-$, $C_6H_5CO_2^-$, $SO_4^{2-}$ und $CO_3^{2-}$ wurde von uns berechnet.

Die Protonenaffinität der Anionen ist für die Energetik komplexer Verbindungen eine wichtige Größe, da sie bis zu einem gewissen Grade die Tendenz des gegebenen Anions zur Anlagerung an ein Kation von minimalen Ausmaßen kennzeichnet. In erster Näherung kann angenommen werden, daß die Protonenaffinität durch die Größe des thermochemischen Anionenradius [69] bestimmt wird. Jedoch sind Abweichungen von dieser Regel zu beobachten. Besonders tritt diese Abweichung im Falle der Anionen $CN^-$ und $Cl^-$ ein; ungeachtet der Gleichheit der thermochemischen Radien beider Anionen übersteigt die Protonenaffinität des Cyanions (348 kcal) wesentlich die Protonenaffinität für das Chlorion (325 kcal).

In Tab. 10 finden sich auch die Werte für die Bildungswärmen gasförmiger Kationen des Ammoniums und Phosphoniums. Das Vorhandensein dieser Daten ermöglicht die Berechnung der Protonenaffinität für das Ammoniak und das Phosphin.

Unter Verwendung des Wertes der Bildungswärmen von $NH_3$ und $PH_3$ fanden wir, daß die Protonenaffinität für das Ammoniak $K = 209{,}1$ kcal und für das Phosphin $K = 200$ kcal beträgt. Der erhaltene Wert der Protonenaffinität für das Ammoniak unterscheidet sich praktisch nicht von den vorher errechneten Werten; für das Phosphin wird die Protonenaffinität zuerst errechnet. Es ist interessant festzustellen, daß sich die Protonenaffinität des Phosphins praktisch nicht von der Protonenaffinität des Wassers unterscheidet, die von Rice [70] angeführt wurde.

### *2. Elektronenaffinität*

Unter der Elektronenaffinität des Atoms oder einer Atomgruppe wird die Energie des Prozesses

$$X_{(g)} + e_{(g)} = X^-_{(g)} + F \qquad \text{(VII)}$$

verstanden, wo

$X$ = gasförmiges Atom, bzw. Atomgruppe
$e_{(g)}$ = gasförmiges Elektron
$X^-_{(g)}$ = gasförmiges Anion
$F$ = Elektronenaffinität darstellt.

Die Elektronenaffinität des Atoms oder einer Gruppe von Atomen, die ein sehr wichtiges energetisches Kennzeichen darstellt, spielt eine wesentliche Rolle bei der Lösung von Fragen, die mit der Energetik von Komplexverbindungen in Beziehung stehen. Denn die Elektronenaffinität kennzeichnet die Tendenz der gegebenen Gruppe zur Bildung einer bestimmten kovalenten Verbindung mit dem komplexbildenden Ion. Ausführlich werden wir uns mit dieser Frage im folgenden Abschnitt befassen.

Die Elektronenaffinität wurde nicht nur für einzelne Atome, sondern auch für die Radikale von vielen Forschern errechnet. Da die Frage der Elektronenaffinität ein selbständiges Interesse besitzt und ihrer Behandlung eine verhältnismäßig ausgiebige Literatur gewidmet ist, halten wir es nicht für notwendig, ausführlich auf diese Frage einzugehen. Wir möchten nur darauf hinweisen, daß der größte Teil der Forscher die Elektronenaffinität errechnete, indem sie von der Größe der Gitterenergie der Salze in einem gegebenen Anion ausgingen. Aus der Zahl der letzten Forschungen auf diesem Gebiet kann man sich auf die bereits oben zitierten Arbeiten berufen, und zwar auf den Artikel von KAPUSTINSKI, MAKOLKIN und KRISCHTALIK [69] und auf die Arbeit von WEST [67].

Eine besondere Beachtung verdienen ebenfalls die Forschungen von IONOW und DUKELSKI [71]. Diesen Verfassern gelang es unter Anwendung einer originellen Methodik, die Elektronenaffinität der Halogenid-Atome zu messen. Zur Errechnung der Elektronenaffinität ist die Kenntnis der Bildungswärmen aller drei Bestandteile notwendig, die am Prozeß (VII) beteiligt sind.

Die Bildungswärme des Elektrons wird gewöhnlich mit Null angenommen, die Bildungswärme der gasförmigen Ionen wurde bereits oben erwähnt. Die Bildungswärme der elektroneutralen Gruppe CNS, OH, $HCO_2$ und HS wurde von uns auf Grund des Gesetzes von der Beständigkeit der Bindungsenergie gefunden, die durch PAULING [72] festgestellt wurde. Zu diesem Zweck wurde der Prozeß

$$CH_3X_{(g)} = CH_{3(g)} + X_{(g)} - D \qquad \text{(VIII)}$$

betrachtet, bei dem $D$ = Bindungsenergie C — X ist. Die Daten für die Bildungswärme $CH_3X_{(g)}$ und $CH_{3(g)}$ sind in allen diesen Fällen bekannt. Die Werte $D$ wurden aus der letzten Zusammenstellung von PAULING [72] entnommen.

Die erhaltenen Werte der Bildungswärmen wurden mittels einfacher Summierung der Bindungsenergien geprüft, die in der gegebenen Gruppe vorhanden sind. Die Bildungswärmen $NO_{2(g)}$ und $NO_{3(g)}$ sind aus den direkten thermochemischen Messungen bekannt [31]. Die berechneten Werte der Elektronenaffinität werden in Tab. 12 angeführt.

Tabelle 12

*Elektronenaffinität der Atome und Radikale*

| Atom oder Radikal | Elektronenaffinität in kcal | |
|---|---|---|
| | nach Daten des Autors | nach Daten anderer Forscher |
| F . . . . . | 98,7 | 95 [71]; 98,5 [67] |
| Cl . . . . . | 91,4 | 86 [71]; 88 [67] |
| Br . . . . | 85,8 | 84 [71]; 85 [67] |
| J . . . . . | 78,6 | 76 [71]; 76 [67] |
| CN . . . . | 47,2 | 68,5 [67] |
| CNS . . . . | 83,6 | — |
| OH . . . . | 41,1 | 54 [67]; 48,9 [69] |
| $HCO_2$ . . . | 75 | — |
| $NO_3$ . . . . | 92 | — |
| $NO_2$ . . . . | 41 | — |
| HS . . . . | 58 | 61 [67]; 56,1 [69] |

Die erhaltenen Werte der Elektronenaffinität für die Atome der Halogenide und HS unterscheiden sich nicht wesentlich von den früheren Daten. Wesentlich unterscheidet sich der Wert der Elektronenaffinität von dem durch WEST [67] errechneten Wert für die Cyangruppe. Die Werte $F$ für die Gruppen CNS, $HCO_2$, $NO_2$ und $NO_3$ wurden von uns zuerst errechnet.

### *3. Energie der Anlagerung gasförmiger Liganden an das Zentralion*

Zur Lösung von Fragen, die mit der thermischen Beständigkeit verschiedener Komplexionen in Verbindung stehen, hat die Änderung der Energie des Systems bei Anlagerung gasförmiger Liganden an das gasförmige zentrale Ion unter Bildung eines gasförmigen komplexen Ions eine wesentliche Bedeutung. Die betreffenden Prozesse können durch folgende Schemata dargestellt werden.

$$M^{m+}_{(g)} + nA_{(g)} = [MA_n]^{m+}_{(g)} + W\,, \tag{IX}$$

$$M^{m+}_{(g)} + nX^{p-}_{(g)} = [MX_n]^{m-np}_{(g)} + W\,, \tag{IXa}$$

wobei $M^{m+}$ ein gasförmiges Zentralatom

$A_{(g)}$ und $X^{p+}_{(g)}$ gasförmige Liganden;

$[MA_n]^{m+}_{(g)}$ und $[MX_n]^{m-np}_{(g)}$ gasförmige Ionen bedeuten.

Aus diesen Ausführungen ist ersichtlich, daß sich der Begriff der Anlagerungsenergie gasförmiger Liganden an das gasförmige Zentralion von dem durch BILTZ und GRIMM [27] eingeführten Begriff von der „Anlagerungsarbeit" unterscheidet. Die erwähnten Verfasser bestanden, wie oben bereits gezeigt wurde, unter diesem Terminus eine Energie, die bei der Anlagerung gasförmiger Liganden an das Zentralion im „aufgeweiteten" Gitter des Ursprungssalzes frei wird. (Übrigens ist auch der Terminus „Arbeit" in diesem Falle unangebracht.) In der weiteren Ausführung werden wir die Änderung der Energie bei den Prozessen (IX) und (IXa) kurz mit „Anlagerungsenergie" bezeichnen und sie durch $W$ kennzeichnen.

Zur Berechnung der Anlagerungsenergie ist die Kenntnis der Bildungswärmen aller drei Bestandteile notwendig, die an den zu untersuchenden Prozessen beteiligt sind. Die Bildungswärmen der gasförmigen Zentralionen und Liganden wurden in den meisten Fällen mit einem ausreichenden Genauigkeitsgrad gefunden und werden in den thermochemischen Nachschlagewerken angeführt. Die Bildungswärmen einer Reihe von gasförmigen Komplexionen wurden von uns mit Hilfe der Gleichung (3) und der Gleichung von KAPUSTINSKI errechnet. Eine Zusammenstellung wurde in Tab. 10 gebracht. Dank des Vorhandenseins aller erforderlichen Daten ist die Berechnung der Anlagerungsenergie möglich.

Die Werte der Anlagerungsenergien werden für die verschiedenen Fälle im folgenden aufgeführt. Dort werden wir auch auf die Analyse der erhaltenen Daten eingehen.

### *4. Ionisationspotentiale der Lanthanide*

Die Ionisationspotentiale der Lanthanide sind ungenügend erforscht. Die Werte der vollen Ionisationspotentiale sind für keines der Lanthanide zuverlässig bekannt. Es gibt nur einige Daten für das Ionisationspotential des Lanthans; doch sind auch diese zweifelhaft. (In den Tabellen von LANDOLT-BÖRNSTEIN [51] wird der Wert 36,05 eV angeführt, und in der Zusammenstellung von LATIMER [73] wird die Größe des Ionisationspotentials auf 37,4 eV bewertet.) Für die übrigen Lanthanide jedoch sind überhaupt von niemandem volle Ionisationspotentiale bestimmt worden. Jedoch hat, wie im folgenden gezeigt werden wird, die Kenntnis der Ionisationspotentiale eine große Bedeutung bei der Bewertung der Tendenz des gegebenen Ions zur Komplexbildung.

Die Ionenradien der Lanthanide sind mit genügender Genauigkeit bekannt. In Verbindung damit ist die Errechnung der Gitterenergie der Oxyde, Chloride, Sulfate, Nitrate und überhaupt alle Salze der Lanthanide mit unwesentlichem Anteil einer kovalenten Bindung nach der Gleichung von KAPUSTINSKI möglich. Das Vorhandensein thermochemischer Daten für die aufgezählten Verbindungen ermöglicht die Berechnung der Bildungswärmen der gasförmigen Ionen der Lanthanide und auf Grund dieser Daten die Abschätzung der vollen Ionisationspotentiale, da die Bildungswärme des gasförmigen Ions die Summe des Ionisationspotentials und der Sublimationswärme darstellt.

Die Errechnungsmethode kann an dem Beispiel $La_2O_3$ veranschaulicht werden. Die Bildungswärme beträgt 457,0 kcal. Die Ionenradien $La^{3+}$ und $O^{2-}$ sind gleich und entsprechen jeweils 1,22 und 1,32 Å. Daher beträgt die Gitterenergie für die Verbindung 293 kcal (bei der Errechnung dieser Größe beschränkten wir uns auf diese drei zuverlässigen Werte). Wenn wir diesen Wert in die Gleichung (3) einsetzen, finden wir für $La^{3+}_{(g)}$ $\Delta H^\circ = 920$ kcal. Eine völlige analoge Berechnung unter Verwendung der thermochemischen Daten für $LaCl_3$ führt zu dem dicht daneben liegenden Wert $\Delta H^\circ$ (932 kcal). Von hier aus erhalten wir den Durchschnittswert $\Delta H^\circ_{La^{3+}} = 926 \pm 6$ kcal. Die Sublimationswärme des Lanthans beträgt 90 kcal [31], und folglich ist das volle Ionisationspotential des Lanthans = 836 kcal oder 36,4 eV, was in Übereinstimmung mit den Werten steht, die unmittelbar gemessen wurden.

Auf analoge Weise wurden die Bildungswärmen anderer gasförmiger Ionen der Lanthanide gefunden. Hierbei benutzten wir die Daten von BOMMER und HOHMANN [74]. Unter Berücksichtigung der Ähnlichkeit der Eigenschaften der Lanthanide nehmen wir eine Sublimationswärme für alle diese Elemente von 90 kcal an. Die Zusammenstellung der erhaltenen Werte der Ionisationspotentiale der Lanthanide wird in Tab. 13 gebracht. Aus dieser ist zu ersehen, daß die Ionisationspotentiale der Lanthanide mit dem Größerwerden der Ordnungszahl stetig anwachsen.

KAPUSTINSKI [75] stellte fest, daß zahlreiche thermochemische Größen lineare Funktionen des Logarithmus der Ordnungszahl des Elementes sind. In dem untersuchten Falle hatte sich ebenfalls erwiesen, daß zwischen dem Ionisationspotential der Lanthanide und dem Logarithmus ihrer Ordnungszahl eine lineare Abhängigkeit besteht, die in erster Näherung durch die Gleichung

$$I = 43{,}2 \lg z - 38{,}9$$

ausdrückbar ist, wobei

$I$ das summare Ionisationspotential in eV

und $z$ die Ordnungszahl ist.

Die nach dieser Gleichung errechneten Werte der summaren Ionisationspotentiale werden in der gleichen Tab. 13 angeführt. Ein Unterschied zwischen diesen Werten und denen der Ionisationspotentiale, die aus thermochemischen Daten gefunden wurden, beträgt nur im Falle des Gadoliniums 0,5 eV, während in den übrigen Fällen zwischen diesen beiden Größenreihen eine befriedigende Übereinstimmung festzustellen ist. Nach der oben angeführten Gleichung wurden von uns die Ionisationspotentiale für Promethium, sowie für das Europium, Terbium und Ytterbium errechnet. (S. Tab. 13.)

Tabelle 13

*Ionisationspotentiale*

| Ion | Bildungswärme des gasförmigen Ions nach Gleichung (1)* in kcal | Ionisationspotential in eV | |
|---|---|---|---|
| | | aus thermochemischen Daten | nach Gleichung: $I = 43{,}2 \lg z - 38{,}9$ |
| $La^{3+}$ . . . . . . . | — 932 | 36,5 | — |
| $Ce^{3+}$ . . . . . . . | — 948 | 37,2 | 37,2 |
| $Pr^{3+}$ . . . . . . . | — 955 | 37,5 | 37,5 |
| $Nd^{3+}$ . . . . . . . | — 961 | 37,8 | 37,9 |
| Pm . . . . . . . | — | — | 38,2 |
| $Sm^{3+}$ . . . . . . . | — 970 | 38,2 | 38,5 |
| $Eu^{3+}$ . . . . . . . | — | — | 38,8 |
| $Gd^{3+}$ . . . . . . . | — 982 | 38,6 | 39,1 |
| $Tb^{3+}$. . . . . . . | — | — | 39,4 |
| $Dy^{3+}$ . . . . . . . | —1003 | 39,5 | 39,6 |
| $Ho^{3+}$ . . . . . . . | —1014 | 40,0 | 39,9 |
| $Er^{3+}$ . . . . . . . | —1018 | 40,2 | 40,2 |
| $Tu^{3+}$. . . . . . . | —1020 | 40,3 | 40,5 |
| $Yb^{3+}$ . . . . . . . | — | — | 40,8 |
| $Lu^{3+}$. . . . . . . | —1038 | 41,0 | 41,0 |

* Um vergleichbare Resultate zu erhalten, wurden die Daten, die in dieser Tabelle aufgenommen wurden, für alle Ionen mit Ausnahme von $Sm^{3+}$, für das die Daten von BICHOWSKY und ROSSINI [31] genommen wurden, aus den thermochemischen Daten von BOMMER und HOHMANN [74] berechnet.

### 5. *Alkylaffinität*

Zur Lösung der Fragen, die mit der Kinetik der Reaktionen in Verbindung stehen, bei denen Haloid-Alkyle und ihnen ähnliche Verbindungen beteiligt sind, ist die Kenntnis der Dissoziationsenergie der gasförmigen Molekel RX (R = Alkyl, X = Atom oder Atomgruppe, die mit dem Alkyl verbunden ist) bei der Dissoziation in die Ionen, d. h. der Energie des Prozesses

$$RX_{(g)} = R^{+}_{(g)} + X^{-}_{(g)} - K_a \qquad (X)$$

notwendig.

Die Änderung der Energie ($K_a$) im umgekehrten Prozeß

$$X^{-}_{(g)} + R^{+}_{(g)} = RX_{(g)} + K_a \qquad (Xa)$$

nennen wir analog zu der „Protonenaffinität" „Alkylaffinität", wobei wir zugeben, daß der Terminus „Affinität" sowohl im ersten als auch im zweiten Falle mißglückt ist. Zur Berechnung der Alkylaffinität ist die Kenntnis der Bildungswärme von allen drei Teilen im gasförmigen Zustand erforderlich, die am Prozeß (Xa) beteiligt sind. Die Bildungswärmen der gasförmigen Molekeln RX sind für eine große Anzahl von Verbindungen bekannt und werden in dem thermochemischen Nachschlagewerk [31] angeführt; die Bildungswärmen der gasförmigen Anionen werden von uns in Tab. 10 und im zweiten Teil vorliegender Arbeit gebracht.

Die Bildungswärmen der gasförmigen $CH_3^+$ und $C_2H_5^+$ können auf folgendem Wege berechnet werden: Indem wir nach den Daten von SYRKIN [76] die Energie der Bindung C—C = 62,77 kcal annahmen, desgleichen die Energie der Bindung C—H = 85,56 kcal und die Werte der Bildungswärmen von $CH_4$ und $C_2H_6$, die von BICHOWSKY und ROSSINI angeführt werden [31], fanden wir hieraus für $CH_{3(g)}$ eine Bildungswärme von — 18 kcal ± 3 kcal und für $C_2H_{5(g)}$ — 13 kcal. EVANS [77], der von den Daten von HIPPL und STEVENSON [78] ausgeht, hält für die wahrscheinlichsten Werte für die Ionisationsenergie von $CH_{3(g)}$ 232 kcal und für $C_2H_{5(g)}$ 200 kcal. Hieraus folgern wir, daß $\Delta H°$ für $CH_{3(g)}^+$ gleich 250 kcal und für $C_2H_{5(g)}^+$ 213 kcal beträgt.

Tabelle 14

*Alkylaffinität*

| Anion | Affinität in kcal zu $CH_3^+$ | Affinität in kcal zu $C_2H_5^+$ | Protonenaffinität in kcal |
|---|---|---|---|
| $J^-$ . . . . | 192,5 | 161,0 | 307 |
| $NO_3^-$ . . . | — | 166,4 | 320 |
| $Br^-$ . . . . | 199,6 | 169,6 | 315 |
| $SCN^-$ . . . | 203,4 | — | — |
| $NCS^-$ . . . | 210,4 | — | — |
| $Cl^-$ . . . . | 207,6 | 195,2 | 325 |
| $HS^-$. . . . | 225,8 | — | 343 |
| $NC^-$. . . . | 228,5 | — | 348 |
| $CN^-$. . . . | 243,3 | — | — |
| $NO_2^-$ . . . | 235,9 | 203,3 | — |
| $ONO^-$ . . . | — | 206,2 | — |
| $OH^-$. . . . | 257,9 | 229,5 | 383 |
| $NH_2^-$ . . . | 298,8 | 267,5 | 419 |
| $S^{2-}$ . . . . | 655,5 | — | 884 |
| $O^{2-}$ . . . . | 755,5 | — | 998 |

Die Werte der Alkylaffinität für eine Reihe von Anionen, die auf Grund dieser Daten errechnet wurden, werden in Tabelle 14 gebracht. Interessant ist die Tatsache, daß sich nur mit einer Ausnahme die Alkylaffinität und die Protonenaffinität symbat verändern und daß hierbei die Alkylaffinität geringer ist als die Protonenaffinität. Zum Unterschied der Protonenaffinität der Anionen hängt die Alkylaffinität davon ab, an welches der Atome des Anions sich das Alkylkation anlagert; besonders stark tritt dies im Falle des Cyanid-Ions auf.

### 6. *Hydratationswärmen der Ionen*

Unter der Hydratationswärme des Ions versteht man die Änderung der Energie beim Übergang von gasförmigen zu hydratisierten Ionen in unendlich verdünnter Lösung, d. h. die Energie des Prozesses

$$I_{(g)} + aq = I_{aq} + L_i , \qquad (XI)$$

wobei $I_{(g)}$ = gasförmiges Ion,

$I_{aq}$ = hydratisiertes Ion bedeutet.

Die Energie dieses Prozesses $L_i$ kann aus der Gleichung

$$L_i = -DH_{I_{aq}} + \Delta H_{I_{(g)}} \qquad (9)$$

errechnet werden, wobei

$L_i$ = Hydratationswärme des Ions und

$-\Delta H_{I_{(g)}}$ und $-\Delta H_{I_{aq}}$ = Bildungswärmen der Ionen

bedeuten, jeweils entsprechend im gasförmigen Zustand und in Lösung.

Die Hydratationswärmen der Ionen wurden von vielen Verfassern unter Anwendung verschiedener Rechnungsmethoden berechnet.

Dem Problem der Ausrechnung der Hydratationswärmen einatomiger Ionen ist eine ausführliche Literatur gewidmet, auf deren Betrachtung wir hiermit nicht eingehen, da diese Frage als Gegenstand einer besonderen Abhandlung dienen kann und in den meisten Fällen keine direkte Beziehung zur Frage der Hydratationswärme komplexer und mehratomiger Ionen hat.

Auf Grund einer Übersicht der Arbeiten von Voét [79], Latimer, Pitzer und Slansky [80], Frumkin [81], West [68], Klein und Lange [82], Eley und Evans [69], Mistschenko [83] und anderer Verfasser kann man zu dem Schluß gelangen, daß man die absoluten Werte der Hydratationswärmen der Ionen nicht als ausreichend zuverlässig ansehen kann, und daß man daher auch nicht genau die absoluten Werte der Bildungswärmen der Ionen in Wasserlösungen feststellen kann. Jedoch können die relativen Werte der Bildungswärmen der Ionen in Wasserlösungen mit der gleichen Genauigkeit gefunden werden, wie die Bildungswärmen der entsprechenden Salze. Daher werden in den modernen thermochemischen Nachschlagewerken die Werte für die Bildungswärmen der wäßrigen Ionen gebracht, die aus einer willkürlich angenommenen Größe der Bildungswärme des Protons in Lösung (0,000 kcal) errechnet wurden, obwohl eigentlich die Bildungswärme des Protons in wäßriger Lösung annähernd — 101 kcal beträgt.

Zur Erleichterung eines Vergleichs unserer Daten mit denen in der Literatur vorhandenen werden wir im folgenden überall die Bildungswärmen der Ionen in wäßrigen Lösungen unter Berücksichtigung oben erwähnter Bedingungen anführen. Was die Hydratationswärmen der Ionen betrifft, so haben wir alle Größen errechnet, indem wir die Hydratationswärme des Kalium-Ions mit 80 kcal annahmen (Daten von Mistschenko [83]). In diesem Falle erweist sich die Hydratationswärme des Protons als 264 kcal. Hieraus kann die Bildungswärme des Protons in wäßriger Lösung berechnet werden, da letztere die algebraische Summe der Bildungswärme des gasförmigen Protons (— 365 kcal) und seiner Hydratationswärme darstellt und folglich — 101 kcal beträgt; hierbei kann die Gleichung (9) folgendermaßen umgeschrieben werden

$$L_i = -\Delta H'_{I_{aq}} + \Delta H_{I_{(g)}} - 101\, n\,,$$

wobei $-\Delta H'_{I_{aq}}$ = Bildungswärme des Ion in wäßriger Lösung unter der Bedingung ist, daß für das Proton $-\Delta H^{\circ}_{298} = 0{,}000$ kcal und $n$ = Ladung des Ions bedeutet.

Unter Anwendung dieser Gleichung berechneten wir die Hydratationswärmen von 82 Ionen. Die Werte für $-\Delta H_{I_{aq}}$ wurden nach der „Thermochemie“ von Bichowsky und Rossini [31] und nach unseren experimentellen Daten errechnet, die Werte für $-\Delta H_{I_{(g)}}$ wurden oben angeführt (s. Tab. 10). Eine Zusammenstellung der von uns erhaltenen Hydratationswärmen der Ionen wird in den Tabellen 15 und 15a gebracht.

In den Tabellen werden die Werte der Hydratationswärmen für 91 Ionen gebracht. Aus dieser Anzahl wurden die Hydratationswärmen für 68 Ionen von uns zuerst errechnet. Von Interesse ist der Umstand, daß die Hydratationswärmen der Ionen, die durch Mistschenko [83] unabhängig von uns errechnet wurden, gut mit den von uns errechneten Werten übereinstimmen. Das Vorhandensein einer ausreichenden Anzahl von Daten gestattet uns eine genaue Betrachtung, die die Größe der Hydratationswärme des Ions bestimmt.

Nach Born und Bjerrum drückt sich die Hydratationswärme eines kugelförmigen, elektrisch geladenen Teilchens in der Gleichung aus:

$$L_i = \frac{165{,}5\, z^2}{r}\,, \tag{11}$$

wobei 165,5 die konstante Größe für eine gegebene Temperatur bedeutet, die gleich

$$\frac{Ne}{2}\left[1 - \frac{1}{D} + \frac{I}{D^2}\left(\frac{\partial D}{\partial T}\right)\right]$$

ist. ($N$ = Avogadrosche Zahl, $e$ = Ladung des Elektrons, $D$ = Dielektrizitätskonstante);

$r$ = Radius der Teilchen
$z$ = Ladung der Teilchen.

Jedoch erwies sich die Gleichung (11) als ungeeignet zur Berechnung der Hydratationswärmen der Ionen, weswegen für die Berechnung der letztgenannten empirische Formeln vorgeschlagen wurden.

Das Fehlen einer Übereinstimmung der gefundenen Größen mit denen nach der Gleichung von Born-Bjerrum errechneten kann vor allem damit erklärt werden, daß die Ionen, für welche die Hydratationswärmen errechnet wurden, Ausmaße der Größenordnung besitzen, wie die Ausmaße der Wassermolekeln. Daher ist die Gleichung, die für Makroteilchen gerechtfertigt ist, hier schon allein deswegen nicht anwendbar, weil in diesem Falle der Begriff der Dielektrizitätskonstanten

Tabelle 15

*Hydratationswärme der Kationen*

| Kation | Thermochemischer Radius in Å | Hydratationswärme in kcal nach Daten des Verfassers | Hydratationswärme in kcal nach Daten von MISTSCHENKO [83] |
|---|---|---|---|
| **Einfach geladene Kationen** | | | |
| $Li^+$ | 0,78 | 125 | 121 |
| $[Li(H_2O)]^+$ | 0,88 | 112 | — |
| $Na^+$ | 0,98 | 100 | 98 |
| $[Li(H_2O)_2]^+$ | 1,15 | 95 | — |
| $K^+$ | 1,33 | 80 | 80 |
| $[Li(H_2O)_3]^+$ | 1,37 | 82 | — |
| $NH_4^+$ | 1,43 | 76 | 79 |
| $[Na(H_2O)_2]^+$ | 1,46 | 76 | — |
| $Rb^+$ | 1,49 | 73 | 74 |
| $Cs^+$ | 1,65 | 67 | 63 |
| $[Co(NH_3)_4(NO_2)_2]^+$ | (2,37) | (40) | — |
| $N(CH_3)_4^+$ | 3,00 | 32 | — |
| **Doppelt geladene Kationen** | | | |
| $Ca^{2+}$ | 1,06 | 370 | 375 |
| $Mg(H_2O)_2]^{2+}$ | 1,08 | 385 | — |
| $Sr^{2+}$ | 1,27 | 341 | 338 |
| $[Ca(H_2O)]^{2+}$ | 1,27 | 348 | — |
| $Ba^{2+}$ | 1,43 | 314 | 312 |
| $[Sr(H_2O)]^{2+}$ | 1,49 | 315 | — |
| $[Ca(H_2O)_2]^{2+}$ | 1,52 | 315 | — |
| $[Mg(H_2O)_4]^{2+}$ | 1,59 | 308 | — |
| $[Ba(H_2O)]^{2+}$ | 1,60 | 293 | — |
| $[Sr(H_2O)_2]^{2+}$ | 1,70 | 290 | — |
| $[Ba(H_2O)_2]^{2+}$ | 1,79 | 271 | — |
| $[Ca(H_2O)_4]^{2+}$ | 2,07 | 251 | — |
| $[Sr(H_2O)_4]^{2+}$ | 2,17 | 238 | — |
| $[Ni(H_2O)_6]^{2+}$ | 2,29 | 232 | — |
| $[Co(NH_3)_5NO_2]^{2+}$ | 2,30 | 218 | — |
| $[Co(H_2O)_6]^{2+}$ | 2,34 | 222 | — |
| $[Mg(H_2O)_6]^{2+}$ | 2,35 | 228 | — |
| $[Mn(H_2O)_6]^{2+}$ | 2,35 | 223 | — |
| $[Zn(H_2O)_6]^{2+}$ | 2,35 | 227 | — |
| $[Cu(H_2O)_6]^{2+}$ | 2,35 | 222 | — |
| $[Co(NH_3)_5Cl]^{2+}$ | 2,36 | 211 | — |
| $[Co(NH_3)_5HCO_2]^{2+}$ | 2,36 | 212 | — |
| $[Co(NH_3)_5NO_3]^{2+}$ | 2,40 | 210 | — |
| $[Co(NH_3)_5Br]^{2+}$ | 2,43 | 208 | — |
| $[Ni(NH_3)_6]^{2+}$ | 2,58 | (196) | — |
| $[Ca(H_2O)_6]^{2+}$ | 2,8 | 187 | — |
| $[Sr(H_2O)_6]^{2+}$ | 2,8 | 186 | — |

Tabelle 15 (Fortsetzung)

| Kation | Thermochemischer Radius in Å | Hydratationswärme in kcal | |
|---|---|---|---|
| | | nach Daten des Verfassers | nach Daten von MISTSCHENKO [83] |
| Dreifach geladene Kationen | | | |
| $Lu^{3+}$ | 0,99 | 894 | — |
| $Tu^{3+}$ | 1,04 | 878 | — |
| $Er^{3+}$ | 1,04 | 878 | — |
| $Ho^{3+}$ | 1,05 | 875 | — |
| $Dy^{3+}$ | 1,07 | 866 | — |
| $Gd^{3+}$ | 1,11 | 862 | — |
| $Nd^{3+}$ | 1,15 | 829 | — |
| $Pr^{3+}$ | 1,16 | 825 | — |
| $Ce^{3+}$ | 1,18 | 819 | — |
| $La^{3+}$ | 1,22 | 805 | — |
| $[Al(H_2O)_6]^{3+}$ | 2,13 | 587 | — |
| $[Co(NH_3)_6]^{3+}$ | 2,4 | 501 | — |
| $[Co(NH_3)_5H_2O]^{3+}$ | 2,4 | 504 | — |
| $[CoEn_3]^{3+}$ | 2,5 | 490 | — |

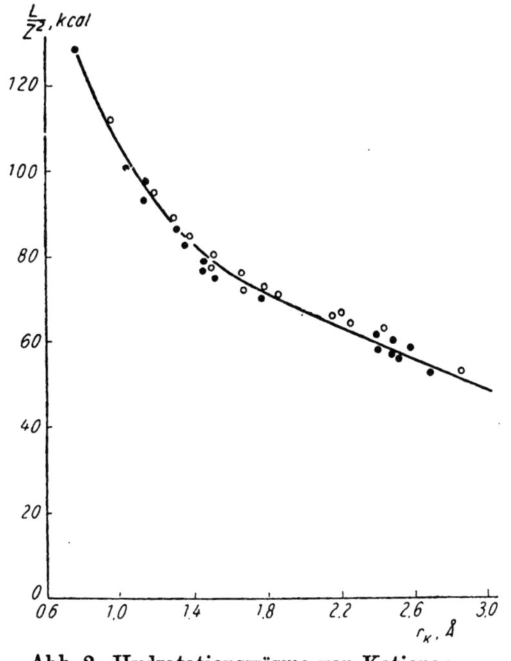


Abb. 2. Hydratationswärme von Kationen verschiedener Ladungen.

○ — einfach geladene Kationen,
● — zweifach geladene Kationen.

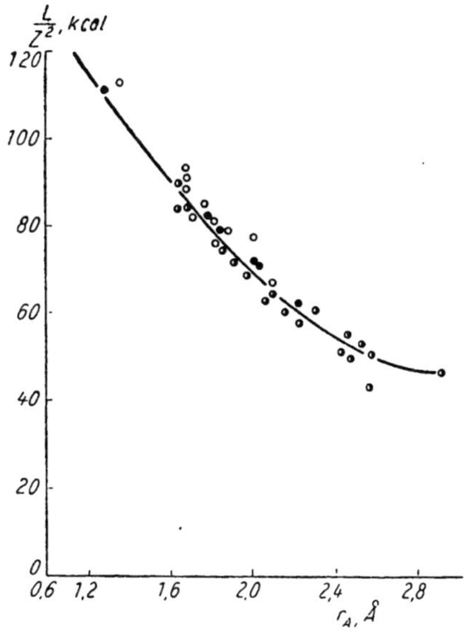


Abb. 3. Hydratationswärme von Anionen verschiedener Ladungen.

○ — einatomige Anionen ($Cl^-$, $Br^-$, $J^-$ usw.).
◐ — Protonhaltige Anionen ($HS^-$, $HCO_3^-$ usw.).
● — Anionen von Sauerstoffsäuren ($CO_3^{--}$, $SO_4^{--}$, $NO_3^-$ usw.).

Tabelle 15a

*Hydratationswärme der Anionen*

| Anion | Thermochemischer Radius in Å | Hydratationswärme in kcal nach Daten des Verfassers | Hydratationswärme in kcal nach Daten von MISTSCHENKO [83] |
|---|---|---|---|
| **Einfach geladene Anionen** | | | |
| $F^-$ | 1,33 | 112 | 113 |
| $OH^-$ | 1,40 | 116 | 95 |
| $NO_2^-$ | 1,55 | 94 | — |
| $HF_2^-$ | 1,55 | 89 | — |
| $HCO_2^-$ | 1,58 | 94 | 93 |
| $CH_3CO_2^-$ | 1,59 | 97 | — |
| $C_2H_3O_3^-$ | 1,59 | 92 | — |
| $C_2H_5CO_2^-$ | 1,59 | 97 | — |
| $CH_3COCH_2COO^-$ | 1,59 | 94 | — |
| $CNO^-$ | 1,59 | 88 | — |
| $HCO_3^-$ | 1,63 | 86 | — |
| $[OHH_2O]^-$ | 1,75 | 89 | — |
| $C_6H_5CO_2^-$ | 1,77 | 82 | — |
| $Cl^-$ | 1,81 | 79 | 79 |
| $JO_3^-$ | 1,82 | 75 | — |
| $CN^-$ | 1,82 | 79 | — |
| $NO_3^-$ | 1,89 | 71 | 72 |
| $BrO_3^-$ | 1,91 | 68 | — |
| $HS^-$ | 1,95 | 77 | — |
| $CNS^-$ | 1,95 | 71 | 72 |
| $Br^-$ | 1,96 | 71 | 72 |
| $ClO_3^-$ | 2,00 | 64 | — |
| $HSO_4$ | 2,06 | 67 | — |
| $J^-$ | 2,20 | 62 | 63 |
| Pikrat-Ion | 2,23 | 54 | — |
| $ClO_4^-$ | 2,36 | 50 | 50 |
| $MnO_4^-$ | 2,40 | 49 | 49 |
| $[Co(NH_3)_2(NO_2)_4]^-$ | 2,50 | 41 | — |
| **Zweifach geladene Anionen** | | | |
| $S^{2-}$ | 1,74 | 341 | — |
| $CO_3^{2-}$ | 1,85 | 317 | — |
| $SO_4^{2-}$ | 2,30 | 241 | 243 |
| $CrO_4^{2-}$ | 2,40 | 229 | — |
| $SeO_4^{2-}$ | 2,43 | 224 | — |
| $[SiF_6]^{2-}$ | 2,45 | 221 | — |
| $MoO_4^{2-}$ | 2,54 | 216 | — |
| $TeO_4^{2-}$ | 2,54 | 216 | — |
| $WO_4^{2-}$ | 2,57 | 202 | — |
| **Dreifach geladene Anionen** | | | |
| $BO_3^{3-}$ | 1,91 | 760 | — |
| $PO_4^{3-}$ | 2,38 | 550 | — |
| $AsO_4^{3-}$ | 2,48 | 530 | — |

seinen physikalischen Sinn verliert. Außerdem muß angenommen werden, daß sich die Werte der effektiven Ionenradien im Kristallgitter einerseits und in wäßrigen Lösungen und gasförmigem Zustand andererseits wesentlich voneinander unterscheiden können. Nichtsdestoweniger kann kaum daran gezweifelt werden, daß die Größe $L_i$ in erster Linie von der Ladung des Ions und seinem Radius abhängen muß, d. h. von den zwei Größen, die das elektrische Feld des Ions bestimmen. (Es handelt sich um Ionen, die eine Elektronenkonfiguration eines Edelgases besitzen, sowie um komplexe Ionen, da im Falle von Ionen mit einer anderen Konfiguration die kovalenten Kräfte eine wesentliche Rolle spielen.)

Eine Untersuchung aller von uns in der Tabelle 15 und 15a gebrachten Daten zeigt, daß die Hydratationswärme durch das Quadrat der Ionenladung bestimmt

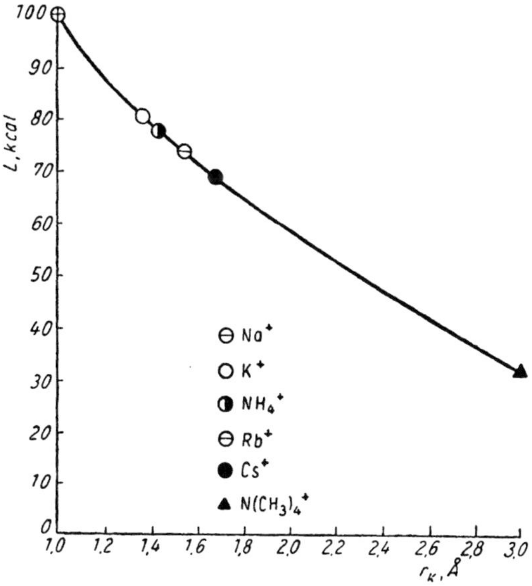


Abb. 4. Thermochemische Radien und Hydratationswärmen einfach geladener Kationen.

wird. Man kann sich davon überzeugen, wenn man auf der Abszissenachse die Ionenradien aufträgt und auf der Ordinatenachse das Ergebnis der Division der Hydratationswärme durch das Quadrat der Ladung aufträgt. Hierbei kommen unabhängig von der Ladung des Ions alle Werte dicht bei einer bestimmten Linie zu liegen. (Abb. 2 und 3).

Zweifellos ist ebenfalls die Abhängigkeit der Hydratationswärme des Ions von seinem Radius vorhanden, wobei die Hydratationswärme eines beliebigen Ions durch die Gleichung

$$L_i = z^2 \cdot f(r)$$

dargestellt werden kann, bei der $f(r)$ der Funktion entspricht, die die Abhängigkeit der Hydratationswärme vom Ionenradius anzeigt. Diese Abhängigkeit läßt sich schwer durch irgend eine einfache empirische Formel ausdrücken. Jedoch kann sie in der ersten und verhältnismäßig groben Annäherung durch die Gleichung

$$L_i = \frac{165{,}5 \cdot z^2}{r + l} \tag{13}$$

dargestellt werden, wobei $l$ eine konstante Größe ist und 0,4 für Anionen und 0,8 für Kationen beträgt. Eine derartige Gleichung schlug zuerst VOĚT [79] für einfach geladene Anionen und Kationen vor, während wir diese Abhängigkeit auf

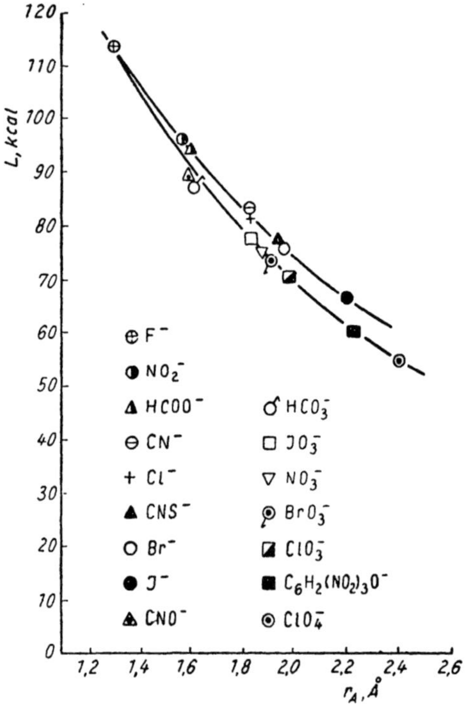


Abb. 5. Thermochemische Radien und Hydrationswärmen von Anionen

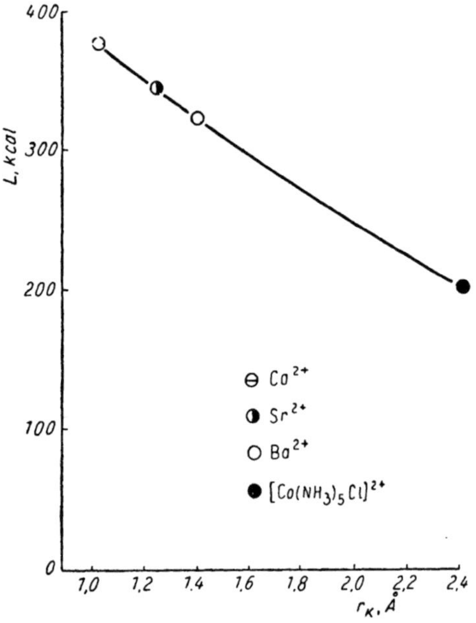


Abb. 6. Thermochemische Radien und Hydratationswärmen von zweifach geladenen Kationen

Ionen beliebiger Ladung ausdehnen. Hierbei möchten wir unterstreichen, daß keine wesentlichen Unterschiede zwischen der Abhängigkeit der Hydratationswärmen der Ionen von den röntgenanalytisch bestimmten Radien und den thermochemischen Radien beobachtet werden. Auf diese Weise bestimmen die thermochemischen Radien die Energetik des Ions nicht nur im Kristallgitter, sondern auch in der Lösung.

Die Abhängigkeit der Hydratationswärmen der Ionen von den thermochemischen Radien ist in den Abbildungen 4 bis 6 dargestellt. Bei eingehender Durchsicht des Materials über die Hydratationswärmen des Ions erweist es sich, daß die

Größe $L_i$ nicht nur durch die Ladungen und Radien bedingt ist, sondern auch noch durch einige Besonderheiten des Aufbaus des Ions selbst, die gewisse Abweichungen von der gefundenen Abhängigkeit verursachen. In Verbindung damit, daß die Größe dieser Abweichungen verhältnismäßig gering ist, kann gesagt werden, daß die hier wirkenden Faktoren Abweichungen zweiter Ordnung hervorrufen. Insbesondere werden mindestens zwei Gruppen von Ionen mit derartigen Abweichungen festgestellt: 1. vielatomige Anionen, die stark von der Kugelform abweichen, und 2. Ionen, die zur Bildung einer Wasserstoffbindung mit den Wassermolekeln oder einer Karboxylgruppe fähig sind ($OH^-$, $HSO_4^-$, $HS^-$ $[M(H_2O)_n]^{2+}$, $RCOO^-$) u. a.

Die Hydratationswärmen der Ionen, die zur ersten der genannten Gruppen gehören, sind etwas niedriger als bei sphärischen Ionen mit der gleichen Ladung und gleichem thermochemischen Radius.

Das Vorhandensein dieser Abweichungen kann dadurch erklärt werden, daß derartige Ionen im Kristallgitter anscheinend nicht rotieren und ihr thermochemischer Radius aus einem gewissen Durchschnittsabstand des Mittelpunktes des betreffenden Ions von den benachbarten Ionen bestimmt wird. In Lösung bekommt ein derartiges Ion die Freiheit zum Rotieren, womit sein effektiver Radius bis zu dem Wert anwächst, der der Kugel mit einem Maximalabstand zwischen Mittelpunkt und Oberfläche entspricht.

Die Hydratationswärmen der Ionen, die zur zweiten Gruppe gehören, übersteigen die Hydratationswärmen der analogen einfachen kugelförmigen Ionen. Diese Abweichung kann dadurch erklärt werden, daß zu dem elektrostatischen Effekt, der durch die Gleichung von Born-Bjerrum berücksichtigt wird, im gegebenen Falle die Energie der chemischen Wechselwirkung des Ions mit den Molekeln des Wassers auf Kosten der Bildung einer Wasserstoffbindung hinzukommt.

KAPITEL III

# Lösungswärmen und Bildungswärmen der Salze

## *1. Lösungswärmen der Salze*

Auf Grund des Materials, das in den voraufgegangenen Kapiteln behandelt wurde, kann der Schluß gezogen werden, daß man mindestens im Rahmen einer bestimmten und verhältnismäßig großen Ionengruppe ohne Zweifel eine Abhängigkeit zwischen der Hydratationswärme einerseits und der Ladung und dem Radius des Ions andererseits finden kann. Dies ermöglicht, zur Berechnung der Faktoren überzugehen, die die Größe der Lösungswärme des Salzes bestimmen.

Die Lösungswärme des Salzes kann durch die Gleichung bestimmt werden:

$$L = L_k + L_a - U_{ka}\,, \tag{14}$$

wobei

$L$ = Lösungswärme,
$L_k$ und $L_a$ = Hydratationswärmen der Ionen und
$U_{ka}$ = Gitterenergie bedeuten.

Die Gitterenergie des Salzes mit einem unwesentlichen Anteil kovalenter Bindung wird nach der Gleichung von KAPUSTINSKI nur durch die Ladungen und die thermochemischen Radien der Ionen bestimmt, die das gegebene Salz bilden. Die Hydratationswärme der Ionen eines gegebenen Typs wird ebenfalls gleichermaßen durch ihre Ladungen und Radien bestimmt. Auf diese Weise kann die Lösungswärme der Salze als Funktion zweier Veränderlicher ausgedrückt werden, des Kationenradius und des Anionenradius. Die Lösungswärme für das Salz eines gegebenen Typs mit gegebenen Ionenradien ergibt sich nach der Gleichung (14) aus den Werten der Hydratationswärmen der Ionen $L_k$ und $L_a$, die durch graphische Interpolation (s. Abb. 4 und 6) gefunden wurde, und aus den Werten der Gitterenergie $U_{ka}$, die nach der Gleichung von KAPUSTINSKI errechnet wurden. Die Abhängigkeit der Lösungswärmen der Salze von den Radien der sie bildenden Ionen kann man graphisch mit Hilfe entsprechender Diagramme (Abb. 7—10) darstellen.

In den angeführten Diagrammen sind auf der Abszissenachse die Größen der Kationenradien aufgetragen und auf der Ordinatenachse die Anionenradien. Die oberen Grenzen der Ionenradien sind durch die maximalen gefundenen thermochemischen Radien bedingt, die untere Grenze ist dadurch bedingt, daß mit Hilfe der

Gleichung Kapustinskis genaue Werte der Gitterenergie nur bei den Ionenradien erlangt werden, die 1 Å überschreiten. Die Lösungswärme wurde nach Gleichung (3) für 70 bis 80 Punkte des Diagramms errechnet und dann wurden die

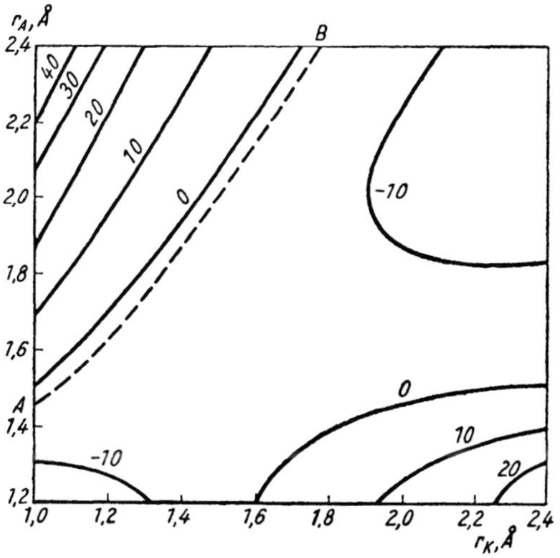


Abb. 7. Diagramm: Ionenradien — Lösungswärme der Salze vom Typ MX

(Ziffer auf den Kurven — Lösungswärmen in kcal).

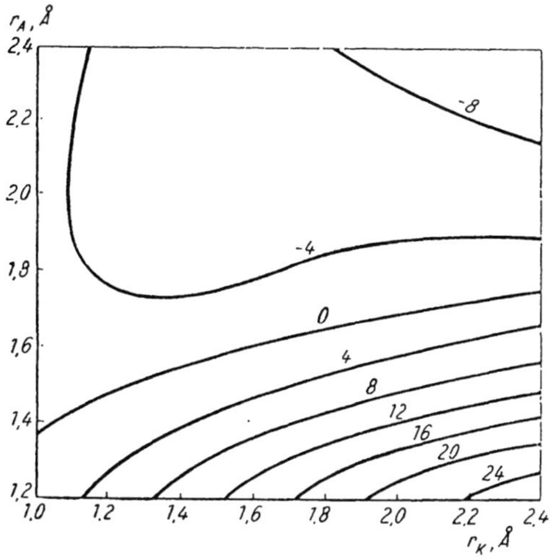


Abb. 8. Diagramm: Ionenradien — Lösungswärme der Salze vom Typ $MX_2$.

(Ziffer auf den Kurven — Lösungswärmen in kcal)

Punkte mit gleichen $L$-Werten durch Linien verbunden, die für die Salze mit einfach geladenen Kationen im Abstand von 4 kcal gezogen wurden, und für Salze mit doppelt geladenen Kationen im Abstand von 10 kcal. In den Diagrammen der Fig. 7 und 8 wurden die Lösungswärmen der Salze vom Typ MX und $MX_2$

gebracht. Die Salze mit Anionen vom Typ $[RO_n]^{m+}$ wurden in Übereinstimmung mit den oben festgestellten Besonderheiten dieser Ionen einer besonderen Gruppe zugeteilt und für sie wurden die Werte in den Diagrammen der Fig. 9 und 10 gebracht.

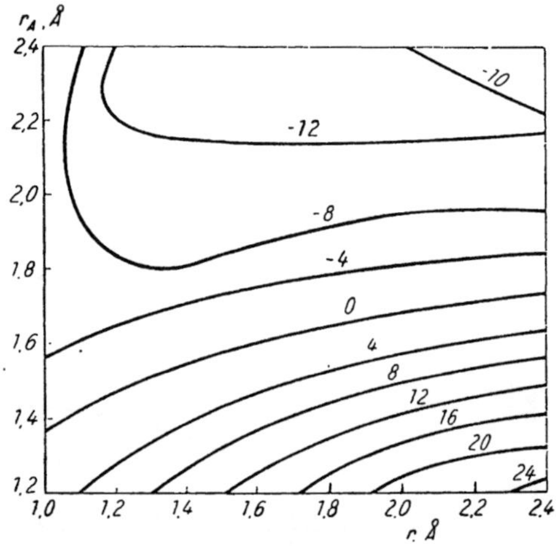


**Abb. 9. Diagramm: Ionenradien — Lösungswärme der Salze vom Typ $MRO_n$**

**(Ziffer auf den Kurven — Lösungswärmen in kcal)**

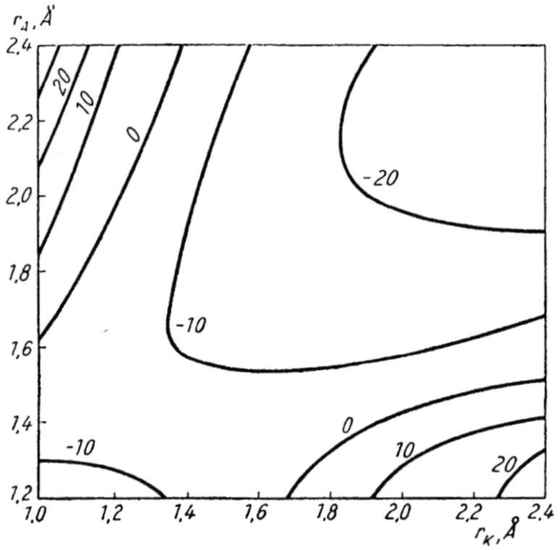


**Abb. 10. Diagramm: Ionenradien — Lösungswärme der Salze vom Typ $M(RO_n)_2$**

**(Ziffer auf den Kurven — Lösungswärmen in kcal)**

Bei der Analyse der erhaltenen Werte der Lösungswärmen kann eine Reihe gemeinsamer Gesetzmäßigkeiten für die behandelten vier Salztypen festgestellt werden. Im Falle der Salze vom Typ $MX_2$ und $M(RO_n)_2$ erreicht die Lösungswärme den Maximalwert im Punkt mit dem größten Wert des Kationenradius und dem geringsten Wert des Anionenradius und umgekehrt (die obere linke und die untere rechte Ecke des Diagramms). Die Lösungswärme der Salze, die durch Ionen mit gleichen Radien gebildet werden, erreicht ihren Maximalwert $r_k = r_a = 1{,}4$ Å, wobei sie sich sowohl bei einer Vergrößerung als auch bei einer Verringerung der Ionenradien verkleinert. Die Lösungswärme der Salze vom Typ MX und $MRO_n$ erreicht den Maximalwert in dem Punkt, in dem der Kationenradius am größten und der Anionenradius am kleinsten ist (untere rechte Ecke des Diagramms). Der Maximalwert von $L$ wird in dem Punkt erreicht, wo die Radien der beiden Ionen den Maximalwert annehmen (obere rechte Ecke des Diagramms).

Bei einem Radius des Anions von 1,8 bis 1,9 Å hängen die Lösungswärmen fast gar nicht vom Kationenradius ab. Die Lösungswärmen der Salze, die durch Ionen auf gleichem Radius gebildet werden, nehmen gesetzmäßig mit der Vergrößerung der Ionenradien ab.

Mit Hilfe der vorliegenden Diagramme kann man zur Lösung der Frage von der Abhängigkeit der Lösungswärmen von den Ladungen der Ionen gelangen, die die Salze bilden. Wenn man das Diagramm 8 mit dem Diagramm 7 vergleicht, sieht man, daß sich links von der punktierten Linie $AB$ (Fig. 8) positive Werte der Differenz der Lösungswärmen befinden. (D. h. links der punktierten Linie ist $L_{MX_2} > L_{MX}$; rechts von der Linie $AB$ ist diese Differenz negativ, d. h. $L_{MX_2} < L_{MX}$.) Also bei der Vergrößerung der Ladung des Kations und der Einhaltung der unveränderten Maße der Ionen vergrößert sich die Lösungswärme bei Salzen mit kleinen Kationen und großen Anionen und verringert sich im entgegengesetzten Falle. Diese Frage kann man ebenfalls auf Grund einer theoretischen Analyse der Gleichung (14) lösen.

Wenn man als Ausgangswert für die Hydratationswärmen der Ionen die Hydratationswärmen des Kalium-Ions wählt und sie mit 80 kcal annimmt, so ändern sich die Hydratationswärmen der Ionen mit dem gegebenen Radius proportional zum Quadrat der Ladung.

Bei der Betrachtung einer Reihe von Salzen mit ein und demselben Anion und mit Kationen veränderlicher Ladung, d. h. eines Salzes vom Typ $MX_n$ ($MX$, $MX_2$, $MX_3$ usw.) erhalten wir

$$L = z_a^2 A_1 + n z_a^2 A_2 - (n + 1) z_k z_a B\,, \tag{15}$$

wobei $z_k$ und $z_a$ Ladungen sind, die sich jeweils auf das Kation und Anion beziehen, und $A_1$, $A_2$ und $B$ die Konstanten sind, die von der Größe der Ionenradien abhängen.

Ausgehend von den offensichtlichen Wechselbeziehungen

$$z_k = n z_a$$

und indem man diese in die Gleichung (15) einsetzt, erhält man

$$L = z_k^2 A_1 + z_k z_a A_2 - (z_k + z_a) z_k B\,. \tag{16}$$

Indem man diese Gleichung nach $z_k$ differenziert und beide Seiten der Gleichung mit $z_k$ multipliziert, erhält man

$$z_k \frac{\partial L}{\partial z_k} = z_k^2 A_1 + z_k z_a A_2 - (z_k + z_a) z_k B + z_k^2 (A_1 - B)\,. \tag{17}$$

Indem man die ersten drei Glieder der Gleichung (17) durch $L$ aus Gleichung (14) ersetzt und das letzte Glied auflöst, erhält man

$$z_k \frac{\partial L}{\partial z_k} = L + \left(L_k - \frac{z_k U}{z_k + z_a}\right). \tag{18}$$

Auf diese Weise hängt das Vorzeichen der Ableitung von dem Vorzeichen der Lösungswärme und der Differenz zwischen der Hydratationswärme des Kations und dem bekannten Teil der Gitterenergie ab. Diese Differenz wird bei kleinen Kationen (starke Vergrößerung von $L_k$) und entsprechend großen Anionen (Verringerung von $U$) positiv sein. Negative Werte nimmt die Ableitung im entgegengesetzten Falle an (große Kationen und verhältnismäßig kleine Anionen).

Zu dem gleichen Schluß gelangten wir auch oben bei der Analyse der entsprechenden Diagramme; doch sind wir jetzt berechtigt, ihn auch auf die übrigen Fälle ($MX_3$ und $MX_4$) anzuwenden.

### *2. Bildungswärmen der Salze*

Eine einfache mathematische Berechnung zeigt, daß man unter Verwendung der Daten, die in Tab. 10 angeführt werden, und unter Einbeziehung der analogen Daten für einfache Ionen, ($Na^+$, $K^+$, $Rb^+$, $Cs^+$, $Ca^{++}$, $Sr^{++}$, $Ba^{++}$, $F^-$, $Cl^-$, $Br^-$, $J^-$ und $S^{2-}$) die Gitterenergie nach der Gleichung Kapustinskis und der Gleichung (3) für über 3000 Salze errechnen kann. Wir haben uns entschlossen, die Gleichung (3) in erster Linie für die Revision der vorhandenen thermochemischen Daten zu verwenden. Aus dieser Gleichung erhalten wir für die Bildungswärmen des Salzes unter Standardbedingungen

$$-\Delta H^\circ_{ka} = -\Delta H^\circ_k - \Delta H^\circ_a + U_{ka}\,. \tag{3a}$$

Für komplexe und vielatomige Ionen wurden die Werte $-\Delta H^\circ_k$ und $-\Delta H^\circ_a$ aus oben angeführter Tabelle 10 entnommen. Die Werte für die Bildungswärmen im gasförmigen Zustand haben wir für einfache Ionen berechnet, indem wir von den zuverlässigsten letzten Daten über die Ionisationspotentiale, die Sublimationswärmen, die Dissoziationsenergie gasförmiger Molekeln usw. ausgingen. (Eine Zusammenstellung der Bildungswärmen der einfachen gasförmigen Ionen wird im zweiten Teil gebracht.) Die Gitterenergie des Salzes wurde in allen Fällen nach der Gleichung Kapustinskis errechnet.

Indem wir die aufgezählten Größen in die Gleichung (3a) einsetzten, fanden wir die Bildungswärmen von einigen hundert Salzen und verglichen die erhaltenen Werte mit denen in der Literatur vorhandenen. Auf diese Weise haben wir auch die Fehler in der „Thermochemie" von Bichowsky und Rossini [31] entdeckt. In allen untersuchten Fällen haben die großen Abweichungen (über 4 bis 5 kcal) zwischen den von uns errechneten und den in der Literatur angeführten Werten gezeigt, daß bei der Errechnung letzterer grobe Fehler unterlaufen sind. Gewöhnlich wurden sie sofort beim Vergleich mit den Originalen beseitigt.

Wir bringen einige Beispiele. Unter Anwendung der Gleichung (3a) fanden wir für $[Zn(NH_3)_6]Br_2 \Delta H^\circ_{298} = -236{,}3$ kcal, im Nachschlagewerk von Bichowsky und ROSSINI wird jedoch ein Wert von $\Delta H_{298} = -246{,}7$ kcal angeführt. Wenn man den Wert der Reaktionswärmen zwischen $ZnBr_2$ und $6NH_3$ verwendet, der in der Arbeit von BILTZ [22] angeführt wird, und auf den sich BICHOWSKY und ROSSINI wiederholt berufen, so erweist es sich, daß $\Delta H^\circ_{298} = 237{,}4$ kcal beträgt. Den Verfassern der „Thermochemie" [31] ist ein arithmetischer Fehler bei der Summierung der Bildungswärmen von $ZnBr_2$ und $NH_3$ bereits bei der Berechnung der Bildungswärme von $ZnBr_2 \cdot NH_3$ unterlaufen. Im folgenden wurde dieser Fehler in die Bildungswärmen aller Verbindungen des Typs $ZnBr_2 \cdot nNH_3$ hineingebracht.

Für das Ammoniakat des Eisenchlorids $[Fe(NH_3)_6]Cl_2$ haben wir auf theoretischem Wege $\Delta H^\circ_{298} = -236$ kcal gefunden, während in der „Thermochemie" von BICHOWSKY und ROSSINI [31] für diese Verbindung $\Delta H^\circ_{298} = -246{,}6$ kcal angeführt werden mit Hinweis auf die oben zitierten Arbeiten von BILTZ. Die Berechnung der Bildungswärme dieser Verbindung führt nach den Daten von BILTZ [28] zum Wert $\Delta H^\circ_{298} = -236{,}1$ kcal. Der Fehler von BICHOWSKY und ROSSINI besteht darin, daß sie an Stelle der speziellen Bildungswärme (12,25 kcal) unberechtigterweise die allgemeine Bildungswärme (14,66 kcal) verwandt haben.

Im Falle der Ammoniakate der Halogenide des Mangans zitieren BICHOWSKY und ROSSINI ungerechtfertigtermaßen BILTZ und HÜTTIG [20].

Die Zahl derartiger Beispiele könnte noch wesentlich erhöht werden, aber die bereits angeführten Daten und die von uns früher mitgeteilten [59, 61] reichen vollkommen aus, um die Notwendigkeit einer Überprüfung der in der Literatur vorhandenen Daten über die Thermochemie von Komplexverbindungen zu veranschaulichen. Wir konnten jedoch keine Fehler feststellen bei den Rechenoperationen im Falle der Aquosalze: $[Mg(H_2O)_6]Br_2$, $[Mn(H_2O)_6]J_2$, $[Mn(H_2O)_4]J_2$ und $[Mn(H_2O)_4]Br_2$, deren Bildungswärmen uns zweifelhaft erscheinen, da die für die Hexaquosalze in diesem Falle angeführten Werte nicht mit den theoretisch errechneten [59, 61] zusammenfielen. Die Bildungswärmen dieser Salze wurden von BICHOWSKY und ROSSINI auf Grund der Daten von LESCOEUR [84] bezüglich der Dampfspannung der aufgezählten Aquosalze errechnet.

Zur Prüfung der Daten LESCOEURS sowie zur Prüfung der Grenzen der Anwendbarkeit der Gleichung (3a) führten wir eine experimentelle Untersuchung [61] durch.

Als Untersuchungsobjekt wurden von uns Verbindungen verschiedener Typen ausgewählt: Verbindungen der Alkali-Metalle RbCNS, $LiHCO_2$ und $LiCH_3COO$; Verbindungen der Erdalkalien $Sr(ClO_3)_2$; des Aquosalzes $[Mg(H_2O)_6Br_2$, $[Ni(H_2O)_6](ClO_3)_2$ und der Chlorate des Hexa-Ammoniaks des Nickels $[Ni(NH_3)_6](ClO_3)_2$, für die die Werte der Bildungswärmen der Salze untersucht wurden, die mit Hilfe der Gleichung KAPUSTINSKIS errechnet wurden unter Verwendung der von uns gefundenen thermochemischen Radien und Bildungswärmen gasförmiger Ionen.

Zur Bestimmung der Bildungswärmen der aufgezählten Salze maßen wir ihre Lösungswärmen in Wasser und im Falle des Hexammin-Nickel-Chlorates die Reaktionswärme des kristallisierten Stoffes in wäßriger Schwefelsäure [61].

Die Bildungswärme dieser Stoffe, für die die Lösungswärme in Wasser gemessen wurde, wurde unter Zugrundlegung der Bildungswärme des gegebenen Stoffes in wäßriger Lösung und der Lösungswärme errechnet. In den Fällen, in denen die Daten für die Bildungswärmen der Salze in wäßrigen Lösungen fehlten, bedienten wir uns der Bildungswärmen der entsprechenden Ionen in wäßrigen Lösungen.

Die von uns gemessenen [61] Bildungswärmen für alle aufgezählten Stoffe werden in Tabelle 16 gezeigt. In der gleichen Tabelle werden die Werte von $-\Delta H^{\circ}_{298}$ gezeigt, die nach der Gleichung (3a) errechnet wurden.

Tabelle 16

*Bildungswärme einiger Salze*

| Verbindung | Bildungswärme in kcal | | |
|---|---|---|---|
| | Berechnung nach Gleichung (3a) | experimentell gefunden [61] | nach Bichowski und Rossini [31] |
| $[Mg(H_2O)_6]Br_2$ . . . . . | 575,8 | 575,15 | 558 |
| RbCNS . . . . . . . . . | 48,2 | 50,4 | 56 |
| $[Ni(NH_3)]_6(ClO_3)_2$ . . . | 214,8 | 214,2 | — |
| $[Ni(H_2O)_6(Cl_3O)_2$ . . . . | 476,4 | 473,28 | — |
| $Sr(ClO_3)_2$ . . . . . . . | 173,7 | 172,45 | — |
| $LiCH_3COO$ . . . . . . | 167,7 | 180,29 | — |
| $LiHCO_2$ . . . . . . . . | 153,9 | 164,9 | — |

Die von uns erhaltenen Werte der Bildungswärmen von RbCNS und $[Mg(H_2O)_6]Br_2$ sind den nach der Gleichung (3a) errechneten ähnlich, unterscheiden sich aber von den Werten, die von Bichowsky und Rossini [31] gebracht wurden. Letztere benutzten zur Feststellung der Bildungswärmen des Hexaquo-Magnesiumbromids die Daten bezüglich der Dampftension von Lescoeur [84], und den Wert der Bildungswärme von RbCNS „bewerteten" sie selbst [31].

Die experimentellen Daten bestätigen in diesen Fällen das Vorhandensein der Fehler in den Daten der erwähnten Verfasser, die im Ergebnis der Durchführung einer Nachrechnung unter Verwendung der thermochemischen Ionenradien festgestellt wurden.

Eine befriedigende Übereinstimmung der errechneten und der aus dem Versuch gefundenen Bildungswärmen von $[Ni(NH_3)_6](ClO_3)_2$, $[Ni(H_2O)_6](ClO_3)_2$ und $Sr(ClO_3)_2$ bestätigt noch einmal die Anwendbarkeit der vorgeschlagenen Methode zur Errechnung der Bildungswärmen der Verbindungen, die durch komplexe Ionen und Ionen der Erdalkali-Metalle gebildet wurden. Im Falle der Salze des Lithiums unterscheiden sich die errechneten und die experimentell gefundenen Bildungswärmen stark voneinander. Es kann angenommen werden, daß die Anwendbarkeit der betreffenden Methode sich auf die Salze beschränkt, die durch große Ionen (der Ionenradius soll 1 Å überschreiten) gebildet werden. Es ist ebenfalls möglich, daß die Ursache für die Differenz auch in der falschen Bewertung des Ionenradius des Lithiums durch Goldschmidt begründet liegt. Bekanntlich wird in anderen Systemen als Ionenradius für $Li^+$ ein geringerer Wert angenommen. (Pauling nimmt z. B. $r_{Li^+} = 0{,}68$ Å an.)

Wir haben oben gezeigt, daß im Ergebnis der Berechnung der Bildungswärme des Hexaquomanganojodids, die auf der Anwendung thermochemischer Ionenradien beruht, ein wesentlicher Unterschied zwischen der theoretisch errechneten Größe ($-\Delta H^{\circ}_{298} = 491$ kcal) und dem von Bichowsky und Rossini [31] auf Grund der Versuchsdaten von Lescoeur [84] erhaltenen Werte besteht, der aus der Dampfspannung eines gegebenen Hydrats berechnet wurde.

In Verbindung damit tauchte die Frage nach der Notwendigkeit einer Überprüfung auch der übrigen Daten der Aquosalze des Mangans auf, die auf Grund der Versuche von Lescoeur erhalten wurden.

Vor allem bemühen wir uns, theoretisch die Bildungswärmen einiger Tetraquosalze zu berechnen. Die Anlagerungsenergie der sechs gasförmigen Wassermolekeln an das gasförmige Ion des Mangans (II) beträgt 288 kcal. Auf Grund der im folgenden angeführten Betrachtungen konnte angenommen werden, daß die Anlagerungsenergie der 4 gasförmigen Molekeln des Wassers 4/6 der oben genannten Größe, d. h. 192 kcal betragen wird. Hier fanden wir die Bildungswärme des gasförmigen Ions $[Mn(H_2O)_4]^{2+}$ gleich — 177 kcal.

In Anwendung der Daten für die Bildungswärme von $[Mn(H_2O)_4]^{2+}$ und der Bildungswärme von $[Mn(H_2O)_4]Cl_2$, die von uns gemeinsam mit Astaschew [85] bestimmt worden ist, fanden wir nach der Methode von Kapustinski den thermochemischen Radius von $[Mn(H_2O)_4{}^{2+}$. Er erwies sich als gleich 1,61 Å.

Die Gesamtheit der erhaltenen Daten ermöglicht es, unter Anwendung der Gleichung (3a) und der Gleichung von Kapustinski die Bildungswärmen der Verbindungen $[Mn(H_2O)_4]Br_2$ und $[Mn(H_2O)_4]J_2$ zu finden. Für die erstgenannte von ihnen ist $-\Delta H_{290} = 377$ kcal (in der „Thermochemie“ von Bichowsky und Rossini ist $-\Delta H^{\circ}_{298} = 363{,}4$ kcal), für die zweite von ihnen $-\Delta H^{\circ}_{298} = 340$ kcal (in erwähntem Nachschlagewerk wird ein Wert von $-\Delta H^{\circ}_{298} = 32{,}96$ kcal gebracht).

Um die Frage der Beseitigung der gefundenen Differenzen zwischen den theoretisch errechneten und den in der Literatur angeführten Werten zu lösen, entschlossen wir uns, die Lösungswärmen dieser Salze zu messen und auf diesem Wege ihre Bildungswärmen zu errechnen.

Die Bildungswärmen des Bromids und Jodids des Mangans in wäßriger Lösung nahmen wir gleich der Summe der Bildungswärmen der entsprechenden Ionen in wäßriger Lösung an [31]. Unter Benutzung der von uns gemeinsam mit Astaschew [85] erhaltenen Werte der Lösungswärmen des Tetraquomanganobromids $[Mn(H_2O)_4Br_2$, fanden wir für den Wert $-\Delta H^{\circ}_{298}$ gleich 376,1 kcal. Dieser Wert stimmt gut mit den theoretisch errechneten (377 kcal) überein. Im Falle des Tetraquomanganojodids $[Mn(H_2O)_4]J_2$ ist auf Grund der Daten bezüglich der Bildungswärme $= -\Delta H^{\circ}_{298}$ gleich 341,0 kcal [85], was sich praktisch nicht von dem theoretisch errechneten Wert (340 kcal) unterscheidet. Schließlich ist für $[Mn(H_2O)_6]Br_2 - \Delta H^{\circ}_{298} = 517{,}2$ kcal [85]. Dieser Wert unterscheidet sich von dem theoretisch errechneten um 4 kcal.

Auf diese Weise bestätigten die von uns angesetzten Versuche die Berechtigung unserer theoretischen Berechnungen und ermöglichten es, wesentliche Korrekturen an den früheren thermochemischen Daten für eine Reihe von Salzen anzubringen.

KAPITEL IV

# Entropie der Ionen in Kristallen und Lösungen

## *1. Additivität der Entropie der Ionen im Kristall*

Die Regel für die Additivität der Entropie einiger Salze wurde zuerst von LATIMER [86] formuliert, der darlegte, daß die Entropie des Salzes als Summe zweier Größen dargestellt werden kann, von denen jede Größe jedes der beiden Elemente einzeln kennzeichnet und durch das Atomgewicht dieses Elements bestimmt wird. Diese Regel wurde durch ULICH [87] weiterentwickelt. In letzter Zeit errechnete GAPON [88] die Standardentropien im Kristallzustand für einige Dutzend Ionen, wobei er die Entropie des Protons willkürlich gleich Null setzte. Zum Unterschied von LATIMER stellt GAPON rein empirisch die Verbindung zwischen der Entropie des Ions und seinem Radius für einige Ionengruppen fest. Der Verfasser nimmt an, daß die Additivitätsregel auch auf Verbindungen mit einem wesentlichen Anteil kovalenter Bindung ausgedehnt werden kann. Jedoch erwiesen sich die von GAPON errechneten Werte für einige Ionen als unzuverlässig, und die Anwendung der Additivitätsregel an Verbindungen mit einem wesentlichen Anteil kovalenter Bindung führt in einigen Fällen zu unwahrscheinlichen Ergebnissen [89]. Außerdem ist die Wahl der Entropie des Protons als Ausgangsgröße nicht glücklich, da eine reine Ionenbindung mit dem Proton praktisch niemals zu beobachten ist.

Indem sie von oben gesagtem ausgingen, beschränkten KAPUSTINSKI und JAZIMIRSKI [90] die Anwendung der Additivitätsregel auf typische Ionenverbindungen und nahmen als Ausgangsgröße den Wert der Entropie des Kaliums gleich 10 Entropieeinheiten an. Die Wahl des Kaliumions als Ausgangsgröße wird dadurch motiviert, daß die Entropie der Kaliumsalze am eingehendsten erforscht ist und fast alle Kaliumsalze Ionenverbindungen sind. Die Festsetzung des Zahlenwertes der Entropie für das Kaliumion begründet sich auf der Annahme, daß die Ionentropien sich untereinander verhalten wie die Logarithmen ihrer Atomgewichte. Als Ausgangswert wurde die Entropie von KCl (19,8 cal/grad) angenommen.

Eine solche Annahme ist, wie im folgenden gezeigt werden wird, eine bekannte Annäherung; im gegebenen Falle jedoch führt auch eine strenge Handhabung bei der Auswahl eines Ausgangswertes der Entropie praktisch zu dem gleichen Ergebnis.

Indem wir diesen Wert und die zuverlässigsten Werte der Entropie der Salze anwandten, erhielten wir Standard-Ionenentropien für 21 Ionen. Eine Zusammenstellung der erhaltenen Werte wird in Tab. 17 gebracht.

Tabelle 17

*Standard-Entropien von Ionen in Kristallen*

| Ion | Ausgangs-verbindung | Standard-Entropie in cal/grad: experimentell gefunden | Standard-Entropie in cal/grad: Berechnet nach Gl. (22) | Ion | Ausgangs-verbindung | Standard-Entropie in cal/grad: experimentell gefunden | Standard-Entropie in cal/grad: Berechnet nach Gl. (22) |
|---|---|---|---|---|---|---|---|
| $K^+$ | NaCl | 10,0 (angenom.) | 9,9 | $J^-$ | KJ | 14,1 | 13,8 |
| $Na^+$ | $Ag_2O$ | 7,5 | 7,9 | $F^-$ | KF | 5,8 | 7,7 |
| $Ag^+$ | TlCl | 12,1 | 12,7 | $O^{2-}$ | CaO | 4,9 | 3,8 |
| $Tl^+$ | | 15,0 | 14,9 | $OH^-$ | NaOH | 6,7 | — |
| $Mg^{2+}$ | | 1,0 (Durchschnittswert) | 1,8 | $NO_3^-$ | $Ca(NO_3)_2$ | 20,8 | — |
| $Ca^{2+}$ | $CaF_2$ | 4,8 | 5,4 | $CO_3^{2-}$ | $CaCO_3$ | 16,3 | — |
| $Sr^{2+}$ | SrO | 8,1 | 8,7 | $SO_3^{2-}$ | $K_2SO_4$ | 22,0 | — |
| $Ba^{2+}$ | $BaF_2$ | 11,4 | 10,6 | $ClO_3^-$ | $KClO_3$ | 24,2 | — |
| $Bb^{2+}$ | $PbCl_2$ | 13,0 | 11,5 | $BrO_3^-$ | $KBrO_3$ | 25,7 | — |
| $Cl^-$ | KCl | 9,8 | 9,9 | $JO_3^-$ | $KJO_3$ | 26,2 | — |
| $Br^-$ | KBr | 12,6 | 11,6 | | | | |

Zur Überprüfung der richtigen Auswahl der Werte der Standard-Ionenentropien wurden von uns die Werte der Entropie für 30 Salze ausgerechnet und mit den experimentellen Daten verglichen (Tab. 18). Nur in zwei Fällen ($CaCl_2$ und $TlNO_3$) übersteigt die Differenz zwei Entropieeinheiten, während sie in den übrigen Fällen wesentlich geringer ist. Die angeführten Daten berechtigen uns zu der Behauptung, daß die Additivitätsregel der Ionenentropien im Falle der Ionenverbindungen eingehalten wird.

Die Entropie des Ions im Kristall hängt zweifellos auch von der gegenseitigen Lage der Ionen ab; da im folgenden von der Abhängigkeit zwischen der Ionenentropie und den Ionenradien GOLDSCHMIDTs gesprochen wird, die sich auf die oktaedrische Koordination beziehen, so mußte man auch die erhaltenen Werte auf Kristalle vom Typ NaCl beziehen. Jedoch zeigt ein Vergleich der Entropien verschiedener polymorpher Modifikationen von Doppelverbindungen, daß die Differenz in diesem Falle außerhalb der Grenzen der Abweichungen von der Additivitätsregel der Ionenentropien liegt, deren Kontrolle gerade der Zweck dieses Abschnitts ist. Daraus erklärt sich auch die Tatsache, daß wir den Einfluß der Struktur nicht berücksichtigt haben. Als Rechtfertigung für diese Methode dient die eindeutige Tatsache der Additivität der Entropien, die hier auf Grund von experimentellen Daten festgestellt wurde.

Wenn man von der Additivitätsregel der Ionenentropien ausgeht, hat man die Möglichkeit, mit einer Genauigkeit bis zu 1—2 Entropieeinheiten die Entropien

Tabelle 18

*Entropien einiger Salze, die nach der Additivitätsregel berechnet wurden*

| Verbindung | $S_{berechn.}$ | $S_{gef.}$ | $S_{berechn.} - S_{gef.}$ | Verbindung | $S_{berechn.}$ | $S_{gef.}$ | $S_{berechn.} - S_{gef.}$ |
|---|---|---|---|---|---|---|---|
| | in cal/grad | | | | in cal/grad | | |
| NaF | 13,3 | 13,1 | +0,2 | $BaSO_4$ | 33,4 | 31,5 | 1,9 |
| AgCl | 22,6 | 23,0 | —0,4 | $PbSO_4$ | 35,0 | 35,2 | —0,2 |
| $MgCl_2$ | 20,6 | 21,4 | —0,8 | $Ag_2SO_4$ | 48,1 | 47,9 | 0,1 |
| $CaCl_2$ | 24,4 | 27,2 | —2,8 | $MgSO_4$ | 23,0 | 21,1 | 1,9 |
| NaBr | 20,1 | 20,1 | 0,0 | $Na_2SO_4$ | 37,0 | {35,0 35,7 40,7} | — |
| TlBr | 27,6 | 26,8 | 0,8 | | | | |
| AgBr | 25,6 | 25,6 | 0,0 | | | | |
| $PbBr_2$ | 38,6 | 38,2 | 0,4 | $AgNO_3$ | 32,9 | 33,7 | —0,8 |
| NaJ | 21,6 | 22,5 | 0,9 | $TlNO_3$ | 35,8 | 38,1 | —2,3 |
| TlJ | 29,1 | 29,9 | —0,8 | $NaNO_3$ | 28,3 | 27,9 | —0,4 |
| $Mg(OH)_2$ | 14,4 | 15,1 | —0,7 | $Ba(NO_3)_2$ | 53,0 | 51,5 | 1,5 |
| $Ca(OH)_2$ | 18,2 | {17,4 18,9} | — | $Na_2CO_3$ | 31,3 | 32,5 | —1,2 |
| | | | | $MgCO_3$ | 17,3 | 15,7 | 1,6 |
| MgO | 5,9 | 6,4 | —0,5 | $SrCO_3$ | 24,4 | 23,2 | 1,2 |
| BaO | 16,3 | 16,8 | —0,5 | $Ag_2CO_3$ | 41,0 | 42,5 | — |
| PbO | 17,9 | {16,6 18,9} | — | $BaCO_3$ | 27,7 | 40,0 25,7 | 1,0 |
| $CaSO_4$ | 26,8 | 25,7 | 1,1 | | | | |

zahlreicher Salze zu bestimmen. Es muß erwähnt werden, daß sich die in diesem Falle erhaltenen Werte für die Entropien (in cal/grad): $NaClO_3$ (31,7), $NaBrO_3$ (33,2), $NaJO_3$ (33,7), $AgClO_3$ (36,3), $AgBrO_3$ (37,8), $TlClO_3$ (39,2), $TlBrO_3$ (40,7) und $TlJO_3$ (41,2) nicht mehr als um 1,7 cal/grad von den Werten unterscheiden, die von Kirejew [91] mit Hilfe der von ihm entwickelten „Vergleichsmethode" [92] erhalten wurden.

## 2. *Die Entropie des Kristallgitters*

Unter der Entropie des Kristallgitters verstehen wir die Änderung der Entropie beim Übergang zu einem idealen Gas, das aus den gleichen Ionen besteht, und zwar unter Standardbedingungen. Die Entropie des Kristallgitters kann man als Ableitung der Änderung der freien Energie nach der Temperatur bei diesem Prozeß ansehen. Für Ionenkristalle wird die freie Gitterenergie in erster Linie durch die Coulomb-Energie bestimmt, die von den Ladungen und Radien der Ionen abhängt. Daher kann man in der ersten Annäherung die Entropie des Kristallgitters als Ableitung der Coulomb-Energie nach der Temperatur ansehen. Eine Analyse der uns zur Verfügung stehenden Daten zeigt, daß die Änderung der Entropie des Ions beim Übergang aus den Kristallgitter in den gasförmigen Zustand ($\Delta S_c$) durch folgende Gleichung dargestellt werden kann:

$$S_c^i = 25,7 + 1,5 \frac{z^2}{r}, \qquad (19)$$

wobei $z$ = Ladung des Ions und
$r$ = Radius des Ions bedeutet.

Hieraus erhalten wir für die Entropie des Kristallgitters des Ionenkristalls ($\Delta S_c$)

$$\Delta S_c = 25{,}7 \sum n + 1{,}5 \sum \frac{z^2}{r}\,, \qquad (20)$$

wobei $\Sigma n$ die Zahl der Ionen bedeutet, die die Molekel des betreffenden Salzes bilden, $z$ und $r$ sich jeweils auf die Ladungen und Radien der Ionen beziehen.

Auf diese Weise wird die Entropie des Kristallgitters der Ionenverbindung durch die Zahl der Ionen in der Molekel des Salzes, durch ihre Ladungen und Radien bestimmt.

Die hier angeführten Wechselbeziehungen ermöglichten eine genauere Bewertung der Faktoren, die die Größe der Entropie des Ions im Kristall bestimmen. Die Entropie des gasförmigen, einatomigen Ions kann mit Hilfe der bekannten Gleichung Sackurs errechnet werden, die für Standardbedingungen folgendes Aussehen hat

$$S_g^i = \frac{3}{2} R \ln A + 25{,}7\,. \qquad (21)$$

(Hierbei ist $S_g^i$ Entropie des gasförmigen Ions, $A$ sein Atomgewicht.

Wenn man von dieser Gleichung die Änderung der Entropie beim Übergang aus dem Kristall in den gasförmigen Zustand abzieht, [Gl. (19)], erhält man folgenden Ausdruck für die Entropie des Ions in Kristallen ($S_c^i$):

$$S_g^i = \frac{3}{2} R \ln A - 1{,}5 \frac{z^2}{r}\,. \qquad (22)$$

In Tab. 17 werden neben den empirisch gefundenen Werten der Ionenentropien die Werte gebracht, die nach der Gleichung (22) errechnet wurden. Ein Vergleich dieser beiden Reihen von Werten zeigt, daß die Differenz zwischen ihnen nirgends zwei Entropieeinheiten erreicht. Die Gleichung (22) wurde von uns, wie aus den Tabellen ersichtlich ist, zur Berechnung der Entropie einfach geladener und doppelt geladener Kationen und Anionen benutzt. Was die Ionen mit höheren Ladungen betrifft, so bilden alle einfachen Ionen dieser Typen Verbindungen mit einem wesentlichen Anteil kovalenter Bindung, und deswegen ist für sie die Additivitätsregel kaum anwendbar. Latimer [87] nahm an, daß die Entropie des Ions nur durch sein Gewicht bedingt wird, und daher erwies sich die von ihm aufgestellte Gleichung nur für eine sehr beschränkte Anzahl von Fällen als anwendbar.

### 3. *Isoentropie-Reaktionen*

Die Additivitätsregel der Ionenentropien ermöglicht den Ansatz für zahlreiche Gruppen chemischer Reaktionen, die von ein und derselben Änderung der Entropie begleitet werden. Hierunter versteht man solche Reaktionen, bei denen eines der Ionen in das Kristallgitter sowohl der Ausgangs- wie auch der Endverbindung eintritt. Zum Beweis dieses Satzes wollen wir folgenden Prozeß betrachten:

$$M^+Z_{(c)}^- = M^+Y_{(c)}^- + X\,. \qquad (XII)$$

Die Änderung der Entropie kann bei diesem Prozeß durch folgende Gleichung ausgedrückt werden:

$$\Delta S = S_{MY} + S_X - S_{MZ} . \quad (23)$$

Wenn wir die Additivitätsregeln der Ionenentropien anwenden, finden wir die Werte für $S_{MY}$ und $S_{MZ}$.

$$S_{MY} = S_{M}^{+} + S_{Y}^{-} ; \quad (24)$$

$$S_{MZ} = S_{M}^{+} + S_{Z}^{-} . \quad (24a)$$

Wenn wir die Ausdrücke $S_{MY}$ und $S_{MZ}$ aus den Gleichungen (24) und (24a) in die Gleichung (23) einsetzen, erhalten wir

$$\Delta S = S_{y}^{-} + S_{x} - S_{z} . \quad (25)$$

Folglich hängt die Änderung der Entropie bei dem betreffenden Prozeß nicht von der Natur des Ions $M^+$ ab und wird durch die Gleichung (25) bestimmt. Offensichtlich können vollständig analoge Betrachtungen auch für die Vorgänge angeführt werden, bei denen ein und dasselbe Anion in das Kristallgitter der Ausgangs- und Endverbindungen eintritt.

Derartige Reaktionsgruppen, die durch die Anwesenheit ein und desselben Ions in dem Ausgangs- und Endprodukt und durch die Verwandlung nur des einen Ions mit der entgegengesetzten Ladung gekennzeichnet sind, werden wir mit isoentropischen Reaktionen bezeichnen. Im folgenden werden nur einige Beispiele isoentropischer Reaktionen gebracht:

$$MCO_3 = MO + CO_2 \; ; \quad (XIII)$$
$$MSO_4 = MO + SO_2 + \tfrac{1}{2}O_2 \; ; \quad (XIIIa)$$
$$M(NO_3)_2 = MO + 2NO_2 + \tfrac{1}{2}O_2 \; ; \quad (XIIIb)$$
$$M_2[PtCl_6] = 2\,MCl + Pt + 2Cl_2 \; ; \quad (XIIIc)$$
$$M_2[SnCl_6] = 2\,MCl + SnCl_4 \; ; \quad (XIIId)$$
$$[Zn(NH_3)_6]X_2 = [Zn(NH_3)_4]X_2 + 2NH_3 . \quad (XIIIe)$$

Die Zersetzung beliebiger Karbonate, Sulfate, Nitrate, Hexachloroplatinate, Hexachlorostannate, Hexaammoniakate des Zinks nach obigem Schema wird stets durch die Änderung der Entropie begleitet werden, die für die gegebenen Salzgruppen gleich ist und durch die Gleichung (25) bestimmbar ist.

Für die Zersetzung der Karbonate erhalten wir z. B.:

$$\Delta S = S_{O^{2-}} + S_{CO_2} - S_{CO_3^{2-}} ;$$

$$\Delta S = 4{,}9 + 51{,}1 - 16{,}3 = 39{,}7 \text{ cal/grad.}$$

Einige dieser Reaktionen nannte KIREJEW [93] „ähnlich" und zeigte, daß sich in diesen Fällen die Änderung der Entropie als gleichartig erweist.

Die Gesetzmäßigkeit, die von KIREJEW beobachtet wurde, ist jedoch ein spezifischer Fall, der von der Additivitätsregel der Entropien in der Form herrührt, wie sie in diesem Abschnitt dargelegt wurde.

### 4. *Die Entropie der Ionen in Lösung*

Den Problemen, die mit der Größe der Entropie der Ionen in wäßrigen Lösungen und mit der Feststellung der Abhängigkeit zwischen letzterer und den Hauptkennzeichen der Ionen (Ladungen und Radien) verbunden sind, sind die Arbeiten zahlreicher Forscher gewidmet. Da diese Frage nicht unmittelbar mit dem Thema der vorliegenden Arbeit in Verbindung steht, haben wir keine Möglichkeit, ausführlicher auf die Untersuchung der betreffenden Literatur einzugehen und verweisen die Interessenten auf die speziellen Untersuchungen auf diesem Gebiet, die von LATIMER und seinen Mitarbeitern [94, 95], KAPUSTINSKI [96] und GAPON [97] durchgeführt wurden.

Für Entropien komplexer Ionen in wäßrigen Lösungen sind, wie übrigens auch die Entropien kristallisierter komplexer Salze, die Daten sehr beschränkt. (Es gibt Werte für die Entropie in wäßriger Lösung für die Ionen $[PtCl_6]^{2-}$, $N(CH_3)_4^+$, $NH_4^+$

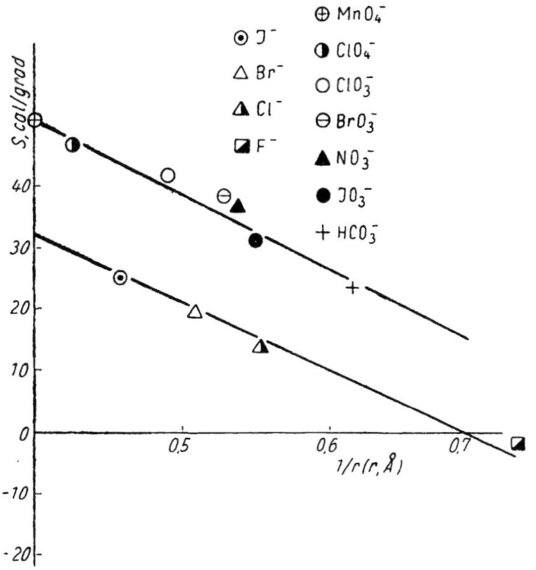


Abb. 11. Entropien von Ionen in wäßriger Lösung

und für die Anionen von Sauerstoffsäuren.) Infolge der Beschränktheit des Materials gelang es bisher nicht, irgendeine gesetzmäßige Verbindung zwischen der Entropie des komplexen Ions und seinen übrigen Merkmalen festzustellen.

Das Vorhandensein eines beträchtlichen Materials über die Entropie der Anionen vom Typ $RO_n^-$ ermöglicht es in diesem Falle, eine bestimmte Verbindung zwischen der Entropie des Ions und seinem thermochemischen Radius festzustellen.

Die Entropie des einfach geladenen Anions in wäßriger Lösung kann nach KAPUSTINSKI [96] aus der Gleichung

$$S = 76 - \frac{109{,}2}{r} \tag{26}$$

berechnet werden, wobei $r$ = Radius des Anions bedeutet.

Vielatomige einfach geladene Anionen unterliegen nicht dieser Gesetzmäßigkeit bei dem Versuch, in die Gleichung (26) an Stelle von $r$ ihre thermochemischen Radien einzusetzen. Diese Abweichung von der Regel ist in Verbindung mit den oben erwähnten Besonderheiten dieser Ionen nicht überraschend. Die Annahme von dem Fehlen einer freien Rotation des Ions im Kristallgitter und das Auftreten einer solchen in der Lösung haben wir bereits oben verwandt, um die im Falle der Hydratationswärmen der Anionen dieser Gruppe beobachteten Abweichungen zu erklären. Anscheinend kann durch den gleichen Umstand die bekannte Abweichung von der allgemeinen Regel auch im Falle der Entropie vielatomiger, einfach geladener Ionen in wäßriger Lösung erklärt werden, um so mehr, als bei dem Ersatz nur einer Konstanten in der Gleichung (26) die Entropien der betreffenden Anionengruppe gut zu der Geraden passen, die die Abhängigkeit der Entropie vom Ionenradius darstellt. Die Gleichung (26) erhält in diesem Falle folgendes Aussehen:

$$S_{\mathrm{RO}_n^-} = 93 - \frac{109{,}2}{r}\,. \tag{27}$$

Die graphisch festgestellte Gesetzmäßigkeit wird in Abb. 11 gezeigt.

Auf diese Weise haben wir gewisse Gründe zur Annahme, daß im Falle der analog gebauten komplexen Ionen ihre thermochemischen Radien eine der Hauptgrößen sein können, die die Größe der Entropie komplexer Ionen in der Lösung bestimmen. Andererseits kann man in Anwendung der Gleichung (27) unbekannte Entropien vom Typ $\mathrm{RO}_n^-$ in wäßrigen Lösungen ausrechnen und auf dem von Kapustinski [63] eingeschlagenen Weg unbekannte thermochemische Radien errechnen. Insbesondere haben wir mit Hilfe der Gleichung (27) den thermochemischen Radius von $\mathrm{MnO}_4^-$ errechnet, wobei wir uns der Daten für die Entropie dieses Ions [95] bedienten. Der thermochemische Radius des Ions von $\mathrm{MnO}_4^-$ erwies sich gleich 2,40 Å.

KAPITEL V

# Löslichkeit einfacher und komplexer Salze

## *1. Allgemeine Gesetzmäßigkeiten*

Bis jetzt ist trotz zahlreicher Versuche keine Theorie geschaffen worden, die die verschiedenartige Löslichkeit der Salze erklärt. Eine vollständige Übersicht über die bisherige Behandlung dieser Frage gehört nicht zu unserer Aufgabe, da sie an und für sich keine direkte Beziehung zur Thermochemie besitzt. Trotzdem halten wir es für notwendig, kurz auf die letzten Arbeiten auf diesem Gebiet einzugehen, die in gewissem Maße mit der Thermochemie in Verbindung stehen. Es muß auch erwähnt werden, daß die im folgenden zitierten Arbeiten in gewissem Maße zwei der wichtigsten Richtungen auf der Suche der Faktoren widerspiegeln, die die Löslichkeit der Salze bestimmen.

Wir meinen die Arbeiten von TREADWELL und AMMANN [98], die die Löslichkeit mit dem Zersetzungspotential des gegebenen Salzes, seiner Bildungswärme und der Änderung der Entropie bei der Bildung des Salzes aus den Elementen in Verbindung bringen. Mit einer gewissen Begründung kann man annehmen, daß diese Arbeiten eine Fortsetzung in der Richtung der Arbeiten von ABEGG und BODLENDER [99] darstellen, die als erste auf das Vorhandensein einer bestimmten Abhängigkeit zwischen der Löslichkeit und dem Zersetzungspotential des Salzes hinwiesen.

Für Salze vom Typ MX schlagen TREADWELL und AMMANN folgende Gleichung vor:

$$-2\,RT \ln a = Q - (e_a^\circ + e_k^\circ) - T\,\Sigma S\,, \tag{28}$$

wobei $a$ = Aktivität des Salzes in gesättigter Lösung,
$Q$ = Bildungswärme des Salzes aus den Elementen,
$e_a^\circ$ und $e_k^\circ$ = Normalpotentiale der Bestandteile des Salzes,
$\Sigma S$ = Änderung der Entropie bei Bildung des Salzes aus den Elementen
bedeutet.

Die angeführte Gleichung setzt die Kenntnis einer Anzahl von Größen voraus, die aus einem Versuch gefunden werden können. Die Bemühung der Verfasser, die Löslichkeit der Salze mit der Gitterenergie durch Einsetzen des Wertes für $Q$ aus der Gleichung von HABER-BORN in die Gleichung (28) zu verbinden, kompliziert noch mehr die Aufgabe, die Abhängigkeit zwischen der Löslichkeit und den einfachsten Merkmalen der Ionen zu finden. Denn in diesem Falle treten neue

Größen auf, die aus dem Versuch ermittelt werden (die Ionisationspotentiale der Metalle, ihre Sublimationswärmen, die Elektronenaffinität usw.). Nichtsdestoweniger ist die von TREADWELL und AMMANN aufgestellte Gleichung von wesentlichem Interesse für die Lösung des Problems der Löslichkeit der Salze, in denen eine kovalente Bindung auftritt. Insbesondere muß auf die Fruchtbarkeit des von den Verfassern unternommenen Versuches hingewiesen werden, die verschiedene Löslichkeit der innerkomplexen Salze von dem zu betrachtenden Gesichtspunkt aus zu erklären.

Der Versuch TREADWELLS und AMMANNS, eine direkte Verbindung zwischen der Gitterenergie des Salzes und seiner Löslichkeit zu finden, besitzt keine Grundlage und wir werden auf seine Betrachtung nicht näher eingehen. Wir nehmen an, daß man im Falle typischer Ionenverbindungen einen unmittelbaren Zusammenhang der Löslichkeit des Salzes mit den Ladungen und Radien der Ionen feststellen kann, die das gegebene Salz bilden. Das Vorhandensein eines derartigen Zusammenhanges ist so auffällig, daß bereits viele Forscher auf ihn aufmerksam machten. Jedoch fehlen bis jetzt befriedigende Versuche zur Klärung dieser Abhängigkeit.

Als Beispiel kann auf die Arbeit von GARRICK [100] verwiesen werden, der versuchte, die Abhängigkeit der Löslichkeit des Salzes von der Differenz zwischen den Hydratationswärmen der Ionen, die das Gitter des gegebenen Salzes bilden, und dessen Gitterenergie zu finden. Hierbei macht der Verfasser einen prinzipiellen Fehler, da die Löslichkeit durch die Änderung der freien Energie bestimmt wird und nicht durch die gesamte Energie, wie es GARRICK annimmt. Die von dem Verfasser verwandten Gleichungen sind sehr unvollkommen (so wird z. B. in dem Ausdruck für die Gitterenergie die BORNsche Abstoßung nicht berücksichtigt). Indessen ist bei derartigen Berechnungen die Genauigkeit der Ausgangsdaten besonders wichtig, da es sich um die Differenz zweier großer Zahlen handelt und ein Fehler in ihrer Bestimmung, sogar nur einige Prozente, führt zu einem Fehler bei der Errechnung der Differenz, der bereits mehrere zehn oder hundert Prozent beträgt. Ausgehend von dieser Feststellung nehmen wir an, daß das Zusammenfallen der „vorausgesagten" Werte mit den Versuchsdaten ein Zufall ist.

Alle diese Fragen wurden von KAPUSTINSKI und JAZIMIRSKI [90] ausführlich behandelt. Sie stellten die Abhängigkeit zwischen der Löslichkeit des Salzes, der Wärme und der Entropie seiner Lösung fest, die in folgender Gleichung ausgedrückt wird:

$$nRT \ln a = L + T\Delta S\,, \tag{29}$$

wobei $n$ = Anzahl der Ionen, die die Molekeln des Salzes bilden;
$a$ = Aktivität in gesättigter Lösung;
$L$ = Lösungswärme;
$\Delta S$ = Entropie der Lösung (Differenz zwischen der Entropie des gelösten und des kristallisierten Salzes) bedeutet.

Da die Entropie des gelösten Salzes aus den Entropien der Ionen in Lösung besteht und die Entropie des kristallisierten Salzes die Summe der Ionenentropien ist, ergibt sich die Möglichkeit, den Begriff „Ionenentropie der Lösung" einzuführen, wobei man unter letztgenannter die Änderung der Ionenentropie beim Übergang des Ions aus dem Kristallgitter in die Lösung mit einer Aktivität versteht, die gleich 1 ist, d. h.

$$\Delta S_L^i = S_{aq}^i - S_c^i \; ; \tag{30}$$

wobei $\Delta S_L^i$ = Ionenentropie der Lösung bedeutet.
$S_{aq}^i$ und $S_c^i$ jeweils auf die Entropie des Ions in wäßriger Lösung und im Kristallgitter bezogen sind.

Folglich kann die Gleichung (29) folgendermaßen dargestellt werden:

$$nRT \ln a = L + T \, \Sigma \, \Delta S_L^i \, . \tag{31}$$

In Anwendung dieser Gleichung und der Werte der Löslichkeit, der Aktivitätskoeffizienten und der Lösungswärmen, die aus den Nachschlagewerken entnommen wurden [31; 50], errechneten wir die Ionenentropien in Lösung für 36 Ionen. Eine Zusammenstellung der erhaltenen Werte wird in Tab. 19 gebracht.

Tabelle 19

*Ionentropien in Lösung*

| Ion | Entropie in Lösung in cal/grad | Ion | Entropie in Lösung in cal/grad |
|---|---|---|---|
| $Li^+$ | 0,4 | $ReO_4^-$ | 18,8 |
| $Na^+$ | 6,5 | $C_6H_2(NO_2)_3O^-$ | 5,7 |
| $Ag^+$ | 6,5 | $ClO_4^-$ | 16,6 |
| $K^+$ | 14,2 | $MnO_4^-$ | 15,2 |
| $Tl^+$ | 15,0 | $CO_3^{2-}$ | —28 |
| $Rb^+$ | 16,6 | $SO_4^{2-}$ | —18 |
| $Cs^+$ | 17,4 | $[SiF_6]^{2-}$ | — 1,3 |
| $Mg^{2+}$ | —32,6 | $[PtCl_6]^{2-}$ | — 6,6 |
| $Ca^{2+}$ | —16,2 | $[PtBr_6]^{2-}$ | — 9,4 |
| $Sr^{2+}$ | —14,8 | $[IrCl_6]^{2-}$ | — 6,7 |
| $Pb^{2+}$ | — 9,1 | $[Co(NH_3)_6]^{2+}$ | — 7,7 |
| $Ba^{2+}$ | — 5,0 | $[Co(NH_3)_5NO_2]^{2+}$ | 5,4 |
| $F^-$ | — 8,1 | $[Co(NH_3)_5Cl]^{2+}$ | 10,0 |
| $Cl^-$ | 3,7 | $[Co(NH_3)_5Br]^{2+}$ | — 1,0 |
| $Br^-$ | 7,1 | $[Co(NH_3)_2(NO_2)_4]^-$ | +18,4 |
| $J^-$ | 11,3 | $NH_4^+$ | +13,0 |
| $JO_3^-$ | 2,6 | $CrO_4^{2-}$ | —15,6 |
| $NO_3^-$ | 13,4 | | |
| $BrO_3^-$ | 13,8 | | |
| $ClO_3^-$ | 15,1 | | |

## 2. *Berechnung der Lösungswärmen auf Grund der Löslichkeit der Salze*

Für viele Salze, die durch Ionen gebildet werden, die in Tab. 19 angeführt werden, ist die Löslichkeit bekannt, nicht aber die Lösungswärme. Mit Hilfe der Gleichung (31) kann in derartigen Fällen die unbekannte Lösungswärme errechnet werden. Den Wert der von uns vorgeschlagenen Methode zur Errechnung der Lösungswärmen sehen wir darin, daß sie die Lösungswärmen schwerlöslicher Salze

Tabelle 20

*Lösungs- und Bildungswärmen einiger Salze, errechnet aus ihrer Löslichkeit*

| Salz | Lösungswärme | Bildungswärme |
|---|---|---|
| | in kcal | |
| $RbBrO_3$ | —11,8 | 84,0 |
| $RbMnO_4$ | —13,3 | 196,6 |
| $RbReO_4$ | —14,5 | 299,7 |
| $Rb_2[PtCl_6]$ | —20,7 | 308,3 |
| $Rb_2[IrCl_6]$ | —19,3 | 293,9 |
| $CsClO_3$ | —11,6 | 94,3 |
| $CsBrO_3$ | —12,0 | 85,2 |
| $CsJO_3$ | — 9,2 | 125,7 |
| $CsMnO_4$ | —15,8 | 200,1 |
| $CsReO_4$ | —15,6 | 301,8 |
| $Cs_2[PtCl_6]$ | —23,7 | 313,3 |
| $Cs_2[IrCl_6]$ | —22,8 | 299,4 |
| $TlClO_3$ | —11,6 | 31,5 |
| $TlClO_4$ | —11,1 | 49,8 |
| $(NH_4)_2[IrCl_6]$ | —12,6 | 228,0 |
| $(NH_4)_2[PtCl_6]$ | —14,0 | 242,5 |
| $[NH_1)_2[PtBr_6]$ | —13,7 | 192,5 |
| $[Co(NH_3)_6](ClO_4)_3$ | —22,5 | 307,0 |
| $[Co(NH_3)_6]Picr_3$ | —19,8 | 419,3 |
| $[Co(NH_3)_6]_2[SiF_6]_3$ | —13,3 | 1937,3 |
| $[Co(NH_3)_6]_2(SO_4)_3$ | 5,1 | 934,3 |
| $[Co(NH_3)_6](JO_3)_3$ | —12,0 | 321,5 |
| $[Co(NH_3)_6][Co(NH_3)_2(NO_2)_4]_3$ | —36,6 | 677,2 |
| $[Co(NH_3)_5Cl](ClO_4)_2$ | —17,7 | 252,8 |
| $[Co(NH_3)_5NO_2]CrO_4$ | — 4,7 | 365,7 |
| $[Co(NH_3)_5NO_2][Co(NH_3)_2(NO_2)_4]_2$ | —24,5 | 507,4 |
| $[Co(NH_3)_5Cl]SO_4$ | — 3,0 | 374,9 |
| $[Co(NH_3)_5Cl]SiF_6$ | —11,0 | 711,1 |
| $[Co(NH_3)_5Cl]CrO_4$ | — 7,9 | 371,9 |
| $[Co(NH_3)_5Cl]Picr_2$ | —17,3 | 342,4 |
| $TlBr$ | —13,6 | 41,5 |
| $TlJO_3$ | —12,7 | 66,4 |
| $TlReO_4$ | —16,4 | 239,8 |
| $Tl_2CO_3$ | — 3,7 | 162,6 |
| $AgCl$ | —16,4 | 30,9 |
| $AgBr$ | —20,8 | 24,3 |
| $AgBrO_3$ | —11,8 | — 2,2 |
| $AgJO_3$ | —12,9 | 42,2 |
| $AgReO_4$ | —13,2 | 212,2 |
| $Ba(ReO_4)_2$ | —13,0 | 589,8 |
| $Pb(JO_3)_2$ | —16,3 | 125,5 |
| $[Co(NH_3)_5Cl][PtCl_6]$ | —12,1 | 333,8 |
| $[Co(NH_3)_5Cl][Co(NH_3)_2(NO_2)_4]_2$ | —26,5 | 512,4 |
| $[Co(NH_3)_5Br]Cl_2$ | — 9,8 | 236,0 |
| $[Co(NH_3)_5Br]J_2$ | —14,1 | 187,6 |
| $[Co(NH_3)_5Br](ClO_4)_2$ | —14,5 | 240,3 |
| $[Co(NH_3)_5Br]SO_4$ | 0,0 | 362,6 |
| $[Co(NH_3)_5Br]CrO_4$ | — 4,5 | 359,2 |
| $[Co(NH_3)_5Br][SiF_6]$ | — 6,9 | 697,7 |
| $[Co(NH_3)_5Br](NO_3)_2$ | —15,6 | 260,2 |
| $[Co(NH_3)_5Br]Picr_2$ | —16,8 | 332,6 |
| $[Co(NH_3)_5NO_2](ClO_4)_2$ | —17,2 | 249,3 |
| $[Co(NH_3)_5NO_2]SO_4$ | — 1,4 | 370,3 |

Tabelle 20 (Fortsetzung)

| Salz | Lösungswärme | Bildungswärme |
|---|---|---|
| | in kcal | |
| $[Co(NH_3)_5Cl](JO_3)_2$ . . . . . . . . . . | —15,1 | 280,2 |
| $[Co(NH_3)_5NO_2]Picr_2$ . . . . . . . . . . | —18,0 | 340,1 |
| $[Co(NH_3)_5NO_2][SiF_6]$ . . . . . . . . . | — 9,0 | 706,1 |
| $Rb[Co(NH_3)_2(NO_2)_4]$ . . . . . . . . . . | —15,0 | 240,9 |
| $Cs[Co(NH_3)_2(NO_2)_4]$ . . . . . . . . . . | —15,7 | 242,6 |

zu berechnen gestattet. Bekanntlich ist eine direkte Bestimmung der Lösungswärmen in diesem Falle mit großen Schwierigkeiten verbunden.

Auf Grund der Lösungswärmen kann man wiederum die Bildungswärmen der entsprechenden Salze errechnen, indem man von den Bildungswärmen der Ionen in wäßriger Lösung ausgeht. Die Genauigkeit der Bestimmung beträgt bei dieser Methode ± 0,8 kcal. Im folgenden werden die von uns errechneten Daten für 58 Salze gebracht (Tab. 20). In allen Fällen wurde der Aktivitätskoeffizient der Lösungen von Salzen analogen Typs gefunden.

Die Lösungsentropie des Ions stellt die Differenz zwischen der Übergangsentropie des Ions aus dem Kristall in den gasförmigen Zustand und seiner Hydratationsentropie dar. Wenn man davon ausgeht, daß diese beiden Prozesse durch die Ladungen der Ionen und ihre Radien bestimmt werden [96, 101], so kann man das Vorhandensein einer linearen Abhängigkeit zwischen 2 der Lösungsentropie der Ionen und der dem Ionenradius reziproken Größe annehmen. Tatsächlich wird diese Abhängigkeit für fast alle erforschten einfachen Ionen gut eingehalten, wie aus Abb. 12 ersichtlich ist.

Mehr oder weniger bedeutende Abweichungen werden nur für die Ionen $Sr^{2+}$ und $Ag^+$ beobachtet.

Die Abhängigkeit der Ionenlösungsentropie von Ionenradien kann durch folgende Gleichung dargestellt werden:

für einfache geladene Kationen:

$$\Delta S_L^i = 34{,}3 - \frac{26{,}8}{r}\,; \tag{32}$$

für zweifach geladene Kationen:

$$\Delta S_L^i = 29{,}2 - \frac{49{,}6}{r}\,; \tag{33}$$

für einfach geladene Anionen:

$$\Delta S_L^i = 40{,}8 - \frac{66}{r}\,. \tag{34}$$

### *3. Löslichkeit einfacher Salze*

Aus den hier gebrachten Wechselbeziehungen ist es unter Verwendung der Gleichung (31) möglich, ein allgemeines Bild von der Löslichkeit der Salze in

Abhängigkeit von den das Salz bildenden Ionenradien zu entwerfen. Das allgemeine Bild von der Abhängigkeit der Lösungswärmen der Salze von den Ionenradien wurde oben gezeigt.

Da die Lösungswärme des Salzes eine Funktion der Ionenradien darstellt, so kann die Löslichkeit der Salze, wie dies aus den Gleichungen (31) bis (34) hervorgeht, als Funktion dieser zwei Veränderlichen dargestellt werden. Zur Erforschung dieser Abhängigkeit setzen wir in die Gleichung (31) die Werte der Lösungswärmen ein, die durch oben beschriebene Methode errechnet wurden, und die Werte der Lösungsentropien, die nach der Gleichung (32) bis (34) errechnet wur-

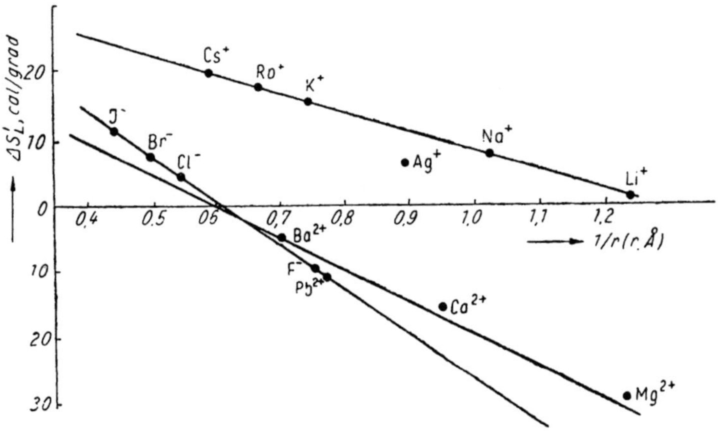


Abb. 12. Lösungsentropie von Ionen

den. Die erhaltenen Werte $nRT \ln a$ sind in Abb. 13 und 14 dargestellt. In den angeführten Diagrammen sind auf der Abszissenachse die Werte der Kationenradien aufgetragen und auf der Ordinatenachse die der Anionen. Punkte mit gleichen Werten von $nRT \ln a$ sind mit durchgezogenen Linien verbunden. Die angeführten Diagramme zeigen auf das ausführlichste die Abhängigkeit der Löslichkeit der Salze von den Radien der Ionen, die sie bilden. In der Reihe der Salze mit einem gegebenen Ion wird die Löslichkeit in erster Linie von dem Verhältnis der Kationenradien zu den Anionenradien bestimmt. Für Salze vom Typ MX wird der Minimalwert der Löslichkeit bei $r_k/r_a = 0,7$ und für Salze vom Typ $MX_2$ bei $r_k/r_a = 1,1$ erreicht. Folglich ist die weitverbreitete Meinung, daß die minimale Löslichkeit bei einer Gleichheit der Ionenumfänge erreicht wird [102], irrig. Für jeden Salztyp gibt es ein besonderes charakteristisches Verhältnis der Ionenradien, bei dem dieses Minimum erreicht wird. Außerdem stellt es sich heraus, daß die Löslichkeit ebenfalls von den absoluten Maßen der Ionen abhängt: für Salze mit oben erwähnten Verhältnissen der Ionenradien ist die Löslichkeit um so niedriger, je geringer die absoluten Maße beider Ionen sind.

Die Schlußfolgerungen stellen eine gewisse Vereinfachung der Abhängigkeiten dar, die in den Diagrammen wiedergegeben werden. Insbesondere muß auf das Vorhandensein eines zusätzlichen Gebietes niedriger Löslichkeiten für Salze vom

Typ MX im Falle hoher Werte der Radien beider Ionen (über 2 Å) hingewiesen werden; das Vorhandensein dieses Gebietes ist nicht aus den oben angeführten Schlußfolgerungen zu ersehen.

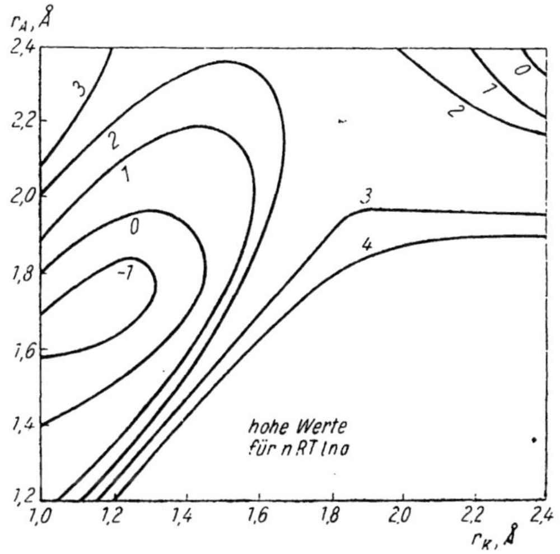


Abb. 13. Diagramm: Ionenradien — Löslichkeit der Salze vom Typ MX

(Ziffer auf den Kurven — Werte für $nRT \ln a$)

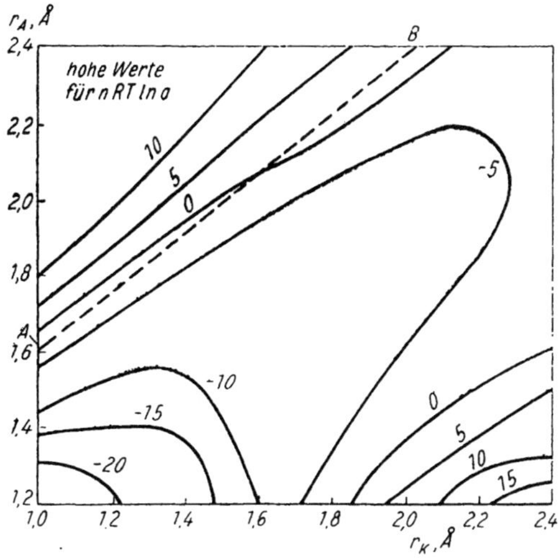


Abb. 14. Diagramm: Ionenradien — Löslichkeit der Salze vom Typ $MX_2$

(Ziffer auf den Kurven — Werte für $nRT \ln a$)

Bei Untersuchung der Abhängigkeit der Löslichkeit von der Ladung des Kations in der Reihe der Salze $MX_n$ ($MX$, $MX_2$, $MX_3$, usw.) gelangen wir zu dem Schluß, daß sie hauptsächlich durch die Änderung der Lösungswärme mit einer Vergrößerung der Ladung (s. Kap. 3 Abschn. 1) bestimmt wird. Das Gebiet mit einer

Löslichkeit, die sich mit einer Vergrößerung der Ladung verringert, ist stärker ausgedrückt, da sich die Lösungsentropie mit der Vergrößerung der Ionenladungen verringert. Indem man das Diagramm der Abb. 13 mit dem Diagramm der Abb. 14 vergleicht, kann man sehen, daß die Löslichkeit der Salze, die durch kleine Kationen und große Anionen gebildet werden, bei Anwachsen der Kationenladung größer wird (die Abschnitte der Fläche links der Linie *AB*). Im Abschnitt der Fläche, die rechts der Linie *AB* liegt, nimmt die Löslichkeit mit der Vergrößerung der Kationenladung ab.

Die aufgeführten Diagramme sind nicht nur von theoretischem, sondern auch von praktischem Interesse, da mit Hilfe dieser Diagramme chemische Verbindungen mit gegebenen Eigenschaften ausfindig gemacht werden können. So ist z. B. aus diesen Diagrammen ersichtlich, daß im Falle großer Kationen oder Anionen mit großen Radien die am schwersten löslichen Verbindungen bei der Auswahl großer Ionen mit möglichst hoher Ladung in der äußeren Sphäre gebildet werden. Nicht immer verringert sich mit der Vergrößerung des Umfanges des Ions entgegengesetzter Ladung die Löslichkeit.

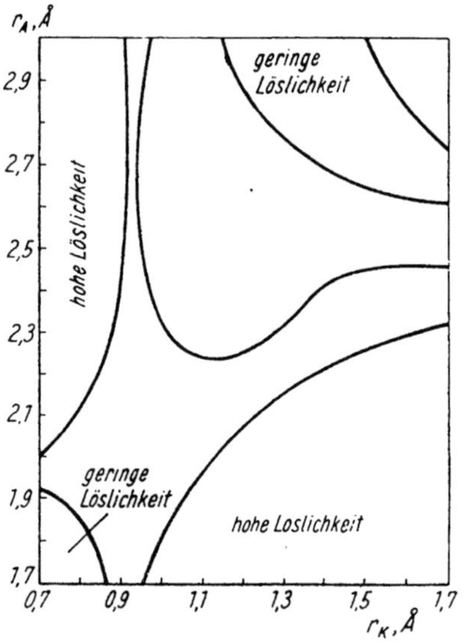


Abb. 15. Diagramm: Ionenradien — Löslichkeit für Salze vom Typ $M_2X$ (schematisch)

Im Falle der Salze vom Typ $MX_2$ wird die geringste Löslichkeit bei Einhaltung des erwähnten Verhältnisses der Ionenradien ($r_k/r_a = 1{,}1$) erreicht.

Die hier betrachtete Aufbaumethode des Diagramms: Ionenradien — Löslichkeit erweist sich für Salze vom Typ $M_2X$ als ungeeignet, da die Abhängigkeit der Hydratationswärmen der Anionen $X^{2-}$ von ihren Radien ungenügend erforscht ist und außerdem nach der Gleichung von KAPUSTINSKI hier nur eine annähernde Bewertung der Gitterenergie möglich ist. Jedoch kann man in diesem Falle auf Grund einer Analyse der Daten über die Löslichkeit von Salzen der Alkalimetalle mit doppelt geladenen Anionen ($CO_3^{2-}$, $SO_4^{2-}$, $PtCl_6^{2-}$ usw.) als erste Annäherung ein Schema aufbauen, das in Abb. 15 gezeigt wird.

In diesem Falle wird die Fläche, die die Löslichkeit darstellt, durch das Vorhandensein zweier Erhebungen und zweier Senkungen gekennzeichnet, die in den gegenüberliegenden Ecken des Diagramms liegen. Ausführlicher wurde die Beziehung zwischen den Eigenschaften der Ionenverbindungen und den Ionenradien von uns in einer besonderen Arbeit behandelt [103].

Zum Schluß muß darauf hingewiesen werden, daß hier ein allgemeines Bild von der Löslichkeit für typische Ionenverbindungen gegeben wurde, die durch sphärische Ionen gebildet wurden. Bei Vorhandensein eines wesentlichen Anteils einer kovalenten Bindung im Kristallgitter vergrößert sich die Gitterenergie des Salzes stark, womit sich die hier gezogenen Schlüsse auf Grund der Berücksichtigung nur elektrostatischer Kräfte für diesen Fall als unanwendbar erweisen.

### *4. Löslichkeit komplexer Salze*

Die Hydratationswärmen und Entropien von komplexen und vielatomigen Ionen in wäßriger Lösung hängen in bedeutendem Maße von den gleichen Faktoren ab, wie diejenigen der einfachen Ionen. In Verbindung damit kann angenommen werden, daß die Schlußfolgerungen hinsichtlich der Löslichkeit der einfachsten Salze auch auf komplizierter gebaute Salze anwendbar sind. Eine derartige Methode kann natürlich nur als erste Annäherung betrachtet werden.

Gewiß ist bekannt, daß die am schwersten löslichen Komplexsalze diejenigen sind, in denen ein großes komplexes Ion mit einem ebenfalls großen Ion entgegengesetzter Ladung verbunden ist. Andererseits wird bei einer Verbindung komplexer Ionen mit kleinen Ionen oder überhaupt mit solchen Ionen, bei denen die oben festgestellten für minimale Löslichkeiten typischen Verhältnisse $r_k/r_a$ stark gestört werden, eine sehr gute Löslichkeit beobachtet. Es ist ebenfalls bekannt, daß z. B. Salze des Ammoniums ($r_{MH_4^+} = 1{,}43$ Å) ihrer Löslichkeit nach eine weitgehende Analogie mit den Salzen des Kaliums und Rubidiums zeigen.

Im Falle der Salze vom Typ KtX (Kt = komplexes Kation) nimmt die Löslichkeit unverändert in den Reihen der Salze mit steigendem Anionenradius ab (Chlorid — Bromid — Jodid; Sulfat — Chromat — Bichromat usw.). Der Radius des komplexen Ions ist immer verhältnismäßig groß und übersteigt in der überwältigenden Mehrzahl der Fälle 2 Å, und aus diesem Grunde konnte eine Vergrößerung der Löslichkeit in den betreffenden Reihen nur in dem Falle erwartet werden, in dem der Anionenradius wesentlich 3 Å überschritten hätte.

Jedoch bei Salzen vom Typ $KtX_2$ können nicht nur Reihen mit abnehmender Löslichkeit bei ansteigendem Anionenradius gefunden werden, sondern auch Reihen, in denen die minimale Löslichkeit in der Mitte der Reihe beobachtet werden kann. So muß z. B., wenn der Radius von $Kt^{2+}$ etwa 2,2—2,3 Å entspricht, in der Reihe der Chloride — Bromide — Jodide die minimale Löslichkeit beim Bromid beobachtet werden.

$$(r_{Kt^{2+}}/r_{Br^-} \approx 1{,}1) .$$

Ein ähnlicher Fall liegt bei den Acidopentamminsalzen des Kobalts und den Iridiums vor (die Radien dieser Ionen schwanken zwischen 2,3 und 2,4 Å). Ma₂ konnte annehmen, daß im Falle der Salze vom Typ $[M(NH_3)_6X_2$ und $[MEn_3]Xs$ die Löslichkeit sich ununterbrochen vom Chlorid zum Jodid verringern wird, da die thermochemischen Radien dieser Ionen in der überwältigenden Mehrzahl der Fälle 2,6 Å überschreiten. Durch die von uns angesetzten Versuche gelang es tatsächlich zu zeigen, daß im Falle der Hexamminnickelsalze und der Triaethylendiaminkadmiumsalze die Löslichkeit vom Chlorid zum Jodid stark abnimmt.

Trotzdem muß man bei derartigen Gegenüberstellungen auch einige erschwerende Umstände berücksichtigen. Einen wesentlichen Einfluß auf die Löslichkeit der Falze übt die Form des Ions aus. Eine starke Abweichung von der sphärischen Sorm bei gleichzeitigem Fehlen einer freien Rotation des Ions im Kristall führt, wie oben gezeigt wurde, zur Verringerung der Hydratationswärme des Ions im Vergleich zum sphärischen Ion, das durch den gleichen thermochemischen Radius gekennzeichnet ist. Infolgedessen sind bei sonstigen gleichen Bedingungen Salze mit Ionen, die stark von der Kugelform abweichen, schwerer löslich als Salze, die nur aus kugelförmigen oder überhaupt frei rotierenden Ionen aufgebaut sind.

Beispiele, die diesen Sachverhalt veranschaulichen, kann man zahlreich anführen. Wir beschränken uns nur auf den Hinweis auf die anomal niedrige Löslichkeit der Halogenate des Kaliums, Rubidiums, und Caesiums im Vergleich zu den Halogeniden der gleichen Metalle.

In den Fällen, in denen zwischen den komplexen Ionen und den Molekeln des Wassers eine chemische Verbindung vom Typ der Wasserstoffbindung entstehen kann, ist die Hydratationswärme des entsprechenden Ions größer als die Hydratationswärme eines einfachen Ions mit dem gleichen Radius. Im Zusammenhang damit ist die Löslichkeit der Salze, zu denen Ionen gehören, die zur Bildung einer chemischen Verbindung mit den Molekeln des Lösungsmittels fähig sind, größer als bei analogen Verbindungen, die zu einer chemischen Wechselwirkung mit den Molekeln des Lösungsmittels unfähig sind.

Von diesem Gesichtspunkt aus erklärt sich die gute Löslichkeit der Aquosalze, der meisten sauren Salze, der Salze der Karbonsäuren usw. Der gleiche Umstand erklärt auch die gut bekannte Tatsache der Vergrößerung der Löslichkeit der Reihe der Salze

$$[Co(NH_3)_6]X_3 < [Co(NH_3)_5H_2O]X_3 < [Co(NH_3)_4(H_2O)_2]X_3 .$$

Man kann behaupten, daß das Vorhandensein von Gruppen im komplexen Ion, die zur Bildung einer Wasserstoffbindung fähig sind ($H_2O$, OH, RCOO usw.) zu einer starken Vergrößerung der Löslichkeit im Vergleich zu den Verbindungen führt, die die Gruppen $NH_3$, Cl, Br, J, $NO_2$ usw. enthalten.

Schließlich führt das Vorhandensein polarer Gruppen in komplexen Ionen zu einer Steigerung der Gitterenergie des Salzes im Vergleich zu den Salzen, deren Ionen keine Polarität besitzen. Eine entsprechende Berechnung wurde von Chodakow [104] durchgeführt, der zeigte, daß bei Vorhandensein einer Polarität in einem zusammengesetzten Ion die Energie seiner Wechselwirkung mit benachbarten Ionen größer ist, als bei fehlender Polarität. Hierbei muß darauf hingewiesen werden, daß ein Anwachsen der Gitterenergie sowohl im Falle einer symmetrischen als auch im Falle einer unsymmetrischen Anordnung der polaren Gruppen im komplexen Ion zu beobachten ist.

Das Vorhandensein polarer Gruppen im komplexen Ion führt zur Vergrößerung der Gitterenergie nicht nur auf Kosten der Wechselwirkung des polaren Ions mit der äußeren Sphäre, sondern auch auf Kosten der Wechselwirkung zwischen den polaren Gruppen gleichnamig geladener Ionen. Vielleicht spielt dieser Effekt sogar eine größere Rolle als erstgenannter, da die Unterschiede in der Löslichkeit der Cis- und Transisomeren wesentlich stärker bei verhältnismäßig kleinen äußeren Ionen in Erscheinung treten. Das wird auch durch die Daten der folgenden Tabelle bestätigt, aus der hervorgeht, daß der Einfluß der polaren Gruppen am stärksten bei Salzen mit verhältnismäßig kleinen Anionen in der äußeren Sphäre auftritt.

Tabelle 21

*Löslichkeit von Acidopentammin-Kobalti-Salzen*

| Anion | Löslichkeit des Komplexsalzes in Mol pro Liter bei 20° | | | |
|---|---|---|---|---|
| | $[Co(NH_3)_5NO_2]^{2+}$ | $[Co(NH_3)_5Cl]^{2+}$ | $[Co(NH_3)_5Br]^{2+}$ | $[Co(NH_3)_5J]^{2+}$ |
| $Cl^-$ . . . | 0,1078 | 0,0170 | 0,0106 | 0,0154 |
| $Br^-$ . . . | 0,0436 | 0,0178 | 0,00614 | 0,00076 |
| $J^-$ . . . | 0,0945 | 0,0418 | 0,0101 | 0,0020 |
| $NO_3^-$ . . | 0,0368 | 0,0434 | 0,0107 | 0,00217 |
| $SO_4^{2-}$ . . | 0,0422 | 0,0344 | 0,0246 | — |
| $SiF_6^{2-}$ . . | 0,00259 | 0,00111 | 0,00278 | — |
| $CrO_4^{2-}$ . . | 0,00062 | 0,00041 | 0,0004 | — |
| $C_2O_4^{2-}$ . . | 0,00062 | 0,00074 | 0,0005 | — |

Der Einfluß der Polarität auf die Löslichkeit der Salze kann am Beispiel der Acidopentammin-Salze des Kobalts (III) mit einfachsten Anionen in der äußeren Sphäre veranschaulicht werden. In Tabelle 21 wird die Löslichkeit der am meisten erforschten Salze dieses Typs nach den Daten von Ephraim [105] und Brönsted [106, 107] gebracht.

Aus der Betrachtung der Daten, die in dieser Tabelle gebracht werden, kann geschlossen werden, daß mit der Vergrößerung des thermochemischen Radius des auszutauschenden X im komplexen Ion $[Co(NH_3)_5X]^{2+}$ die Löslichkeit der entsprechenden Salze abnimmt. Es gibt einige Ausnahmen von dieser Regel, aber meistens ist diese Gesetzmäßigkeit ziemlich deutlich zu beobachten.

Die Löslichkeit der komplexen Salze wird auf diese Weise durch die Gesamtheit einer Reihe von Faktoren bestimmt, was die Möglichkeit gibt, komplexe Ionen als eine Art von „synthetischen Ionen" (oder „synthetischen Atomen" nach dem Ausdruck von L. A. Tschugajew) zu verwenden, um schwer lösliche Salze mit den verschiedenartigsten äußeren Ionen zu erhalten. Jedoch gibt es einige Gruppen komplexer Ionen, die sich nur durch die Natur des zentralen Atoms voneinander unterscheiden, z. B. $[R(NH_3)_6]^{3+}$, $[R(NH_3)_5Cl]^{2+}$, $[R(NH_3)_5NO_2]^{2+}$ usw. (R = Co, Cr, Rh, Ir). Man kann annehmen, daß in der Löslichkeit dieser Salze eine sehr weitgehende Analogie innerhalb der entsprechenden Gruppe auftreten wird. In der überwältigenden Mehrheit der Fälle liegt eine derartige Analogie auch tatsächlich vor. Zur Veranschaulichung bringen wir in Tab. 22 die Löslichkeit verschiedener Salze mit den Kationen $[R(HN_3)_5Cl]^{2+}$.

Wenn man von der Gesamtheit der erwähnten Daten ausgeht, kann man die Bedingungen, die die minimale Löslichkeit der Salze in Wasser bestimmen, folgendermaßen formulieren:

Tabelle 22

*Löslichkeit von Komplexsalzen mit analogen Ionen (in Mol Liter bei 20°)*

| Kation | Anion | | |
|---|---|---|---|
| | $Cl^-$ | $Br^-$ | $NO_3^-$ |
| $[Co(NH_3)_5Cl]^{2+}$ | $1{,}7 \cdot 10^{-2}$ | $1{,}61 \cdot 10^{-2}$ | $4{,}3 \cdot 10^{-2}$ |
| $[Rh(NH_3)_5Cl]^{2+}$ | $2{,}0 \cdot 10^{-2}$ | — | — |
| $[Ir(NH_3)_5Cl]^{2+}$ | $1{,}73 \cdot 10^{-2}$ | $0{,}99 \cdot 10^{-2}$ | $4{,}4 \cdot 10^{-2}$ |
| $[Cr(NH_3)_5Cl]^{2+}$ | $3 \cdot 10^{-2}$ | — | $4{,}7 \cdot 10^{-2}$ |

1. Das Verhältnis der Radien der Ionen, die das betreffende Salz bilden, muß sich einem bestimmten Wert annähern, der für diesen Salztyp charakteristisch ist. Dieser Wert des Radienverhältnisses für die erforschten Salztypen schwankt zwischen 0,7 und 1,2. Eine Änderung der Löslichkeit bei Änderung des Radienverhältnisses erfolgt umso stärker, je höher die Ladungen der Ionen sind, die das betreffende Salz bilden.

2. Je höher die Ladungen der komplexen Kationen sind, desto geringer ist die Löslichkeit der Salze bei sonst gleichen Bedingungen.

3. Die Ionen dürfen keine Gruppen enthalten, die zur Bildung einer Wasserstoffbindung mit Molekeln des Wassers fähig sind (Hydroxyl-, Karboxylgruppe).

4. Das Vorhandensein einer Polarität innerhalb eines Ions führt bei sonstigen gleichen Bedingungen zu einer Verringerung der Löslichkeit des Salzes.

Von diesem Gesichtspunkt aus kann angenommen werden, daß die am schwersten löslichen komplexen Salze bei einer Verbindung komplexer Ionen mit Ionen entgegengesetzter Ladung und großem Ausmaße unter der Bedingung erhalten werden, daß in den Ionen Gruppen fehlen, die zur Bildung einer Wasserstoffbindung mit den Molekeln des Wassers fähig sind. Unter diesen Bedingungen müssen die am wenigsten löslichen Verbindungen bei Vorhandensein von Ionen hoher Ladung und Polarität innerhalb des Ions zu beobachten sein. Als Beispiel von Ionenfällungsmitteln für komplexe Ionen können folgende Anionen angeführt werden:

Pikrat, Hexacyanoferroat, Tetrarhodanodiamminchromiat, Polyjodid usw. und die Kationen: Ammoniakate des Kobalts und Chroms (vor allem vom Typ $[R(NH_3)_6]^{3+}$ und mehrkernige Kationen) Kationen von quaternären Ammoniumbasen usw.

Auf Grund dieser Schlußfolgerungen kann nicht nur das bereits erhaltene experimentelle Material erklärt werden, sondern können auch neue schwer lösliche Kombinationen vorhergesagt werden. Insbesondere kann angenommen werden, daß die komplexen Kationen schwer lösliche Salze mit Anionen der Sulfosäuren bilden werden, wenn letztgenannte keine Gruppen von OH, $NH_2$, RCOO usw. enthalten.

Durch rein qualitative Versuche von Ephraim [108] wurde gezeigt, daß einige Verbindungen des Kobalts schwer lösliche Kombinationen mit Anionen substituierter aromatischer Säuren bilden. Jedoch bringt der Verfasser keinerlei theoretische Erklärungen für diese Erscheinungen.

Für die Untersuchungen, die gemeinsam mit den Studenten K. E. Prik E. P. Skwirski und W. W. Starostin durchgeführt wurden, wurden folgende komplexe Kationen ausgewählt: $[Cr(CON_2H_4)_6]^{3+}$, $[Co(NH_3)_6]^{3+}$, $[Co(NH_3)_5NO_2]^{2+}$, $[Co(NH_3)_5H_2O]^{3+}$, $[Cr(NH_3)_6]^{3+}$ und eine Reihe Ionen vom Typ: $[M(NH_3)_n]^{2+}$ (M = Zn, Ni, Cu, Cd). Die entsprechenden Salze, zu deren Bestand die gegebenen Ionen gehörten, wurden in Wasser gelöst (die Lösungen wurden möglichst konzentriert gemessen) und mit der gleichen Quantität von Salzlösungen der zu untersuchenden Sulfosäuren verschiedener Konzentrationen gemischt. Zur Untersuchung wurden folgende Sulfosäuren gewählt: Diaminobenzolsulfosäure (ortho- und paraisomere), 2-Chlortoluolsulfosäure (4), 2-Nitrotoluolsulfosäure (4), 2,5-Chlornitrotoluolsulfosäure (4), 3-Carbazolsulfosäure, 3,6-Nitrocarbazolsulfosäure, Alizarinsulfosäure, Benzolsulfosäure, Sulfanilsäure sowie die Reihe von Naphthalinsulfosäuren, die $NH_2$- oder OH-Gruppen enthalten.

Im Falle der Benzolsulfosäure, der Sulfanilsäure und der Naphthalinsulfosäuren mit Hydroxyl- oder Aminogruppen wurden mit keinem der zu untersuchenden komplexen Kationen die Bildung eines Niederschlages beobachtet. In den übrigen Fällen wurde das Auftreten von Niederschlägen beobachtet. Auf Grund der erhaltenen Ergebnisse können einige bestimmte Schlüsse gezogen werden, die die von uns ausgesprochenen Behauptungen bestätigen.

In der Löslichkeit der Salze der Sulfosäuren mit den Kationen $[Co(NH_3)_6]^{3+}$, $[Cr(NH_3)_6]^{3+}$ und $[Cr(CON_2H_4)_6]^{3+}$ ist eine sehr weitgehende Analogie zu beobachten, obwohl sich die aufgezählten Kationen untereinander sowohl durch die Natur der Zentralatome, als auch den Charakter der Liganden unterscheiden. Die Analogie in der Löslichkeit der Salze mit den betreffenden Kationen kann in allen in der Literatur beschriebenen Fällen verfolgt werden. Anscheinend wird diese Ähnlichkeit dadurch hervorgerufen, daß alle diese Ionen dreifach geladen sind und in den Ausmaßen (mindestens für die ersten zwei Kationen) keine wesentlichen Unterschiede zeigen.

Eine Vergrößerung des Umfangs des Anions der Sulfosäure ruft eine Senkung der Löslichkeit des Komplexsalzes hervor. Während mit dem Anion der Benzolsulfosäure in keinem Falle ein Niederschlag gebildet wird, werden mit dem Toluolsulfonat-Ion Niederschläge nur aus konzentrierten Lösungen gebildet, im Falle der 3-Carbazolsulfosäure wird in allen Fällen das Ausscheiden von Niederschlägen beobachtet. Es ist gleichfalls bekannt, daß komplexe Verbindungen mit dem Anion der $\beta$-Naphthalinsulfosäure ebenfalls schwer löslich sind. Das Alizarinsulfonat-Ion bildet schwer lösliche Salze mit komplexen Kationen, obwohl im Bestande dieses Ions Hydroxylgruppen vorhanden sind.

Die Einführung einer beliebigen polaren Gruppe ($NR_2$, $NO_2$, Cl, Br, usw.) in das Anion der Sulfosäure senkt die Löslichkeit des entsprechenden Salzes mit komplexen Kationen, wenn diese polare Gruppe nicht zur Bildung einer chemischen Verbindung mit den Molekeln des Wassers neigt. Man kann sich davon bei der Erörterung der Ergebnisse der Löslichkeit von Salzen der substituierten Benzolsulfosäuren überzeugen.

Das Fehlen von Niederschlägen bei einer Wechselwirkung komplexer Ionen mit Anionen von Sulfosäuren, in deren Bestand Gruppen von $NH_2$, OH, RCOO vorhanden sind, bestätigt die Schlußfolgerung in bezug auf den Einfluß der Bildung einer Wasserstoffbindung mit den Molekeln des Lösungsmittels auf die Löslichkeit der Salze.

Einen wesentlichen Einfluß auf die Löslichkeit der Salze hat die Anordnung der substituierten Gruppen in Sulfonat-Ionen. Insbesondere fällt die niedrige Löslichkeit der p-Dimethylaminobenzolsulfonate gegenüber den m-Dimethylaminobenzolsulfonaten auf. Folglich können in einer Reihe von Fällen Komplexverbindungen nicht nur zur Fällung organischer Sulfosäuren, sondern auch zur Trennung ihrer Isomeren verwandt werden. Andererseits können Sulfonate zur Fällung großer komplexer Ionen verwandt werden.

KAPITEL VI

# Die Bildungsenergie eines gasförmigen komplexen Ions und die Gitterenergie der Metallsalze in den Nebengruppen des periodischen Systems

## *1. Allgemeine Grundlagen*

Bisher haben wir das komplexe Ion als ein Ganzes betrachtet, ohne uns für die Kräfte zu interessieren, die innerhalb des komplexen Ions wirken. Jedoch haben für die Chemie komplexer Verbindungen die energetischen Effekte, die mit der Bildung eines komplexen Ions verbunden sind, keine geringere Bedeutung als die energetischen Effekte, die mit der Wechselwirkung der bereits fertigen komplexen Ionen mit anderen verbunden sind.

Wir haben oben bereits gezeigt, wie die Bildungsenergie eines gasförmigen komplexen Ions unter Verwendung der Vorstellung von der Gitterenergie des Komplexsalzes errechnet werden kann. Eben dort wurden auch die Wege zur Berechnung der Energie aufgezeigt, die bei der Anlagerung gasförmiger Liganden an das gasförmige zentrale Ion frei wird. Im besonderen ergab sich die Möglichkeit, die „Anlagerungsenergie" für einige Dutzend komplexer Ionen zu finden. In Verbindung hiermit tauchte die Frage nach der theoretischen Analyse der erhaltenen Größen und der Möglichkeit einer theoretischen Berechnung der Anlagerungsenergie auf.

Zuerst führte eine derartige Rechnung für Acido-Komplexe KOSSEL durch [110], wobei er von rein elektrostatischen Vorstellungen ausging. Gegenwärtig ist die Berechnungsmethode KOSSELS allgemein bekannt, und die Darlegung seiner Arbeiten kann man in den meisten Monographien finden, die der Komplexchemie gewidmet sind [111], [112]. Daher beschränken wir uns nur auf eine sehr kurze Darlegung der wichtigsten Punkte der Theorie von KOSSEL.

Bei der Berechnung der Bildungsenergie eines komplexen Ions nahm KOSSEL alle Ionen von gleicher Größe an und betrachtete sie als harte, starre Kugeln, die untereinander nach dem COULOMBschen Gesetz sich beeinflussen. Hierbei erhielt er für die Bildungsenergie des komplexen Anions $[MX_n]^{m-n}$ aus dem Kation $M^{m+}$ und n der gleichgeladenen Anionen $X^-$ folgenden Ausdruck:

$$W = n\,(m - S_p)\,\frac{e^2}{r}\,, \tag{35}$$

wobei $S_p$ der sogenannte Abschirmungskoeffizient und

$r$ der Abstand zwischen dem Zentrum des koordinierten Anions und dem Zentrum des komplexbildenden Kations bedeutet.

Unter dem Abschirmungskoeffizienten ist der Koeffizient zu verstehen, der das Verhältnis zwischen den Abstoßungs- und Anziehungskräften bei verschiedenen Ladungen des zentralen Ions, bei verschiedener Zahl der Liganden und ihrer verschiedenen räumlichen Anordnung um das zentrale Ion herum ausdrückt. Zusammenstellungen der Abschirmungskoeffizienten für verschiedene Fälle werden in einer Reihe von Monographien über die Chemie von Komplexverbindungen angeführt, zum Beispiel in dem Werk GRINBERGS [111].

Trotz der sehr groben Berechnung gelangte KOSSEL zu sehr interessanten Schlüssen. Im besonderen wurde gezeigt, daß bei der Wechselwirkung entgegengesetzt geladener Ionen die stabilsten Systeme dann erhalten werden, wenn an das m-geladene Zentralion eine größere Zahl von Liganden angelagert wird, als zur Erlangung eines elektroneutralen Teilchens erforderlich ist. Die Erscheinung der Koordination bekam eine physikalische Erklärung. Darüber hinaus gelang es KOSSEL, auf Grund der Berechnungen die wahrscheinlichsten Koordinationszahlen für verschiedene Koordinationsfälle voraus zu sagen. Die von KOSSEL erhaltenen Ziffern stimmten in den neusten Fällen mit den Versuchsdaten gut überein.

MAGNUS [113] zeigte den Weg für die Berechnung der Bildungsenergie eines komplexen Ions in einem Zentralion und elektroneutralen Liganden (Wasser, Ammoniak u. a.). KOSSEL versuchte ebenfalls, für diesen Fall die oben angeführten Überlegungen anzuwenden, jedoch betrachtete er die Molekeln $NH_3$ und $H_2O$ als heteropolare, aus den Ionen $N^{3-}$, $H^+$ und $O^{2-}$ bestehende Verbindungen, was offensichtlich nicht den Tatsachen entspricht.

Nach MAGNUS kann die Energie des zentralen Ions $M^{m+}$ mit den n Dipolen durch die Gleichung

$$W = \frac{n\,m\,e\,\mu}{r^2} - W', \tag{36}$$

dargestellt werden, wobei

$\mu$ = Dipolmoment des Liganden,
$r$ = Abstand zwischen der Mitte des Dipols und dem Zentrum des komplexbildenden Ions,
$W'$ = Energie der gegenseitigen Abstoßung der Dipole bedeutet.

ELEY und EVANS [60] vernachlässigten bei ihren Berechnungen die Abstoßungsenergie der Dipole und erhielten gute Ergebnisse für die Energie der Wechselwirkung zwischen verschiedenen Ionen und Wassermolekeln unter Verwendung der Gleichung

$$W = \frac{n\,m\,e\,\mu}{r^2}. \tag{37}$$

Nichtsdestoweniger erwies sich eine elektrostatische Methode als ungeeignet zur Erklärung vieler Erscheinungen bei der Komplexbildung. Völlig unklar blieben die speziellen Eigenschaften verschiedener Ionen, die die gleichen elektrostatischen Merkmale besitzen. In zahlreichen Fällen lieferte der Versuch ein direkt entgegengesetztes Ergebnis im Vergleich zu demjenigen, welches hätte erwartet werden können, wenn man nur von elektrostatischen Vorstellungen ausgegangen wäre. Es können viele Beispiele angeführt werden, in denen sich Komplexverbindungen, die durch große Ionen gebildet wurden, als stabiler erwiesen, als analoge Komplexverbindungen, die von Ionen mit geringem Umfang gebildet wurden. Es sind zahlreiche Fälle bekannt, in denen elektroneutrale Liganden mit geringeren Dipolmomenten fester am Zentralion hafteten als analoge Liganden mit größeren Dipolmomenten.

Zur Erklärung dieser Widersprüche benutzten Grinberg [111], Kasarnowski [114], Nekrassow [115], van Arkel [116] und andere Verfasser die Polarisationsvorstellungen von Fajans. Die Darlegung der Erklärungen für die verschiedene Stabilität der Komplexverbindungen, die auf Polarisationsvorstellungen beruhen, fand nicht nur Eingang in spezielle Monographien über die Chemie von Komplexverbindungen, sondern auch in den „Lehrgang der allgemeinen Chemie“ von Nekrassow. Daher halten wir es für möglich, hier auf ihre Erläuterung zu verzichten, wobei wir dieses Problem als allgemein bekannt voraussetzen.

Mit Hilfe der Polarisationsvorstellungen kann eine Reihe von „Anomalien“ qualitativ erklärt werden, die nicht in den Rahmen der ursprünglichen elektrostatischen Theorie passen. Insbesondere können auf diesem Wege die Unterschiede zwischen den zentralen Ionen mit einer Elektronenhülle von Edelgaskonfiguration („Edelgasionen“) und „Nicht-Edelgas“-Zentralionen erklärt werden, sowie die größere Stabilität der Ammoniakatsalze von Nebengruppenmetallen gegenüber den Ammoniakatsalzen der Hauptgruppenmetalle und die verschiedene Anordnung in einer Reihe von Säureresten nach der Tendenz zur Komplexbildung in Abhängigkeit von der Natur des Zentralions usw.

Nichtsdestoweniger sind die auf den Polarisationsvorstellungen beruhenden Berechnungen nicht nur umständlich, sondern in einigen Fällen infolge Fehlens notwendiger Daten völlig undurchführbar. Hierbei ist zu erwähnen, daß die Daten für die interessantesten Fälle der Komplexbildung mit zentralen „Nicht-Edelgasionen“ fehlen.

Grinberg [111], der die Rolle der Polarisationsvorstellungen für die Erklärung des Komplexbildungsprozesses für sehr wichtig hält, erklärt dennoch: „Die Polarisationsmethode kann niemals in endgültiger quantitativer Form das Kräfteproblem der Komplexbildung erhellen.“

Tschernjajew [117] und Grinberg [111] weisen darauf hin, daß in dem Ausdruck, der die Wechselwirkungsenergie verschiedenartiger Teilchen bestimmt, heteropolare und homöopolare Glieder enthalten sein müssen.

Die Heranziehung wellenmechanischer Vorstellungen zur Lösung der mit der Energetik komplexer Verbindungen zusammenhängenden Fragen erscheint uns als der einzig richtige Weg zur quantitativen Lösung der gestellten Probleme.

Jedoch stößt dieser Weg in der Praxis auf ernste mathematische Schwierigkeiten, und daher muß man, indem man sich auf einige allgemeine Überlegungen stützt, mit der Kenntnisnahme empirischer Gesetzmäßigkeiten sich begnügen.

Bei der Betrachtung der chemischen Bindung in komplexen Ionen und Salzen der Nebengruppenmetalle halten wir es für notwendig, die Gedanken zu erwähnen, die von W. A. KISTJAKOWSKI [118] vor über fünfzig Jahren ausgesprochen wurden.

W.A. KISTJAKOWSKI wies auf die Doppelnatur der chemischen Bindung hin: „Die Doppelnatur des Chemismus harmoniert mit zwei Abteilungen der Chemie, der organischen und der anorganischen. Die typischen Reaktionen der organischen Chemie liegen im Wesen der Äußerungen der Energie des inneren Druckes näher, die typischen Reaktionen der anorganischen denen der elektrischen Energie. Natürlich besteht in einer Reihe verschiedenartiger chemischer Reaktionen keine scharfe Grenze zwischen den einen und den anderen. Jedoch muß bei der Feststellung der chemischen Theorien mit dieser Doppelnatur gerechnet werden, die typische Erscheinungen auf diesem und jenem Gebiet umfassen. Die Strukturtheorie, die in allen Teilen der organischen Theorie durchgeführt worden ist, hat bei weitem nicht alle Gebiete der anorganischen Chemie erfaßt. Für die anorganische Chemie müssen neue Theorien geschaffen werden. Auf Grund des oben gesagten können diese Theorien am wahrscheinlichsten elektrochemisch sein."

Wenn man die veraltete Vorstellung von der Natur der Kräfte, die zur Bildung stabiler kovalenter Verbindungen beitragen (ihre Natur wurde später im Ergebnis der Entwicklung der Wellenmechanik geklärt), beiseite läßt, klingen die Äußerungen KISTJAKOWSKIS ganz zeitgemäß.

In einer großen Zahl uns interessierender Kristalle und Komplex-Ionen nähert sich die chemische Bindung dem Ionenbindungstyp. Daher ist es natürlich, die Darstellung der Bindungsenergie dieser Verbindungen in folgender Form zu versuchen:

$$W = W_1 + P. \tag{38}$$

Hierbei bedeutet $W_1$ die Energie, die durch die Wechselwirkung der Ionen untereinander oder der Ionen mit den Dipolen bedingt ist, ferner $P$ die Korrekturgröße, die durch die Änderung in der Verteilung der Elektronendichte der sich untereinander beeinflussenden Teilchen bedingt ist. Diese Größe wird gewöhnlich Polarisationsenergie genannt, und analoge Gleichungen werden schon seit langem benutzt (vgl. z. B. [27]).

Die Größe der Polarisationsenergie bezeichnet bis zu einem gewissen Grade das Ausmaß der Abweichung der chemischen Bindung von dem reinen Ionentyp. Für den Chemiker ist die Kenntnis der Verteilungsart der Elektronendichte einer gegebenen Verbindung sehr wichtig, jedoch treten auf dem Wege zur Lösung dieser Aufgabe viele Schwierigkeiten auf.

Uns erscheint es zweckmäßig, für das erste eine wenn auch nur grobe, qualitative Beschreibung des chemischen Bindungstyps in einer Verbindung unter Verwendung des Begriffes „Kovalenzgrad" zu geben. Je mehr sich eine chemische Bindung in einer bestimmten Verbindung vom Ionentyp unterscheidet, desto stärker sind die Elektronenhüllen der reagierenden Ionen oder Molekeln deformiert, desto mehr nähert sich der gegebene Typ der Bindung dem kovalenten

Typ, desto größer ist der „Kovalenzgrad." Man kann annehmen, daß sich bei einem Vergleich analog aufgebauter chemischer Verbindungen der Kovalenzgrad symbat mit der Polarisationsenergie ändert. Im folgenden werden wir von dem Kovalenzgrad einer Bindung in dem hier erwähnten Sinne sprechen.

Die Polarisationsenergie ($P$) hängt von den Eigenschaften der sich gegenseitig beeinflussenden Teilchen, von ihren energetischen Merkmalen ab. In den folgenden Abschnitten werden wir versuchen, diese Abhängigkeit ausführlicher darzustellen und die Gleichung (38) zur Lösung einer Anzahl von Fragen zu verwenden.

In realen Molekeln, Kristallen und Komplex-Ionen nimmt der Typ der chemischen Bindung eine Zwischenstellung zwischen dem Ionentyp ein, der in mehr oder weniger reiner Form in den Salzkristallen der Alkali- und Erdalkalimetalle sowie in den Aquo-Komplexen beobachtet wird, und dem kovalenten Typ, der in mehr oder weniger reiner Form in vielen organischen Verbindungen auftritt. Die Verteilung der Elektronendichte in realen Systemen unterscheidet sich von der Elektronendichte-Verteilung in diesen zwei extremen Fällen. Die (wenn auch angenäherte) Kenntnis des Wesens dieser Verteilung und folglich des Abweichungsgrades der realen Systeme von den extremen ist für die Lösung vieler praktischer Aufgaben sehr wichtig.

## *2. Die Gitterenergie der Salze der Nebengruppenmetalle*

Gehen wir jetzt zur Berechnung der Gitterenergie der Salze der Nebengruppenmetalle über, d. h. versuchen wir die Änderung der Energie beim Prozeß

$$MX_{n\,(k)} = M^{n+}_{(g)} + nX^{-}_{(g)}$$

zu errechnen.

Für die Chemie komplexer Verbindungen ist die Kenntnis dieser Größe sehr wichtig, da gerade diese Salze sehr viele Komplexe bilden. Aus dem in der Einführung gesagten geht klar hervor, welche große Rolle die Gitterenergie des „Ausgangssalzes" in dem summaren energetischen Bildungsvorgang des Komplexes spielt.

Bei Metallsalzgittern stellt die Größe $W_i$ die Wechselwirkungsenergie der Ionen dar. Sehr zahlreiche Gitter sind reine Ionengitter.

In den vorausgegangenen Abschnitten wurde gezeigt, daß zahlreiche Salze von Alkali- und Erdalkali-Metallen typische Ionenverbindungen sind. Zwischen den komplexen Ionen wird genauso eine typische Ionenverbindung hergestellt. Der Aufbau der Salzkristalle von Nebengruppen ist wesentlich komplizierter — die Elektronenhüllen sowohl der Anionen als auch der Kationen sind hier stark deformiert, und daher muß in diesem Falle die Polarisationsenergie ($P$) berücksichtigt werden.

Tabelle 23

*Energetische Merkmale doppelt geladener Kationen der Nebengruppenmetalle*

| Ion | Ionenradius nach GOLDSCHMIDT in Å | Summares Ionisationspotential $I$ | Sublimationswärme | Charakteristische Temperatur | $E_M = I + \frac{1}{4}\Theta$ | Bildungswärme des gasförmigen Ions in kcal |
|---|---|---|---|---|---|---|
| | | in kcal | | | | |
| $Cu^{2+}$ | (0,82) | 643,2 | 81,5 | 315 | 722 | —724,7 |
| $Hg^{2+}$ | 1,12 | 670,3 | 14,6 | 86 | 694 | —684,8 |
| $Cd^{2+}$ | 1,03 | 594,7 | 26,7 | 172 | 638 | —621,5 |
| $Zn^{2+}$ | 0,83 | 628,2 | 31,2 | 250 | 691 | —659,4 |
| $Pb^{2+}$ | 1,32 | 515,6 | 46,5 | 88 | 537 | —562,0 |
| $Mn^{2+}$ | 0,91 | 531,6 | 68,7 | 350 | 619 | —600,3 |
| $Ni^{2+}$ | 0,78 | 593,3 | 91 | 375 | 687 | —684 |
| $Co^{2+}$ | 0,82 | 579,8 | 94 | 385 | 676 | —674 |
| $Fe^{2+}$ | 0,83 | 553,2 | 96,7 | 420 | 658 | —649,9 |

Anmerkung. Der Radius des Ions $Cu^{2+}$ ist den Daten KAPUSTINSKIs entnommen [63]. Die Sublimationswärmen für alle Metalle außer Ni und Co sind der Zusammenstellung von KELLEY entnommen [119]; die Werte für Ni und Co sind der Zusammenstellung von RABINOWITSCH und THILO [120] entnommen. Die charakteristischen Temperaturen stammen aus der Zusammenstellung von SEITZ [121].

Tabelle 23a

*Energetische Merkmale einfach geladener Anionen*

| Ion | Radius des Ions in Å | Bildungswärme des gasförmigen Ions | Elektronenaffinität $F$ der Gruppe $X$ | Dissoziationsenergie $D_{X-X}$ von $X_2$ | $E_X = F + \frac{1}{2} D_{X-X}$ |
|---|---|---|---|---|---|
| | | in kcal | | | |
| $J^-$ . . . . | 2,20 | 53,0 | 78,6 | 36,2 | 60,5 |
| $Br^-$ . . . | 1,96 | 58,9 | 85,8 | 46,0 | 62,8 |
| $Cl^-$ . . . . | 1,81 | 62,5 | 91,4 | 57,8 | 62,5 |
| $F^-$ . . . . | 1,33 | 66,9 | 98,7 | 63,4 | 67,0 |
| $CNS^-$ . . . | 1,95 | 11,6 | 84 | — | 56 |
| $NO_3^-$ . . . | 1,89 | 80,0 | 93 | — | 69 |
| $CN^-$ . . . | 1,82 | —12,8 | 47,2 | — | 37 |
| $HCO_2^-$ . . | 1,58 | 107,6 | 75 | — | 43 |
| $OH^-$ . . . | 1,40 | 40,5 | 41,1 | — | 9 |

Die Gitterenergie eines beliebigen Salzes kann nach dem bekannten HABER-BORNschen Kreisprozeß oder wesentlich einfacher mittels Subtraktion der Bildungswärme des kristallisierten Salzes von der Summe der Bildungswärmen der gasförmigen Ionen berechnet werden (letztere Methode fällt im wesentlichen mit ersterer zusammen und unterscheidet sich von ihr lediglich durch die Rechnungsweise). Die auf diese Weise errechneten Werte der Gitterenergie sind in der zweiten Spalte der Tabelle 23b aufgeführt. In der dritten Spalte stehen die nach der Gleichung KAPUSTINSKIs errechneten Werte, in der vierten Spalte die Werte der Polarisationsenergie. In allen erwähnten Fällen liefert die Gleichung KAPUSTINSKIs keine befriedigenden Ergebnisse, und die Polarisationsenergie erreicht eine sehr bedeutende Größe. Besonders bedeutend ist sie bei den Quecksilber-

Tabelle 23b

*Gitterenergie einiger Verbindungen*

| Verbindung | Gitterenergie in kcal nach der Gleichung von HABER-BORN $U$ | nach der Gleichung von KAPUSTINSKI $U_i$ | $U - U_i = P$ (Polarisationsenergie) |
|---|---|---|---|
| $HgJ_2$ . . . | 601 | 454 | 147 |
| $HgBr_2$ . . | 608 | 496 | 112 |
| $HgCl_2$ . . | 613 | 519 | 94 |
| $ZnJ_2$ . . . | 604 | 505 | 99 |
| $ZnBr_2$ . . | 620 | 540 | 80 |
| $ZnCl_2$ . . . | 634 | 570 | 64 |
| $PbJ_2$ . . . | 497 | 441 | 56 |
| $PbBr_2$ . . | 510 | 470 | 40 |
| $PbCl_2$ . . . | 522 | 489 | 33 |

salzen, und bei den Halogeniden ein und desselben Metalles zeichnen sich die Jodide durch die größte Polarisationsenergie aus. Folglich unterscheidet sich in den untersuchten Salzen der Typ der chemischen Bindung stark von dem Ionenbindungstyp.

Die Gleichung (38) kann in dem untersuchten Falle folgendermaßen abgewandelt werden:

$$U = U_i + P_c . \tag{39}$$

Hierbei ist

$U$ = Gitterenergie,

$U_i$ = Wechselwirkungsenergie zwischen den Ionen im Gitter,

$P_c$ = Korrekturglied, dessen Vorhandensein durch die starke Deformierbarkeit der Elektronenhüllen der sich gegenseitig beeinflussenden Ionen hervorgerufen ist. Die Größe $P_c$ werden wir mit Polarisationsenergie bezeichnen.

Für die Salzkristalle der Nebengruppenmetalle können wir das erste Glied in der Gleichung (39), wie auch im Falle der Ionenkristalle mit Hilfe der Gleichung KAPUSTINSKIS errechnen [54]. Für die Errechnung von $P_c$ muß jedoch eine empirische Formel gesucht werden.

Natürlich kann erwartet werden, daß die Polarisationsenergie um so größer wird, je höher das Ionisationspotential des Metallatoms M in der Verbindung $MX_n$ ist. Je höher die Elektronenaffinität des Kations $M_n{}^+$ ist, um so stärker ist offensichtlich seine deformierende Wirkung auf die benachbarten Atome (bzw. Ionen). Das Ionisationspotential des Atoms M ist auf diese Weise eines der wichtigsten Merkmale, die den Bindungstyp in dieser Verbindung bestimmen. Jedoch bezeichnet das Ionisationspotential das Verhalten des isolierten gasförmigen Atoms hinsichtlich der isolierten Elektronen. In den untersuchten Fällen handelt es sich um eine Deformierung der Elektronenhüllen im Kristall. Wir nahmen an, daß hier außer dem Ionisierungspotential auch die Bindungsenergie der Atome im Metallgitter zu berücksichtigen sei. Zwischen der letzteren Größe und der eigenen Schwingungsfrequenz der Atome besteht nach Ansicht zahlreicher Verfasser [53, 122] eine direkte Beziehung.

In unserer Gleichung ist die Größe der polarisierten Wirkung des Kations ($E_M$) folgendermaßen beschaffen:

$$E_M = I + \frac{1}{4} \Theta . \tag{40}$$

Hierbei ist $I$ das summare Ionisierungspotential und $\Theta$ die charakteristische Temperatur (s. Tab. 23).

Man muß die Einschränkung machen, daß wir genötigt waren, uns auf Berechnungen für doppelt geladene Ionen zu beschränken, da für andere Ionentypen die entsprechenden Experimentaldaten sehr unzulänglich sind.

Der zweite wichtige Faktor, der die Größe der Polarisationsenergie (und folglich auch den Bindungstyp) bestimmt, ist die Elektronenaffinität des Atoms X (oder einer Atomgruppe), die dem Ionisierungspotential des Anions $X^-$ gleich ist. Je geringer das Ionisierungspotential des sich deformierenden Anions $X^-$ ist, desto weniger stabil sind seine Elektronen mit ihm verbunden und desto leichter deformiert sich seine Elektronenhülle. Auch in diesem Falle bezeichnet das Ionisationspotential die Wechselwirkung zwischen den isolierten Elektronen. Wir schlagen daher vor, auch die Bindungsenergie zwischen den Atomen X zu berücksichtigen und die Größe, die den Einfluß des Anions auf die Polarisationsenergie bestimmt, durch $E_X$ auszudrücken:

$$E_X = F - \frac{1}{2} D_{X-X} . \tag{41}$$

Hierbei ist $F$ = Elektronenaffinität des Atoms X und $D_{X-X}$ = Dissoziationsenergie der Molekel $X_2$ (s. Tab. 23a).

Schließlich ist der dritte richtige Faktor, der die Größe der Polarisationsenergie und folglich den Typ der chemischen Bindung bestimmt, die Wechselwirkungsenergie zwischen den Ionen ($U_i$). Wenn die Größe $U_i$ bedeutend ist, so wird die Deformierung der Elektronenhüllen, die letzten Endes zum Verlust der Kerne durch die Ionen führen kann, energetisch unvorteilhaft. Daher vergrößert sich bei wesentlichen Ausmaßen der sich gegenseitig beeinflussenden Ionen die Polarisationsenergie; sie verringert sich jedoch bei kleineren Ausmaßen der Teilchen. In Wirklichkeit ist die chemische Bindung in den Verbindungen des Typs MF, obwohl sich die Glieder $E_X$ für $F$ und $J$ wenig unterscheiden, dem Ionentyp wesentlich näher als in den Verbindungen des Typs MJ (M ist ein und dasselbe Element).

Eine Analyse der Experimentaldaten für die Gitterenergie der Salze vom Typ $MX_2$ zeigt, daß diese Daten durch folgende empirische Formeln gut erfaßt werden:

$$P_c = 250\,[0{,}5 + 0{,}002\,(E_M - 2\,E_X - U_i)]^2 , \tag{42}$$

$$U = U_i + 250\,[0{,}5 + 0{,}002\,(E_M - 2\,E_X - U_i)]^2 . \tag{43}$$

Die Gleichung (43) wurde von uns zur Errechnung der Gitterenergie von 50 Salzen benutzt. Eine Zusammenstellung der erhaltenen Werte befindet sich in Tabelle 24. In dieser Tabelle sind nicht nur die Werte für die Gitterenergie der Halogenide

Tabelle 24

*Gitterenergie der Salze der Nebengruppenmetalle*

| Verbindung | Gitterenergie nach der Gleichung von KAPUSTINSKI in kcal | Gitterenergie in kcal | |
|---|---|---|---|
| | | nach der (Gleichung 43) | nach der Gleichung von HABER-BORN |
| $HgJ_2$ . . . . . | 454 | 595 | 601 |
| $Hg(CN)_2$ . . . | 518 | 641 | 650 |
| $Hg(CNS)_2$ . . . | 498 | 610 | 610 |
| $HgBr_2$ . . . . | 496 | 599 | 608 |
| $HgCl_2$ . . . . | 519 | 608 | 613 |
| $CuJ_2$ . . . . . | 506 | 628 | 623 |
| $CuBr_2$ . . . . | 542 | 625 | 641 |
| $Cu(OH)_2$ . . . | 655 | 744 | 750 |
| $Cu(HCO_2)_2$ . . | 609 | 686 | 691 |
| $CuCl_2$ . . . . | 570 | 647 | 653 |
| $Cu(NO_3)_2$ . . . | 556 | 635 | 637 |
| $ZnJ_2$ . . . . . | 505 | 604 | 604 |
| $Zn(CN)_2$ . . . | 569 | 657 | 669 |
| $ZnBr_2$ . . . . | 540 | 616 | 620 |
| $Zn(OH)_2$ . . . | 656 | 720 | 734 |
| $Zn(HCO_2)_2$ . . | 610 | 670 | 676 |
| $ZnCl_2$ . . . . . | 570 | 630 | 634 |
| $NiJ_2$ . . . . . | 511 | 605 | 601 |
| $NiBr_2$ . . . . . | 550 | 619 | 620 |
| $Ni(OH)_2$ . . . | 666 | 731 | 733 |
| $NiCl_2$ . . . . . | 578 | 633 | 636 |
| $Ni(NO_3)_2$ . . . | 564 | 627 | 626 |
| $CoJ_2$ . . . . . | 506 | 595 | 592 |
| $CoBr_2$ . . . . | 542 | 609 | 611 |
| $Co(OH)_2$ . . . | 656 | 719 | 724 |
| $CoCl_2$ . . . . . | 570 | 623 | 626 |
| $Co(NO_3)_2$ . . . | 556 | 610 | 617 |
| $CdJ_2$ . . . . . | 476 | 561 | 563 |
| $Cd(CN)_2$ . . . | 531 | 611 | 612 |
| $CdBr_2$ . . . . | 510 | 573 | 578 |
| $Cd(OH)_2$ . . . | 606 | 676 | 673 |
| $CdCl_2$ . . . . . | 532 | 584 | 588 |
| $FeJ_2$ . . . . . | 505 | 584 | 568 |
| $FeBr_2$ . . . . . | 540 | 598 | 592 |
| $Fe(OH)_2$ . . . | 654 | 709 | 705 |
| $FeCl_2$ . . . . . | 569 | 614 | 607 |
| $MnJ_2$ . . . . . | 492 | 557 | 544 |
| $MnBr_2$ . . . . | 529 | 575 | 573 |
| $Mn(OH)_2$ . . . | 630 | 679 | 682 |
| $Mn(HCO_2)_2$ . . | 596 | 631 | 629 |
| $MnCl_2$ . . . . | 554 | 590 | 629 |
| $Mn(NO_3)_2$ . . . | 539 | 576 | 575 |
| $PbJ_2$ . . . . . | 441 | 491 | 497 |
| $Pb(CNS)_2$ . . . | 471 | 513 | 508 |
| $PbBr_2$ . . . . | 470 | 506 | 510 |
| $Pb(OH)_2$ . . . | 552 | 599 | 603 |
| $Pb(HCO_2)_2$ . . | 552 | 554 | 553 |
| $PbCl_2$ . . . . . | 489 | 519 | 522 |
| $Pb(NO_3)_2$ . . . | 479 | 508 | 508 |
| $PbF_2$ . . . . . | 566 | 574 | 587 |

angeführt, sondern auch für die Rhodanide, Nitrate, Formiate, Cyanide nnd Hydroxyde. Die Werte für $E_X$ wurden in allen diesen Fällen empirisch ermittelt, und die Werte der Radien der aufgezählten Ionen wurden von uns bereits früher gefunden.

Die Werte der Gitterenergie, die nach der Gleichung (43) errechnet und mit Hilfe des Haber-Bornschen Kreisprozesses gefunden wurden, fallen miteinander in der Regel innerhalb der Grenzen von 1 bis 2% zusammen. Nur in drei Fällen ($FeJ_2$, $MnJ_2$ nnd $PbF_2$) übersteigen die Abweichungen diese Grenzen, ohne allerdings 3% zu erreichen. Bei derartigen Berechnungen sind Fehler auch bei den Ausgangswerten der Bildungswärmen möglich (wegen der Einheitlichkeit benutzten wir in allen Fällen die Daten, die in der „Thermochemie" von Bichowsky und Rossini [31] zusammengestellt sind). So führt z. B. die Verwendung der Daten von Hieber und Werner [39] für $FeJ_2$ bereits zu besseren Ergebnissen.

Oben wurden die Hauptfaktoren aufgezählt, die die Vergrößerung des Kovalenzgrades der Bindungen begünstigen. Zu diesen Faktoren gehören in erster Linie das Ionisationspotential des Atoms, die Elektronenaffinität der Gruppe und die Ionenradien. Eine Vergrößerung des Ionisationspotentials, eine Verringerung der Elektronenaffinität und eine Vergrößerung der Ionenradien führen zur Steigerung der Polarisationsenergie und also auch des Kovalenzgrades der Bindung. Von diesen Gesichtspunkten aus müssen sich die Verbindungen des Platin (II), Palladium (III) und des Quecksilbers (II) besonders dem Kovalenztyp (hohes Ionisationspotential und bedeutende Ausmaße) annähern.

In einer Reihe von Fällen kann die Gitterenergie der Nebengruppenmetalle nicht unter Verwendung des Haber-Bornschen Kreisprozesses wegen Fehlens von Daten bezüglich ihrer Bildungswärmen errechnet werden. Oben wurde gezeigt, daß mit Hilfe der Gleichung (43) die Gitterenergie mit einer Genauigkeit bis zu $\pm 3\%$ errechnet werden kann. Dies gestattet die Anwendung der Gleichung (43) in derartigen Fällen. Besonders interessant ist die Anwendung der Gleichung (43) zur Berechnung der Gitterenergie derjenigen Verbindungen, deren Synthese bis jetzt nicht verwirklicht werden konnte. Unter Anwendung des Haber-Bornschen Kreisprozesses ist in diesem Falle eine annähernde Schätzung der Bildungswärme der gegebenen Verbindungen möglich.

Unten in Tabelle 25 bringen wir die nach der Gleichung (43) errechneten Werte für die Gitterenergie von 31 Salzen, deren Bildungswärmen unbekannt sind. In der gleichen Tabelle finden sich auch die mittels des Haber-Bornschen Kreisprozesses errechneten Werte für die Bildungswärmen der erwähnten Salze (die für diese Berechnungen notwendigen Daten werden in den Tabellen 23 und 23a angeführt).

Die angeführten Werte der Bildungswärmen müssen natürlich als ziemlich grobe Schätzung angesehen werden (im ersteren Falle mit einer Genauigkeit von $\pm$ 15 kcal), da die Abweichungen zwischen den errechneten und den gefundenen Werten der Gitterenergie bis zu $\pm 3\%$ erreichen können.

An Hand einiger Beispiele haben wir experimentell die Realität der in Tabelle 25 gebrachten Werte der Bildungswärmen der Salze bewiesen [123].

Tabelle 25
*Gitterenergien und Bildungswärmen einiger Verbindungen von Nebengruppenmetallen*

| Verbindung | Gitterenergie nach Gleichung (43) | Bildungswärme, berechnet aus dem Kreisprozeß |
|---|---|---|
| | in kcal | |
| $HgF_2$ | 646 | 96 |
| $CuF_2$ | 701 | 111 |
| $ZnF_2$ | 690 | 164 |
| $NiF_2$ | 698 | 148 |
| $CoF_2$ | 689 | 149 |
| $CdF_2$ | 638 | 151 |
| $FeF_2$ | 681 | 165 |
| $MnF_2$ | 658 | 192 |
| $Cu(CNS)_2$ | 642 | — 59 |
| $Zn(CNS)_2$ | 626 | — 10 |
| $Ni(CNS)_2$ | 627 | — 34 |
| $Co(CNS)_2$ | 616 | — 35 |
| $Cd(CNS)_2$ | 581 | — 17 |
| $Fe(CNS)_2$ | 606 | — 21 |
| $Mn(CNS)_2$ | 580 | 3 |
| $Cu(CN)_2$ | 677 | — 73 |
| $Ni(CN)_2$ | 659 | — 51 |
| $Co(CN)_2$ | 649 | — 51 |
| $Fe(CN)_2$ | 639 | — 37 |
| $Mn(CN)_2$ | 610 | — 16 |
| $Pb(CN)_2$ | 538 | — 46 |
| $Hg(HCO_2)_2$ | 647 | —178 |
| $Ni(HCO_2)_2$ | 674 | 205 |
| $Co(HCO_2)_2$ | 664 | 205 |
| $Cd(HCO_2)_2$ | 625 | 219 |
| $Fe(HCO_2)_2$ | 654 | 219 |
| $Hg(OH)_2$ | 702 | 99 |
| $Hg(NO_3)_2$ | 596 | 72 |
| $Zn(NO_3)_2$ | 616 | 116 |
| $Cd(NO_3)_2$ | 573 | 111 |
| $Fe(NO_3)_2$ | 601 | 111 |

Zur Überprüfung einiger von uns in Tabelle 25 erhaltenen Ziffern entschlossen wir uns, die Bildungswärmen der Formiate von Nickel und Kobalt sowie des Nitrats und des Rhodanids von Kadmium zu bestimmen. Zur Lösung dieser Aufgaben wurden die Reaktionswärmen von $Co(HCO_2)_2$ und $Ni(HCO_2)_2$ in 0,1 n Salzsäurelösung und die Lösungswärmen von $Cd(NO_3)_2$ und $Cd(CNS)_2$ in Wasser bestimmt [123].

Unter Verwendung der Werte der Bildungswärmen der Ausgangs- und Endprodukte, die in der „Thermochemie" von Bichowsky und Rossini [31] stehen, errechneten wir die Bildungswärmen der Nickel und Kobaltformiate. Die Bildungswärmen von $Cd(CNS)_2$ und $Cd(NO_3)_2$ in wässeriger Lösung wurden der gleichen Quelle [31] als Summe der Bildungswärmen der entsprechenden Ionen in wässeriger Lösung entnommen und von hieraus die Bildungswärmen dieser zwei Cadmiumsalze berechnet. Hierbei wurden folgende Werte erhalten:

$$Co(HCO_2)_{2(k)}\ \Delta H^\circ_{298} = -209{,}66\ \text{kcal};$$
$$Ni(HCO_2)_{2(k)}\ \Delta H^\circ_{298} = -208{,}48\ \text{kcal};$$
$$Cd(NO_3)_{2(k)}\ \Delta H^\circ_{298} = -107{,}6\ \text{kcal};$$
$$Cd(CNS)_{2(k)}\ \Delta H^\circ_{298} = 14{,}3\ \text{kcal}.$$

Der Wert der Bildungswärme von $Co(HCO_2)_2$ stimmt ziemlich gut mit den Werten überein, die von JEROFEJEW [134] über die Lösungswärme dieses Salzes gefunden wurden. (Der Verfasser gibt nicht die Methode zur Bestimmung der Lösungswärme an), aber der Wert $H^\circ_{298} = -77$ kcal für $Cd(NO_3)_{2k}$, der von BICHOWSKY und ROSSINI als zweifelhaft angegeben wird, entspricht offensichtlich nicht der Wirklichkeit.

Gleichzeitig muß erwähnt werden, daß die von uns erhaltenen experimentellen Werte $H^\circ_{298}$ für alle vier Salze ziemlich genau mit den theoretisch berechneten übereinstimmen. In keinem der vier Fälle übersteigt die Abweichung 5 kcal. Das erlaubt uns, mit ziemlicher Überzeugung die Ansicht zu vertreten, daß die von uns errechneten Bildungswärmen auch in den übrigen 27 Fällen in der Nähe der experimentell ermittelten liegen, sowie zu behaupten, daß die Gleichung (38) und die aus ihr abgeleiteten Gleichungen die Möglichkeit zur quantitativen Bewertung der energetischen Größen im Falle von Übergangstypen der chemischen Bindung geben.

### *3. Die Bildungsenergie eines gasförmigen komplexen Ions*

Wir wenden uns der Analyse von Faktoren zu, die die Größe der Bildungsenergie eines gasförmigen komplexen Ions aus einem gasförmigen Zentralion und gasförmigen Liganden bestimmen. Diese Größe nannten wir „Anlagerungsenergie".

Es besteht kaum die Notwendigkeit, die Wichtigkeit des Studiums energetischer Effekte zu unterstreichen, die mit der Bildung komplexer Ionen verbunden sind. Bereits L. A. TSCHUGAJEW [125] schrieb: „Die chemischen Molekeln stellen Mechanismen dar, in die eine gewisse Energiereserve hineingelegt ist. Um eine Funktion dieser Mechanismen zu erreichen, ist in gleichem Maße die Kenntnis ihrer inneren Struktur und der Verteilung der Energie in ihnen notwendig."

Den Versuch einer quantitativen Analyse der Faktoren, die die Größe der Anlagerungsenergie bestimmen, wollen wir auf die komplexen Ionen beschränken, in denen sich die chemische Bindung dem Ionentyp annähert. Solche komplexen Verbindungen sind die Aquo-Ionen und die Ammin-Kationen (ausgenommen die Ammin-Kationen der Platinmetalle und $Co^{3+}$). In diesem Falle kann auch die Gleichung (38) verwendet werden, indem man sie folgendermaßen abwandelt:

$$W = W_i + P_k. \tag{44}$$

Hierbei ist

$W$ = Anlagerungsenergie,

$W_i$ = Energie der Ionenwechselwirkung zwischen den Zentral-Ionen und den Liganden,

$P_k$ = Korrekturglied, dessen Auftreten mit der Deformierung der Elektronenhülle der aufeinander wirkenden Teile verbunden ist.

Die Größe $P_k$ werden wir „Polarisationsenergie" nennen.

Bei den meisten Komplexverbindungen spielt das zweite Glied der Gleichung (44) eine sehr bedeutende Rolle. Bei der Bildung zahlreicher Komplexe erfolgt eine sehr starke Deformierung der Elektronenhülle, und die chemische Bindung im Komplex unterscheidet sich von der Ionenbindung, indem sie sich in einigen Fällen der kovalenten Bindung nähert. Das Problem der chemischen Bindung in Komplexverbindungen gehört zu den interessantesten und gleichzeitig zu den kompliziertesten überhaupt. In diesem Zusammenhang erachten wir es für zweckmäßig, folgende Stelle aus dem bereits zitierten Artikel von W. A. KISTJAKOWSKI [118] zu bringen:

„Wir haben also einerseits die Fähigkeit zur Ionisation und die Einfachheit der Formen, andererseits die Kompliziertheiten der Formen; einerseits haben wir die Analogie der chemischen Energie zur elektrischen Energie, andererseits die Analogie zu der Energie der Kohäsion; einerseits haben wir typische Reaktionen der anorganischen Chemie, andererseits der organischen, und im Zwischenbereich dieser typischen Gebiete liegen die Doppelsalze. Es ist verständlich, weshalb sie für den Forscher von ganz außergewöhnlichem Interesse sind."

Es muß auch darauf hingewiesen werden, daß die Vergrößerung des Kovalenzgrades der Bindung innerhalb des komplexen Ions (und die damit verbundene Vergrößerung der Polarisationsenergie) zur Vergrößerung der Stabilität des komplexen Ions gegenüber seinem Zerfall in seine Teil-Ionen führt. Jedoch nähert sich hierbei infolge der Deformierung der Elektronenhülle der Zustand des Zentral-Ions und der angelagerten Liganden immer mehr dem Zustand neutraler Atome. Aus diesem Grunde zeigen komplexe Verbindungen mit einem hohen Kovalenzgrad die Neigungen in elektroneutrale Teilchen zu zerfallen.

Mit der Vergrößerung des Ionisationspotentials des zentralen Atoms vergrößert sich also die Stabilität der Komplexe des betreffenden Typs nur bis zu einer gewissen Grenze. Über einen bestimmten Wert des Ionisationspotentials hinaus tritt das neutrale Ion gegenüber den betreffenden Liganden nicht als Koordinationszentrum, sondern als Oxydationsmittel auf. Als Beispiel kann auf die Hexachlorostannat- und Hexachloroplumbat-Ionen ($[SnCl_6]^{2-}$ und $[PbCl_6]^{2-}$) verwiesen werden. Hinsichtlich des Ionenzerfalls ist $[PbCl_6]^{2-}$ stabiler als das Ion $[SnCl_6]^{2-}$ (das Ionisationspotential des Bleis ist höher, die Ionenausmaße von $Pb^{4+}$ sind ebenfalls größer als $Sn^{4+}$), jedoch zerfällt das Hexachloplumbat-Ion nicht unter Bildung freien Chlors und einem zweiwertigen Bleiabkömmling.

Wenden wir uns nun der Untersuchung der Berechnungsmethoden für einzelne Glieder in der Gleichung (44) zu.

Die Anlagerungsenergie kann, wie oben erwähnt, unter Verwendung des Wertes der Bildungswärmen gasförmiger komplexer Ionen berechnet werden. So beträgt z. B. die Bildungswärme des gasförmigen Ions $[Ni(NH_3)_6]^{2+}$ —248 kcal; die

Bildungswärmen der gasförmigen Teilchen $Ni^{2+}$ und $NH_3$ betragen entsprechend — 684 bzw. 11,0 kcal. Von hier aus finden wir die Anlagerungsenergie:

$$W = -248 - (-684) - 6{,}11 = 370 \text{ kcal}.$$

Eine Zusammenstellung der Werte für die Anlagerungsenergien zahlreicher komplexer Ionen finden wir in Kapitel VIII des ersten Teils und im zweiten Teil dieses Buches. Die Energie $W_i$ kann unter Verwendung rein elektrostatischer Vorstellungen errechnet werden. So haben wir zur Berechnung der Energie der Ion-Dipol-Wechselwirkung in diesem Falle die obenerwähnte Gleichung (37) verwandt.

$$W_i = k \frac{N\, n\, m\, e\, \mu}{(r + r_w)^2}.$$

Hierbei bedeuten:

$k$ = Umrechnungsfaktor in kcal;
$N$ = AROGADROsche Zahl;
$n$ = Zahl der Liganden;
$m$ = Ladung des zentralen Ions;
$e$ = Ladung eines Elektrons;
$\mu$ = Dipolmoment des Liganden;
$r$ = Radius des Zentralions;
$r_w$ = Abstand zur Mitte des Dipols.

Die Polarisationsenergie $P_k$ kann auch in diesem Falle mittels einer der Gleichung (42) analogen Gleichung berechnet werden:

$$P_k = 250\,[0{,}5 + 0{,}002\,(E_M - n\,E_X - W_i)]^2 \tag{45}$$

und die Anlagerungsenergie mittels der Gleichung:

$$W = W_i + 250\,[0{,}5 + 0{,}02\,(E_M - n\,E_X - W_i)^2. \tag{46}$$

Bei den Aquokomplexen ist die Polarisationsenergie unbedeutend, da die Größen $E_X$ und $W_i$ hier ziemlich groß sind. Jedoch bei den Ammin-Kationen erreicht die Polarisationsenergie eine wesentliche Größe. Die Anwendbarkeit der Gleichung (46) zeigen wir am Beispiel der Ammoniakkomplexe.

### *4. Klassifizierung der Komplexbildner und Liganden auf Grund energetischer Merkmale*

Auf die Erscheinung der Selektivität verweist GRINBERG [111], indem er darauf aufmerksam macht, daß zwischen der Natur des Komplexbildners und des Liganden eine bestimmte Übereinstimmung besteht und man deswegen nicht von einer Neigung zur Komplexbildung schlechthin und unabhängig von der Art der zentralen Atome und Liganden sprechen kann. Nach der Meinung von LEBEDINSKI und GOLOWNIA können die Komplexbildner entsprechend ihrer Neigung zur Bildung von Komplexen mit Sauerstoff, Stickstoff und Schwefel enthaltenden Liganden in drei Gruppen eingeteilt werden.

Ausgehend von den oben dargelegten Vorstellungen kann eine Klassifizierung der komplexen Ionen und Liganden auf Grund ihrer energetischen Merkmale vorgenommen und an die Erklärung der Erscheinung der Selektivität der Komplexbildung herangegangen werden.

Für die Bildung eines stabilen komplexen Ions mit einer Ionenverbindung ist es notwendig, daß nicht nur das zentrale Ion eine große Ladung und einen kleinen Radius besitzt, sondern daß auch der Ligand hohe elektrostatische Merkmale (eine große Ladung und einen kleinen Radius oder ein wesentliches Dipolmoment) besitzt. Wenn hierbei das zentrale Ion sich durch ein verhältnismäßig hohes Ionisationspotential auszeichnet, so kann es keine stabilen konkreten Komplexe bilden. Vollständig analog sind auch die Liganden, die eine hohe Elektronenaffinität besitzen, nicht zur Bildung stabiler kovalenter Komplexe geneigt. Auf diese Weise ergibt sich eine Gruppe zentraler Ionen und Liganden, die wir mit dem Ausdruck „elektrostatische" Gruppe bezeichnen. Zu dieser Gruppe können auch die Ionen mit einer äußeren Edelgashülle gerechnet werden, die sich durch eine hohe Ladung und einen kleinen Radius auszeichnen ($Be^{2+}$, $Al^{3+}$, $Ti^{4+}$, $Zr^{4+}$ usw.); die entsprechenden Liganden sind $F^-$, $H_2O$, in einigen Fällen $CO_3^{2-}$ usw.

Die zentralen Ionen mit einem hohen Ionisationspotential, aber geringen elektrostatischen Merkmalen bilden stabile Komplexe nur mit den Liganden, die eine geringe Elektronenaffinität besitzen, da aus den Gleichungen (45) und (46) folgt, daß nur bei gleichzeitiger Einhaltung dieser beiden Bedingungen die Anlagerungsenergie eine bedeutende Größe erreichen kann. Zu dieser Gruppe müssen die „Nicht-Edelgasionen" der letzten Perioden des periodischen Systems gerechnet werden ($Au^+$, $Hg^{2+}$, $Pb^{2+}$, $Bi^{3+}$ usw.). Spezifische Liganden für diese Gruppe zentraler Ionen sind: $S_2O_3^{2-}$, $J^-$, $CNS^-$, $CNS^-$, $Br^-$, $CSN_2H_4$ usw. Auch in diesem Falle ist eine gewisse Selektivität zu beobachten, da die Bildung stabiler komplexer Ionen mit zentralen Ionen oder Liganden der ersten Gruppe wegen der unbedeutenden elektrostatischen Merkmale der Teilchen der betreffenden Gruppe (geringe Ladungen, große Radien und kleine Dipolmomente) unwahrscheinlich ist. Die zentralen Ionen und Liganden dieser Gruppe wollen wir mit dem Ausdruck „kovalente" bezeichnen.

Wenn die Zentral-Ionen durch ein hohes Ionisationspotential und gleichzeitig durch eine große Ladung und einen kleinen Radius gekennzeichnet sind, so können sie stabile Komplexe mit zahlreichen verschiedenartigen Liganden und insbesondere mit Liganden sowohl der ersten, als auch der zweiten Gruppe bilden. Zentrale Ionen dieser Art kann man als „universelle Komplexbildner" bezeichnen. Typische Vertreter dieser Gruppe sind die mehrfach geladenen Ionen der mittleren Reihen der Übergangsgruppen im periodischen System ($Co^{3+}$, $Pt^{4+}$, $Ir^{3+}$, $Rh^{3+}$, $Cu^{2+}$ usw.).

Ganz analog kann auch eine Gruppe „universeller Liganden" vermerkt werden, die gleichzeitig sowohl eine hohe elektrostatische Eigenschaft als auch anscheinend eine geringe Elektronenaffinität besitzen: z. B. $C_2O_4^{2-}$, $CN^-$, $C_4H_4O_6^{2-}$, usw.

Schließlich ist auch ein solcher Fall möglich, wo die elektrostatische Wechselwirkung allein nicht zu einer bedeutenden Größe der Anlagerungsenergie führt, sondern die Anlagerungsenergie infolge der Entstehung einer wesentlichen Polarisationsenergie stark anwächst. Ein derartiger Fall liegt wahrscheinlich für einfach geladene und doppelt geladene zentrale Gruppen der Nebengruppen des periodischen Systems vor ($Ni^{2+}$, $Co^{2+}$, $Zn^{2+}$, $Fe^{2+}$, $Cd^{2+}$, $Ag^{+}$, $Cu^{+}$ usw.).

Wenn die Größe des Ionisationspotentials hierbei bedeutend ist, so kann eine Komplexbildung auch mit kovalenten Liganden stattfinden (z. B. für die Ionen $Ag^{+}$, $Cu^{+}$, $Cd^{2+}$ usw.). „Übergangsliganden" sind anscheinend Amine, Ammoniak, $NO_2^-$, $HCO_2^-$ usw. Diese Liganden können stabile komplexe Ionen nicht nur mit zentralen „Übergangsionen", sondern auch mit „universellen" Komplexbildnern bilden.

Es folgt eine Zusammenstellung der Hauptgruppen der Komplexbildner und Liganden:

| Bezeichnung der Gruppe | Energetisches Merkmal | Beispiel von Komplexbildnern | Beispiel von Liganden |
|---|---|---|---|
| 1. Elektrostatische Komplexbildner und Liganden | Hohe Ladung, kleiner Radius, wesentliches Dipolmoment. Ionisationspotential verhältnismäßig gering, Elektronenaffinität groß | $Be^{2+}$, $Al^{3+}$, $Ti^{4+}$, $Zr^{4+}$, $Hf^{4+}$, $Sc^{3+}$ | $F^-$, $H_2O$, ROH, $CO_3^{2-}$, $SO_4^{2-}$ |
| 2. Kovalente Komplexbildner und Liganden | Hohes Ionisationspotential, geringe Elektronenaffinität, elektrostatische Eigenschaften gering | $Au^{+}$, $Hg^{2+}$, $Pb^{2+}$, $Bi^{4+}$, $Tl^{+}$ | $S_2O_3^{2-}$, $J^-$, $CNS^-$, $Br^-$, $CSN_2H_4$ |
| 3. Universelle Komplexbildner und Liganden | Hohes Ionisationspotential, geringe Elektronenaffinität, hohe Ladung und kleiner Radius | $Co^{3+}$, $Pt^{4+}$, $Rh^{3+}$, $Ir^{3+}$, $Cu^{2+}$ | $C_2O_4^{2-}$, $CN^-$, $C_4H_4O_6^{2-}$ |
| 4. Übergangskomplexbildner und Liganden | Mittlere Werte aller energetischer Merkmale | $Ni^{2+}$. $Zn^{2+}$, $Co^{2+}$, $Fe^{2+}$, $Ag^{+}$, $Cu^{+}$, $Cd^{2+}$ | $NH^3$, $C_2H_4(NH_3)_2$, $NO_2^-$, $HCO_2^-$ |

Die angeführte Klassifizierung ist bis zu einem gewissen Grade relativ hinsichtlich der Grenzziehung zwischen den einzelnen Gruppen der Komplexbildner und Liganden, da das tatsächliche Verhalten diese oder jene Teilchen durch die zahlenmäßigen Werte ihrer wichtigsten energetischen Parameter bestimmt wird.

Die angeführten Konstruktionen betrafen die Bildung gasförmiger komplexer Ionen aus gasförmigen Bestandteilen. Bei der Bildung komplexer Ionen in Lösungen muß damit gerechnet werden, daß die Molekeln des Lösungsmittels auch in Form von Liganden auftreten können und dabei komplexe Solvato-Ionen bilden.

In erster Näherung kann man sich für eine bestimmte Gruppe komplexer Ionen auf die Untersuchung der Verschiedenheit zwischen den Anlagerungsenergien der Molekeln des Lösungsmittels und der betreffenden Liganden einerseits und dem zentralen Ion andererseits beschränken, da die Solvatationseffekte für die erwähnte enge Gruppe komplexer Verbindungen eine angenäherte Konstanz bewahren (z. B. innerhalb der Gruppe der Ammoniakate, der komplexen Chloride, Bromide, Jodide usw.).

Bei der Bildung von Aquokomplexen spielen die Ionen-Dipolkräfte eine entscheidende Rolle. In Wasserlösungen müssen sich bei gleichen Anlagerungsenergien die Komplexe mit großen zentralen Ionen als stabilste erweisen. Daher können bei weitem nicht alle komplexe Ionen mit hohen Ionisationspotentialen in Wasserlösungen stabile Komplexe mit kovalenten Liganden liefern. Stabiler erweisen sich in diesem Falle Komplexe, in denen das zentrale Ion wesentliche Ausmaße besitzt ($Pb^{2+}$, $Ag^{2+}$, $Cd^{2+}$ usw.), selbst wenn das Ionisationspotential dieses zentralen Ions niedriger ist als bei einigen Ionen mit geringem Radius (z. B. beim Ion $Be^{2+}$). Es kann in erster Näherung angenommen werden, daß die Stabilität der Komplexe in Wasserlösung durch die Differenz zwischen dem Ionisationspotential und der Hydrationswärme des zentralen Ions bestimmt wird.

Das große Dipolmoment der Molekel $H_2O$ führt dazu, daß in Wasserlösungen rein elektrostatische Komplexe selten anzutreffen sind. Sie sind nur für Ionen mit hohen Ladungen und kleinen Radien typisch. Es kann angenommen werden, daß in Lösungsmitteln mit einem geringen Dipolmoment die elektrostatischen Komplexe eine bedeutende Stabilität besitzen.

Der Kovalenzgrad einer Bindung innerhalb eines komplexen Ions wird in erster Linie durch das Ionisationspotential des zentralen Atoms und der Liganden, durch die Elektronenaffinität der angelagerten Atome und Gruppen und schließlich durch die Abmessungen des zentralen Ions und der Liganden bestimmt. Ein hoher Kovalenzgrad der Bindung wird innerhalb komplexer Ionen beobachtet, die durch ein zentrales Atom mit hohem Ionisationspotential und großem Radius und durch Liganden mit geringer Elektronenaffinität und bedeutenden Abmessungen gebildet sind.

Als Beispiel für komplexe Ionen, in denen sich die chemische Bindung dem Ionentyp nähert, können Fluoride und Aquo-Kationen genannt werden, die unter Teilnahme zentraler Ionen mit einer edelgasähnlichen Elektronenhülle gebildet sind ($Be^{2+}$, $Mg^{2+}$ usw.). Als Beispiel für komplexe Ionen mit sehr hohem Kovalenzgrad können komplexe Jodide, Thiosulfatkomplexe genannt werden, in denen als Zentral-Ionen solche mit einer 18-Elektronenhülle oder mit nicht abgeschlossenen Hüllen dienen.

Da der Kovalenzgrad mit der Vergrößerung der Ionenausmaße und dem Anwachsen des Ionisationspotentials ansteigt, ist das Ansteigen des Kovalenzgrades in den Nebengruppen des periodischen Systems in Richtung von oben nach unten verständlich. (Von $Cu^{+}$ bis $Au^{+}$, von $Zn^{2+}$ bis $Hg^{2+}$, von $Ni^{2+}$ bis $Pt^{2+}$ usw.).

Ganz analog kann man bei einem Vergleich von Komplexen mit dem gleichen zentralen Ion beobachten, wie sich der Kovalenzgrad mit der Vergrößerung der Abmessungen der Liganden und der Verringerung ihrer Ionisationspotentiale vergrößert. So wächst in der Reihe der Halogenidkomplexe der Kovalenzgrad in der Richtung von den komplexen Fluoriden bis zu den Jodiden.

Die hier gebrachte qualitative und bis zu einem gewissen Grade relative Klassifizierung gestattet eine Reihe von Schlußfolgerungen und Verallgemeinerungen. Gewisse Schwierigkeiten stellt im Anfang die Zuordnung eines gegebenen Liganden oder Komplexbildners in die eine oder andere Gruppe dar. Wenn energetische Merkmale für den gegebenen Liganden fehlen, kann die Wechselwirkung zwischen ihm und zwei bis drei typischen Komplexbildnern untersucht werden. Als derartige „Indikator-Ionen" können z. B. das Proton und das Silberion gewählt werden.

Die Liganden, die mit einem Proton gering dissoziierte Verbindungen bilden, aber mit den Silberionen keine Komplexe bilden, müssen zur ersten Gruppe gerechnet werden (z. B. $F^-$). Die Liganden, die keinerlei bemerkbare basische Eigenschaften zeigen, aber stabile Komplexe mit dem Silberion bilden, gehören zur zweiten Gruppe (z. B. Thioharnstoff und Jodid). Schließlich müssen Liganden, die basische Eigenschaften besitzen und Komplexe mit Silberionen bilden, zur dritten oder vierten Gruppe gerechnet werden (z. B. Ammoniak und Cyanid). Nachdem man die Zugehörigkeit eines Liganden zu dieser oder jener Gruppe bestimmt hat, kann man ungefähr das Verzeichnis der Komplexbildner bestimmen, die diese Liganden anzulagern fähig sind.

Die angeführten Daten zeigen u. a., daß der Standpunkt von BJERRUM [126], es ginge die Basizität symbat mit der Neigung zur Komplexbildung, irrig ist. In Wirklichkeit bilden die Liganden der ersten Gruppe, obwohl sie ziemlich starke Basen darstellen, keine Komplexe mit einer sehr großen Gruppe von Ionen, während die Liganden der zweiten Gruppe, die sehr schwach ausgeprägte basische Eigenschaften besitzen, stabile Komplexe mit einer sehr großen Gruppe von Komplexbildnern eingehen. Symbates Verhalten zwischen der Basenstärke und der Neigung zur Komplexbildung kann nur bei einigen Liganden der dritten und vierten Gruppe beobachtet werden. Völlig analog kann man zur Lösung der Frage nach der Zugehörigkeit eines gegebenen Komplexbildners zu dieser oder jener Gruppe entsprechende „Indikator-Liganden" aussuchen.

Die Untersuchung der energetischen Merkmale der Ionen und Molekeln ermöglicht uns, die Bedingungen für die Bildung komplexer Verbindungen mit Anionen als Koordinationszentren festzustellen. Auf die mögliche Existenz dieser Verbindungen wies als erster W. A. KISTJAKOWSKI hin [127].

Bei der Lösung des Problems der Verbindungen mit Anionen als Koordinationszentren machten wir darauf aufmerksam, daß zumindest in der Wasserlösung keine einatomigen Anionen mit einer großen Ladung oder kleinem Radius existieren. Die maximale Ladung übersteigt hierbei keine zwei Einheiten, und die Anionenradien sind sehr bedeutend. Folglich kann in diesem Falle keine Komplexbildung durch Wirkung elektrostatischer Kräfte (Glied $W_1$ in Gleichung (44) ist klein dem absoluten Wert nach) erwartet werden. Die Polarisationsenergie kann bei Komplexen mit Anionen als Koordinationszentren ziemlich bedeutend sein, da die Ionisationspotentiale einiger Anionen gering sind.

Daher gelangen wir zu dem Schluß, daß Komplexe mit Anionen als Koordinationszentren existieren können, die zur zweiten Gruppe der Komplexverbindungen gehören („kovalente" Komplexe).

Als Koordinationszentren können hier Jodid-, Bromid-, Chlorid-, Sulfid-, Selenid-Ionen usw. auftreten. Als Liganden: Kationen, die zur zweiten Gruppe der Komplexbildner gehören, d. h. Kationen mit hoher Elektronenaffinität und bedeutenden Ausmaßen: $Hg^{2+}$, $Pb^{2+}$, $Cd^{2+}$, $Au^{2+}$, $Ag^{2+}$ usw. Tatsächlich wird eine Reihe von Komplexen dieses Typs in der Literatur beschrieben. Insbesondere sind zahlreiche Verbindungen mit der gemeinsamen Formel $(Hg_2S)X_2$ sowie Verbindungen der Typen $[Ag_2X]NO_3$ mit $[Ag_3X](NO_3)_2$ beschrieben.

Schließlich kann die hier gebrachte Klassifizierung der Liganden und Komplexbildner zu einer gewissen Systematisierung der analytischen Reaktionen verwandt werden. Sehr zahlreiche Reaktionen der analytischen Chemie beruhen auf der Bildung komplexer Verbindungen zwischen einem Reagens, das als Ligand auftritt, und einem zu bestimmenden Kation. Je nach der Natur des Reagens und seiner wichtigsten energetischen Merkmale kann er zu einer der oben genannten Gruppen gerechnet werden, und auf diese Weise gelingt eine wenn auch nur annähernde Übersicht der Ionen, die mit einem gegebenen Reagenten in Wechselwirkung treten.

## *5. Energetik von Hexammin-Ionen*

Die Verwendbarkeit der von uns aufgestellten Gleichungen für die Berechnung der Anlagerungsenergie an Hand der in thermochemischer Hinsicht gründlicher untersuchter Hexammin-Ionen zu überprüfen, haben wir nunmehr beschlossen.

Die Gleichung (46) wird in diesem Falle zur Ausrechnung der Energie des Prozesses

$$M^{2+}_{(g)} + 6NH_{3(g)} = [M(NH_3)_6]^{2+}_{(g)} \qquad (XIV)$$

verwandt.

Die für die Berechnung notwendige Energie der Ion-Dipol-Wechselwirkung zwischen den Ionen und den Dipolen kann hier mittels der Gleichung (37) gefunden werden. Das Dipolmoment von $NH_3$ ist gleich $1{,}48 \cdot 10^{-18}$ und der Abstand von der Mitte des Dipols kann mit 1,38 Å angenommen werden. Wenn wir diese Werte in die Gleichung (37) einsetzen, erhalten wir folgenden Ausdruck für die Energie des Ions $[M(NH_3)_6]^{2+}$:

$$W_i = \frac{1{,}44 \cdot 10^{13} \cdot 4{,}80 \cdot 10^{-10} \cdot 2 \cdot 6 \cdot 1{,}48 \cdot 10^{-18}}{(r_i + 1{,}38)^2 \cdot 10^{-16}}$$

oder, nach Multiplikation und Kürzung

$$W_i = \frac{1227}{(r_i + 1{,}38)^2}$$

wobei $r_i$ der Kationenradius ist.

Die Werte von $W_i$, die nach dieser Gleichung errechnet sind, finden sich in der dritten Spalte der Tabelle 26.

Ein Vergleich dieser Werte mit den experimentellen zeigt, daß die Polarisationsenergie nur im Falle von $[Ca(NH_3)_6]^{2+}$ verhältnismäßig gering ist. In allen übrigen Fällen ist die Polarisationsenergie ziemlich bedeutend; besonders hoch ist sie mit „nicht-edelgasähnlichen“ Zentral-Ionen.

Für alle Hexammin-Ionen wurde der Wert von $n\,E_X$ mit 350 kcal angenommen, und die Gleichung (46) sieht für diesen Fall folgendermaßen aus:

$$W = W_i + 250\,[0{,}5 + 0{,}002\,(E_M - 350 - W_i)]^2 . \qquad (47)$$

Die Werte der Anlagerungsenergie, die nach dieser Gleichung errechnet wurden, befinden sich in der letzten Spalte der Tabelle 26. Die Übereinstimmung der errechneten Werte mit den experimentellen ist hier völlig zufriedenstellend.

Tabelle 26

*Energetik gasförmiger komplexer Ionen des Typs* $[M(NH_3)_6]^{2+}$

| Ion | Anlagerungsenergie in kcal | | | |
|---|---|---|---|---|
| | Experimentell gefundene Werte $W$ | $W_i$ | $W - W_i$ (Polarisationsenergie) | Berechnet nach der Gleichung (47) |
| $Zn(NH_3)_6^{2+}$ . . | 366 | 252 | 114 | 367 |
| $Ni(NH_3)_6^{2+}$ . . | 370 | 262 | 108 | 369 |
| $Co(NH_3)_6^{2+}$ . . | 359 | 255 | 104 | 358 |
| $Cd(NH_3)_6^{2+}$ . . | 311 | 212 | 99 | 318 |
| $Fe(NH_3)_6^{2+}$ . . | 337 | 252 | 85 | 347 |
| $Mn(NH_3)_6^{2+}$ . . | 314 | 236 | 78 | 316 |
| $Mg(NH_3)_6^{2+}$]. . | 320 | 262 | 58 | 314 |
| $Ca(NH_3)_6^{2+}$ . . | 237 | 207 | 30 | 234 |

KAPITEL VII

# Die Anwendung der Energetik bei der Analyse und Synthese von Komplexverbindungen

Beim Studium der Thermochemie komplexer Verbindungen ist nicht nur die Ansammlung eines gewissen Tatsachenmaterials und die Klärung des Aufbaus komplexer Ionen und komplexer Verbindungen auf Grund bestimmter theoretischer Leitsätze wichtig, sondern auch die Verwertung der erhaltenen Daten zur Klärung von Fragen, die mit der Synthese neuer komplexer Verbindungen und ihrer Verwendung bei der chemischen Analyse zusammenhängen. Schon jetzt kann für diese Zwecke das vorhandene, verhältnismäßig geringfügige Material verwandt werden.

Es steht außer Zweifel, daß künftig die thermochemischen Daten in wesentlich größerem Umfange für die Lösung wichtiger, mit der Entwicklung der Chemie komplexer Verbindungen zusammenhängender Fragen verwandt werden.

## *1. Faktoren, die die thermische Stabilität von Komplexsalzen bedingen*

Für die Synthese neuer komplexer Salze und ihrer breiten Anwendung ist vor allem die Untersuchung der Faktoren erforderlich, die die Stabilität komplexer Salze bedingen.

Bei der Beurteilung der thermischen Stabilität eines festen komplexen Salzes wird gewöhnlich die Bildungswärme des komplexen Salzes aus den Ausgangssalzen und den Liganden benutzt. Diese Größe nennen wir in der gesamten folgenden Darstellung $Q_k$.

Natürlich muß beachtet werden, daß ein tatsächliches Maß für die Stabilität des komplexen Salzes nur die Veränderung der freien Energie bei dem erwähnten Bildungsprozeß des komplexen Salzes sein kann. Dennoch kann die Größe $Q_k$ innerhalb einer gegebenen Reihe komplexer Verbindungen bis zu einem gewissen Grade ihre Stabilität bezeichnen. Insbesondere wird für die untersuchten isotropen Gruppen der Reaktionen das Verhältnis zwischen $Q_k$ und $A$ (Änderung der freien Energie) bei einer gegebenen Temperatur sehr einfach durch

$$Q_k = A + \text{const}\,, \qquad (48)$$

ausgedrückt, wobei const $= T\,S$ ist.

Die Verwendbarkeit der Näherungsgleichung von NERNST für die Errechnung der Bildungswärmen von einigen hundert Ammoniakaten weist ebenfalls auf eine gewisse Einfachheit der Verhältnisse zwischen $Q_k$ und $A$ innerhalb einer gegebenen Reihe komplexer Verbindungen bei bestimmter Temperatur hin.

Zur Beurteilung der Faktoren, die die Größe von $Q_k$ bedingen, wollen wir folgenden thermochemischen Kreisprozeß betrachten:

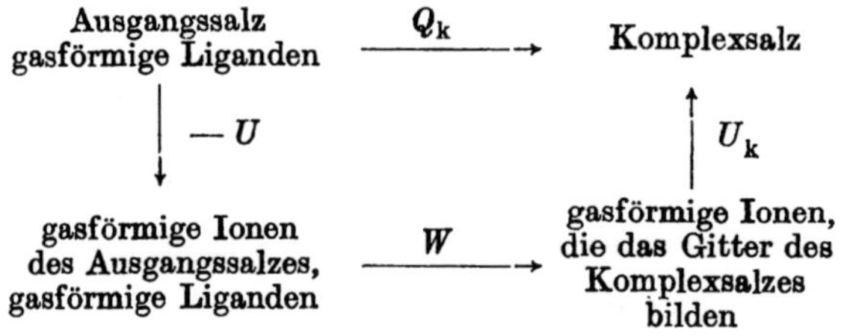


Aus diesem Kreisprozeß erhalten wir folgende Gleichung:

$$Q_k = U_k - U + W. \tag{49}$$

Wenn man die Werte $U$ und $W$ aus den Gleichungen (43) und (46) einsetzt, erhält man für den Fall des Ausgangssalzes vom Typ $MX_2$

$$Q_k = U_k - U_i + W_i + P_k - P_c. \tag{50}$$

Hierbei ist $P_k$ und $P_c$ = Polarisationsenergie.

Die ersten drei Glieder des rechten Teiles der Gleichung (50) können, ausgehend von den elektrostatischen Vorstellungen errechnet werden. Ihr Einfluß auf die Stabilität der Komplexsalze wurde von vielen Autoren behandelt. In dieser Hinsicht unterscheiden sich unsere Konstruktionen von allen vorhergehenden dadurch, daß wir in Anwendung der Gliederung Kapustinskis zur Berechnung der Gitterenergie Wege für die quantitative Lösung der Aufgabe aufgezeigt haben.

Kurz gefaßt ist der Einfluß der hier wirksamen Faktoren folgender:

1. Je geringer die Abmessungen und je höher die Ladung des zentralen Ions ist, desto größer ist $W_i$, und folglich die Bildungswärme des Salzes. Diese Regel wird nur bei genügend großen Ionen beobachtet, die sich in der äußeren Sphäre befinden, wenn die Differenz $U_k - U_i$ gering ist; bei kleineren Ionen der äußeren Sphäre können entgegengesetzte Verhältnisse beobachtet werden.

2. Je geringer die Ladung und je größer die Abmessungen der Ionen der äußeren Sphäre sind, desto geringer ist die Differenz dem absoluten Wert nach zwischen $U_k - U_i$ und desto größer ist folglich die Bildungswärme des Salzes (die Differenz $U_k - U_i$ ist immer negativ).

3. Je größer das Dipolmoment des Liganden und je näher er dem zentralen Ion liegt, desto stabiler ist das Komplexsalz infolge von Vergrößerung von $W_i$.

4. Je geringer die Ausmaße des Liganden sind, desto geringer ist die Differenz $U_k - U_i$ und desto größer die Bildungswärme des Komplexsalzes.

Außer diesen Faktoren hängt die Stabilität der Komplexverbindung von dem vierten Glied der Gleichung (50) ab, dessen Einfluß folgendermaßen ist:

5. Je größer der Kovalenzgrad einer Bindung zwischen den Bestandteilen eines komplexen Ions ist, der durch das Ionisationspotential des Zentralatoms, seiner

Abmessungen und die Art der Liganden bestimmt wird, desto größer ist die Bildungswärme des komplexen Salzes (z. B. ist die Bildungswärme der ammoniakatischen Chloride, die von Nebengruppen-Elementen gebildet werden, immer größer als bei Jodiden der Nebengruppen).

6. Je größer der Kovalenzgrad einer Bindung im Ausgangssalz ist, desto niedriger ist die Bildungswärme des komplexen Salzes. Durch diesen Umstand läßt sich auch die oben erwähnte „Umkehr“ der Stabilitätsreihen der Ammoniakate bei Elementen mit hohen Werten der Ionisationspotentiale erklären und die Tatsache, daß die Hydratationswärme von Salzen der Nebengruppenelemente stets niedriger als diejenige der Hauptgruppensalze ist, sowie die Tatsache, daß die Bildungswärme der Ammoniakate bei Jodiden der Hauptgruppenelemente stets größer ist als bei Jodiden der Nebengruppenelemente.

Zur Beurteilung der Faktoren, die die Bildungswärme eines komplexen Ions in Lösung bedingen, betrachten wir folgenden Kreisprozeß:

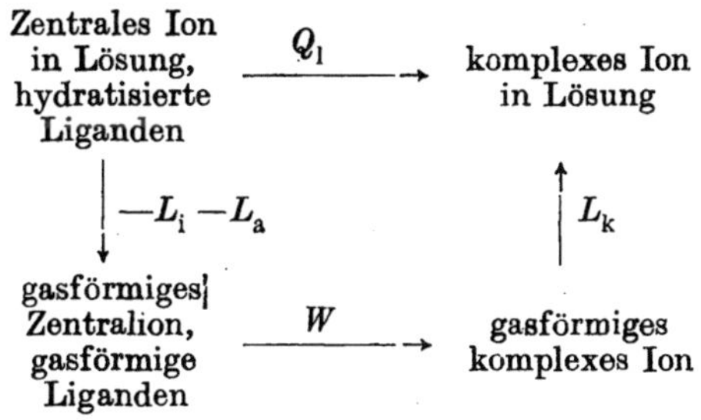


Hieraus folgt:

$$Q_l = L_k + W - L_i - L_a \,, \tag{51}$$

wobei $L_k$, $L_i$ und $L_a$ = Hydratationswärme, jeweils des komplexen Ions, des Zentralions und der Liganden bedeutet.

Wenn wir den Wert $W$ aus der Gleichung (46) einsetzen, erhalten wir

$$Q_l = L_k + W_i - L_i - L_a + P_k \,. \tag{52}$$

Eine Untersuchung dieser Gleichung zeigt, daß die elektrostatischen Faktoren einen geringen Einfluß auf die Bildungswärmen des komplexen Ions in Lösung haben, da sich die Anlagerungsenergie von $W_i$ und die Hydratationswärme der einfachen Ionen symbat verändern.

Einen entscheidenden Einfluß auf die Stabilität komplexer Ionen in Lösung übt der Typ der chemischen Bindung innerhalb des komplexen Ions aus. Daher bilden die stabilen komplexen Ionen in Wasserlösungen nur Kationen mit hohem Ionisationspotential und Anionen mit geringer Elektronenaffinität. Die Stabilität der komplexen Ionen in Wasserlösungen muß in erster Näherung in der gleichen Reihenfolge abnehmen wie die Tendenz zur Bildung kovalenter Bindungen. Die Berechnungen nach der Gleichung (46) für Ammin-Ionen bestätigen diese Annahme; ihre Stabilität muß in folgender Reihenfolge abnehmen:

$$Pd^{2+}, Hg^{2+}, Cu^{2+}, Zn^{2+}, Ni^{2+}, Co^{2+}, Cd^{2+}, Fe^{2+}, Mn^{2+}, Pb^{2+} .$$

Die Tendenz zur Bildung von Acidokomplexen in Kationen verändert sich in einer etwas anderen Reihenfolge und zwar:

$$Hg^{2+} > Cd^{2+} > Pb^{2+} > Cu^{2+} > Zn^{2+} > Ni^{2+} > Co^{2+} > Fe^{2+} > Mn^{2+}.$$

Berechnungen, die nach derselben Gleichung über die Anlagerungswärme in wässerigen Lösungen von verschiedenen Anionen an ein zentrales „nicht-edelgasähnliches Ion" mit der Bildung eines komplexen Anions vom Typ $MX_3^-$ durchgeführt wurden, führen zur gleichen Reihenfolge der Anionen mit abnehmender Tendenz zur Komplexbildung:

$$CN^- > J^- > CNS^- > Br^- > Cl^- > HCO_2^- > OH^- > F^-.$$

Diese Reihe fällt ungefähr mit der Reihe zusammen, die von GRINBERG [11] für komplexe Verbindungen des Platins und Quecksilbers gefunden wurden.

### 2. *Anwendung komplexer Verbindungen in der Analyse*

Gegenwärtig ist es schwierig, in vollem Umfange die Anwendungsgebiete der Daten zu bestimmen, die auf Grund des Studiums energetischer Verhältnisse in der Komplexchemie erhalten wurden und zwar sowohl wegen der verhältnismäßigen Neuheit des Gegenstandes, als auch infolge des unzureichenden experimentellen Materials. Dennoch kann schon jetzt auf die sich deutlich ergebenden Hauptlinien der praktischen Anwendung der Daten verwiesen werden, die auf theoretischem und experimentellem Wege erhalten wurden.

Die von uns festgestellten allgemeinen Gesetzmäßigkeiten hinsichtlich der Löslichkeit komplexer Salze ermöglichen nicht nur die Erklärung einer Reihe voraufgegangener rein experimenteller Arbeiten, sondern auch die Aufzeigung von Wegen zur Ermittlung neuer analytischer Reaktionen unter Verwendung komplexer Verbindungen.

Oben wurde gezeigt, daß eine minimale Löslichkeit komplexer Salze bei einem für einen gegebenen Salztyp bestimmten Verhältnis des Kationenradius zum Anionenradius erreicht wird, das in den Grenzen zwischen 0,7 und 1,1 schwankt. Von diesem Gesichtspunkt aus ist die seit langem feststehende Tatsache der schweren Löslichkeit von Salzen leicht erklärbar, die durch Ionen mit ziemlich großem und nahezu gleichem Umfang gebildet werden [102]. Man kann behaupten, daß die komplexen Ionen, die genügend große Abmessungen haben, als analytische Reagenzien auf große Ionen entgegengesetzter Ladung dienen können. Von diesem Gesichtspunkt aus beginnt erst die Untersuchung der Anwendung komplexer Ionen, wobei die ersten Schritte auf diesem Gebiet ohne irgendwelche theoretische Grundlage getan wurden.

Als Beispiel für eine ähnliche Art von Untersuchungen kann auf eine Reihe von Arbeiten von HYNES und JANOWSKI [128] verwiesen werden, die in letzter Zeit veröffentlicht worden sind. Von den Autoren werden einige Dutzend neuer analytischer Reaktionen (vorwiegend auf große Anionen) unter Verwendung verschiedener komplexer Kobaltsalze vorgeschlagen.

In der „Mikrokristalloskopie“ von KORENMAN [129] werden über hundert verschiedene Reaktionen angeführt, in denen mittels großer, durch Anlagerung eines Protons an eine Molekel einer organischen Base gebildeter großer Kationen große komplexe Anionen des Typs $[BiJ_4]^-$, $[CdJ_4]^{2-}$ usw. gefällt werden.

Es kann vermutet werden, daß weitere Untersuchungen auf dem Gebiet der Verwendung großer komplexer Ionen zur Fällung großer Ionen entgegengesetzter Ladung zur Entdeckung neuer analytischer Reaktionen führen werden. Hierbei können die Forschungen nach neuen analytischen Reaktionen nach zwei Hauptschemata durchgeführt werden.

Im ersten Fall bildet sich zunächst ein komplexes Kation durch Anlagerung neutraler Liganden A an ein einfaches einatomiges Kation $M^{z+}$

$$M^{z+} + nA = [MA_n]^{z+}.$$

Das gebildete komplexe Kation wird durch ein großes Anion gefällt, als dessen Bestandteile polare Gruppen vorhanden sind (Pikrat-Anion, Tetrarhodano-Diammin–Chromiat, Tetranitro-Diammin-Kobaltiat, substituierte Sulfonate usw.).

$$[MA_n]^z + zX^- = [MA_n]\,X_z\ .$$

In unserem Laboratorium wurde von A. A. ASTASCHEWA bereits jetzt eine Reihe empfindlicher Reaktionen auf verschiedene Kationen unter Verwendung des hier geschriebenen Schemas gefunden. Als Beispiel können folgende Reaktionen angeführt werden.

Unter Wirkung von Thioharnstoff und Pikrat bilden sich typische kristallisierte schwer lösliche Salze mit Ionen von Silber, Wismut, Cadmium und Kupfer. Zur Reaktion auf ein Silberion beträgt die maximale Konzentration 1 : 1 500 000 und die minimale Silbermenge, die erfaßt werden kann, beträgt 0,001 $\gamma$; der Durchführung der Reaktionen sind die gewöhnlich der Erfassung des Silbers im Wege stehenden Anionen: $J^-$, $Br^-$ und $CN^-$ nicht hinderlich.

Unter Einwirkung des Thioharnstoffes und des Tetranitro-Diammin-Kobalti-Ions bilden sich kristallisierte Fällungen nur mit dem Ion $Ag^+$, und folglich ist die betreffende Reaktion für das gegebene Ion spezifisch. Die Anzahl ähnlicher Beispiele könnte wesentlich erhöht werden. Indem man Liganden und Anion-Fällungsmittel variiert, kann man eine bestimmte Spezifität von Reaktionen erreichen.

Im zweiten Falle bilden sich in der Lösung zunächst Acido-Komplexe durch Anlagerung von Liganden des Anionentyps

$$M^{z+} + nX^- = [MX_n]^{z-n}\ .$$

Das gebildete große Anion kann, wenn ein großes Kation mit möglichst größerer Ladung der Lösung zugesetzt wird, gefällt werden.

### *3. Synthese von Komplexverbindungen mit wenig stabilen Ionen*

Die oben aufgezeigten Wege zur theoretischen Berechnung der thermischen Stabilität von Komplexverbindungen ermöglicht es, wertvolle Hinweise für die Synthese neuer komplexer Verbindungen zu erhalten. Hier wollen wir vor allem den Einfluß der Ionen, die sich in der äußeren Sphäre befinden, auf die Stabilität komplexer Ionen untersuchen. Bis jetzt wurden qualitative Erklärungen für die verschiedene Stabilität von Komplexsalzen aus oben angegebenen Gründen gegeben. Jetzt ist es möglich, quantitativ an die Berechnung des Einflusses der „äußeren" Ionen zu gehen.

Als Beispiel einer derartigen Berechnung wollen wir den Fall der ziemlich gut untersuchten Hexachloro-stannate betrachten. Die Bildungswärme der Hexachloro-stannate aus festem Chlorid und flüssigem Zinnchlorid kann theoretisch nach der Gleichung (49) berechnet werden. Für die Lösung dieser Gleichung ist in diesem konkreten Falle die Kenntnis des Radius des komplexen Ions $[SnCl_6]^{2-}$ und seiner Bildungswärme im gasförmigen Zustand erforderlich. In diesem Falle befinden sich beide Komponenten unter normalen Bedingungen im kondensierten Zustande, und die Größe $Q_k$ befindet sich in der Nähe der freien Bildungsenergie des Komplexsalzes. Folglich kann die Gleichung (49) zur Voraussage der möglichen Existenz eines gegebenen Salzes verwendet werden.

Den Ionenradius von $[SnCl_6]^{2-}$ nahmen wir mit 1,98 Å an, wobei wir von dem Abstand zwischen k — Sn im Gitter $K_2[SnCl_6]$ ausgingen [51].

Nach den Angaben von THOMSEN [2] fanden wir für das Hexachloro-stannat des Kaliums die Wärme der Reaktion

$$SnCl_{4(fl)} + 2\,Cl_{(g)}^{-} = [SnCl_6]^{2}_{(3)} + W'$$

gleich —17,3 kcal.

Bei Anwendung der Gleichung von A. F. KAPUSTINSKI zur Berechnung von $U_k$ und $U$ und bei Einsetzen ihrer Formel und des gefundenen Wertes $W'$ in die Gleichung (49), erhalten wir:

$$Q_k = \frac{287{,}2 \cdot 2\,(n+m)\,z_k}{r_k + 2{,}98}\left(1 - \frac{0{,}345}{r_k + 2{,}98}\right) - n\,\frac{287{,}2 \cdot 2\,z_k\,(z_k+1)}{r_k + 1{,}81}\left(1 - \frac{0{,}345}{r_k + 1{,}81}\right) - 17{,}3\,m\,, \tag{49a}$$

wobei $n$ = Anzahl der Kationen;
$m$ = Anzahl der Anionen $[SnCl_6]^{2-}$ in der Molekel $M_n[SnCl_6]_m$;
$z_k$ = Ladung des Kations;
$r_k$ = Radius des Kations;
1,81 = Radius des Chlor-Ions bedeuten.

Die Lösung dieser Gleichung zeigt, daß für Chlorostannate vom Typ $M_2[SnCl_6]$ $Q > 0$ ist, wenn $r_{M^+} > 0{,}4$ Å; im Falle der Salze vom Typ $M[SnCl_6]$ ist $Q > 0$, wenn $r_{M^{2+}} > 1{,}8$ Å ist, und für die Salze vom Typ $M_2[SnCl_6]_3$ ist $Q > 0$, wenn $r_{M^{3+}} > 3{,}5$ Å beträgt.

Diese Schlußfolgerungen sind für alle Salze anwendbar, deren Gitterenergie nach der Gleichung von KAPUSTINSKI errechnet werden kann; für Salze mit einem großen Anteil kovalenter Bindung (AgCl, CuCl usw.) müssen in die Gleichung (49a) experimentelle Werte der Gitterenergie eingesetzt werden.

Auf Grund der erhaltenen Daten ist die Erklärung möglich, warum bis jetzt in der Reihe $M[SnCl_6]$ nur Salze vom Typ $[M(H_2O)_6]SnCl_6$ und keine wasserfreien Salze erhalten wurden [130].

Die Radien der Aquo-Ionen $[M(H_2O)_6]^{2+}$ übersteigen die Größe von 1,8 Å. Die Radien der einfachen Ionen $M^{2+}$ erreichen nicht diese Größe. Die erhaltenen Daten gestatten es auch, die Unmöglichkeit zu begründen, Chlorostannate von $Ba^{2+}$ und $Pb^{2+}$ zu erhalten, die keine stabilen Aquo-Ionen bilden.

Im Falle komplexer Kationen vom Typ $[MA_n]^{2+}$ muß die Stabilität der entsprechenden Chlorostannate sehr bedeutend sein, da die Molekeln der Liganden verhältnismäßig große Abmessungen besitzen.

Von diesem Gesichtspunkt aus konnte angenommen werden, daß stabile Hexachlorostannate bei einer Kombination eines Anions $[SnCl_6]^{2-}$ mit Kationen vom Typ $[M(CON_2H_4)_6]^{n+}$ erhalten werden können, da die Molekel des Harnstoffes ziemlich große Abmessungen besitzt. Ebenfalls konnte angenommen werden, daß es in diesem Falle gelingen wird, Hexachlorostannate mit einem dreifach geladenen Kation in der äußeren Sphäre zu erhalten. Zu diesem Zweck wurden die Kationen: $[Fe(CON_2H_4)_6]^{3+}$, $[Cr(CON_2H_4)_6]^{3+}$, $[Ca(CON_2H_4)_6]^{2+}$ und $[Mg(CON_2H_4)_6]^{2+}$ untersucht.

In allen Fällen gelang es uns, vollkommen stabile Hexachlorostannate zu erhalten [135].

Um Hexachlorostannate mit einem Kation $[Fe(CON_2H_4)_6]^{3+}$ zu erhalten, vermischten wir konzentrierte Wasserlösungen des Eisenchlorids, des Harnstoffs und Zinnchlorids in Mengen, wie sie zum Erhalten von $[Fe(CON_2H_4)_6]_2\,[SnCl_6]_3$ erforderlich sind. Die erhaltene Lösung wurde über einem Wasserbad bis zum Beginn der Kristallisation abgedampft. Beim Erkalten wurden in reichlicher Menge leicht grünliche Kristalle abgeschieden, deren Zusammensetzung der Formel $[Fe(CON_2H_4)_6]^{Cl}_{[SnCl_6]} \cdot 3H_2O$ entspricht. Das Salz ist an der Luft beständig. Bei einer Erwärmung bis auf 70—80° verliert es Wasser. Es ist in Wasser gut löslich.

Bei einem großen Überschuß von $SnCl_4$ nach dem Eindampfen und Abkühlen scheidet sich ein gelbliches Salz ab, daß seiner Zusammensetzung nach der Form $[Fe(CON_2H_4)_6]_2\,[SnCl_6]_3 \cdot 15H_2O$ entspricht.

Bei einer einfachen Vermischung der konzentrierten Lösungen $[Cr(CON_2H_4)_6]Cl_3$ und $SnCl_4$ fallen blaßgrünliche Kristalle der Zusammensetzung

$$[Cr(CON_2H_4)]^{Cl}_{[SnCl_6]} \cdot 3H_2O$$

aus. Die Ausbeute kann vergrößert werden, wenn die Lösung auf einem Wasserbad eingedampft wird. Das Salz ist an der Luft stabil. Bei einer Erwärmung bis 90—100° verliert es das Kristallwasser.

Danach wurden Versuche unternommen, Hexachlorostannate mit Kationen vom Typ $[M(CON_2H_4)_6]^{2+}$ zu bekommen. Hierzu wurden in einer konzentrierten 60% wässerigen Lösung des Zinnchlorids die berechneten Mengen von $CaCl_2 \cdot 6H_2O$ und Harnstoff gelöst. Dann wurde 10—20 Minuten lang die Lösung über dem Wasserbad erhitzt, wonach sie für einige Tage in einen Exsikkator mit $H_2SO_4$

gestellt wurde. Nach 5—6 Tagen schieden sich viele farblose Kristalle ab, die der Zusammensetzung von $[Ca(CON_2H_4)_6]$ $[SnCl_6]$ entsprachen.

Das erhaltene Salz ist an der Luft beständig und in Wasser gut löslich.

Auf ganz analoge Weise wurde ein Salz der Zusammensetzung $[Mg(CON_2H_4)_6]$ $[SnCl_6]$ erhalten.

Entsprechende Berechnungen können für Dutzende von Fällen gemacht werden, (Einfluß der Anionen auf die Stabilität der Ammoniakate von Metallsalzen, Stabilität der Acido-Komplexe in Abhängigkeit von der Abmessung und der Ladung des Kations, das sich in der äußeren Sphäre befindet usw.).

Auf Grund des oben Gesagten ergibt sich auch die Möglichkeit, einen allgemeinen Weg für die Synthese von Verbindungen mit ungenügend stabilen komplexen Ionen aufzuzeigen, insbesondere Zwischentypen zwischen Doppel- und komplexen Verbindungen, einige Aminate usw.

Für die Fällung von Verbindungen mit ähnlichen komplexen Ionen muß eine mindestlösliche Kombination des gegebenen Ions mit einem Ion entgegengesetzter Ladung gewählt werden. Bei einer derartigen Kombination von sogar verhältnismäßig geringer Anzahl von komplexen, in der Lösung vorhandenen Ionen wird sie für die Fällung einer komplexen Verbindung im kristallisierten Zustand ausreichend sein. Wenn man berücksichtigt, daß die minimal lösliche Kombination in diesem Falle eine Kombination aus zwei genügend großen Ionen sein wird (die Anwesenheit eines großen Ions mit geringem elektrischen Feld in der äußeren Sphäre wird ebenfalls die Stabilität des komplexen Ions vergrößern), kann folgende allgemeine Methode für die Synthese empfohlen werden:

1. In der Lösung erhält man ein gegebenes, wenig stabiles komplexes Ion mittels Wechselwirkung der Bestandteile untereinander.

2. Zur Lösung wird ein gut lösliches Salz hinzugefügt, das ein genügend großes Ion entgegengesetzter Ladung enthält.

Dieser Weg wurde ohne ausreichende theoretische Begründung bereits für die Synthese von vielen verschiedenen Komplexverbindungen verwandt. Peters [132] synthetisierte 14 Verbindungen mit Kationen vom Typ $[MAm_n]^{2+}$ (M — Metall, Am — organisches Amin), in dem er das Amin einer Lösung des Chloroplatinats des Metalls hinzufügte. Pfeiffer und seine Mitarbeiter [133] fällten aus der Lösung eine Reihe von Verbindungen mit Kationen des Typs $[M(H_2O)_6]^{2+}$ ($M = Hg^{2+}$, $Cd^{2+}$ usw.) in Form von Naphthalin-Sulfosäure-Salzen. Ephraim [134] erhielt eine Reihe von Doppelhalogeniden von Cadmium, Zink, Blei, Wismut usw. in Form von Salzen mit den Kationen $[Co(NH_3)_6]_3{}^+$; er erhielt ebenfalls eine Reihe von Polyjodiden mit Kationen des Typs $[M(NH_3)_n]^{2+}$ [135]. In allen erwähnten Fällen wurden die Salze bei einer Kombination zweier entgegengesetzter geladener großer Ionen erhalten.

### *4. Synthese neuer Komplexverbindungen*

Die oben festgestellte und begründete Erscheinung einer gruppenweisen Selektivität bei der Komplexbildung eröffnet ebenfalls große Möglichkeiten für erfolgreiche Forschungen nach neuen Komplexverbindungen. Bei Untersuchung des gegebenen Komplexbildners oder Liganden ist es erforderlich, seine wichtigsten energetischen Merkmale zu erhalten oder wenigstens abzuschätzen. (Für einen Ionenkomplexbildner sind es in erster Linie die Ladung, der Radius und das Ionenpotential, für den Liganden sind es die Ladung, der Radius, das Dipolmoment und die Elektronenaffinität oder das Ionisationspotential). Bei Vorhandensein von wenigstens angenäherten Daten für die aufgezählten energetischen Merkmale kann der Komplexbildner oder der Ligand einer bestimmten Gruppe zugeteilt und hieraus ein Schluß über mögliche stabile Kombinationen gezogen werden.

Als Beispiel wollen wir die von uns synthetisierten Formiato-pentamminsalze des Kobalts untersuchen. Diese Salze werden nur einmal in der Literatur erwähnt [136], wobei ihre Synthese auf ziemlich kompliziertem Wege verwirklicht wurde. Irgendwelche Angaben über die Stabilität dieser Salze werden in der Literatur nicht gegeben.

Es konnte jedoch, ausgehend von der von uns vorgeschlagenen Klassifizierung der Komplexbildner und Liganden, vermutet werden, daß die Formiato-pentammin-Salze des Kobalts ziemlich stabil sein werden, weswegen ihre Synthese auch auf einfachstem Wege durchführbar sein würde.

Das Ion $Co^{3+}$ besitzt eine große Ladung, einen geringen Radius und anscheinend ein ziemlich hohes Ionisationspotential, weswegen es zur Gruppe der universellen Komplexbildner gerechnet werden muß, wofür als Bestätigung die Fülle und die Verschiedenartigkeit der komplexen Kobaltsalze dienen könnte. Das Formiat-Ion kann seinen energetischen Eigenschaften nach (thermochemischer Radius 1,58 Å, die Elektronenaffinität der Gruppe $HCO_2 = 75$ kcal) zu den Übergangsliganden gerechnet werden, wobei es bis zu einem gewissen Grade ein Analogon des Nitrit-Ions ist (thermochemischer Radius 1,55 Å, die Elektronenaffinität der $NO_2$-Gruppe beträgt 41 kcal). Wegen des höheren Wertes der Elektronenaffinität der $HCO_2$-Gruppe im Vergleich zur $NO_2$-Gruppe könnte man denken, daß die Formiato-pentammin-Salze, die ein Analogon zu den Xantho-Salzen darstellen, den letzteren gegenüber sich durch eine geringere Stabilität auszeichnen würden.

Ausgehend von oben dargelegten Überlegungen, entschlossen wir uns, die Synthese der Formiato-pentammin-Salze des Kobalts auf einfachstem Wege durchzuführen und sie in thermochemischer Hinsicht zu untersuchen.

Eine Suspension des Purpureo-Kobalt-Chlorids (5 gr) wurde in eine konzentrierte Lösung des Kaliumformiats (100 ml) gegeben, die ungefähr eine achtfache Menge $HCO_2K$ im Vergleich zu der nach der Reaktion

$$[Co(NH_3)_5Cl]Cl_2 + HCO_2K = [Co(NH_3)_5HCO_2]Cl_2 + KCl$$

errechneten Menge enthielt.

Das Reaktionsgemisch wurde fast bis zum Sieden in einer Zeitspanne erhitzt, die zur völligen Auflösung des Pentammin-Chloro-Kobaltchlorids (35—40 Minuten) notwendig ist. Die gebildete rote Lösung wurde nach Abkühlung mit einem gleichen Volumen gesättigter KJ-Lösung gemischt. Sofort beim Mischen schieden sich rote Kristalle des Jodids $[Co(NH_3)_5HCO_2]J_2$ ab. Die erhaltene Lösung wurde auf 0° abgekühlt, die ausgefällten Kristalle auf den Büchnertrichter abgesaugt und mittels Eiswasser, wäßrigem Alkohol und schließlich 96%igem Alkohol gewaschen, Das erhaltene Produkt wurde an der Luft getrocknet. Das Endprodukt betrug 95% der Theorie-Ergebnisse der Analyse (in %):

| | Errechnet | Gefunden |
|---|---|---|
| Kobalt . . . . . . . . | 13,10 | 13,45 |
| Jod . . . . . . . . . | 57,30 | 57,25 |

Wenn man nach dem Sieden der Kaliumformiat-Lösung dieser eine gleichgesättigte Ammonitrat-Lösung zusetzt, scheiden sich intensiv rote Kristalle des Nitrats $[Cd(NH_3)_5HCO_2](NO_3)_2$ ab.

Die weitere Bearbeitung des Präparats wurde auf die gleiche Weise wie beim Formiato-pentammin-Kobaltjodid durchgeführt. Das Endprodukt betrug 90% der Theorie. Resultate der Analyse (in %):

| | Errechnet | Gefunden |
|---|---|---|
| Kobalt . . . . . . . . | 18,81 | 18,69 |
| $HCO_2^-$ . . . . . . . . | 14,37 | 14,52 |

Zur Bestimmung der Bildungswärme der von uns synthetisierten beiden neuen Komplexsalze wurden die Reaktionswärmen der kristallisierten Produkte mit 0,26 molarer Lösung $Na_2S$ gemessen, die entsprechend folgender Gleichung verlaufen:

$$2[Co(NH_3)_5HCO_2]X_{2(k)} + 3Na_2S\,aq = CoS_{3(k)}$$
$$+ 2HCO_2Na\,aq + 4NaX\,aq + 10\,NH_3\,aq\,.$$

Ebenfalls wurden die Bildungswärmen beider Salze in Wasser bestimmt. Alle Bestimmungen wurden bei 25° durchgeführt [137].

Auf Grund der erhaltenen Daten errechneten wir die Bildungswärmen von $[Co(NAH_3)_5HCO_2]J_2$, $Co(NH_3)_5HCO_2(NO_3)_2$ und des Ions $[Co(NH_3)_5HCO_2]^{2+}$. Die Bildungswärmen aller Stoffe, die bei dieser Reaktion beteiligt waren, wurden der „Thermochemie" von Bichowsky und Rossini [31] entnommen. Hierbei wurden folgende Werte für $\Delta H^\circ_{298}$ gefunden:

$$[Co(NH_3)_5HCO_2\,J_{2(k)}]\ \Delta H^\circ_{298} = -261{,}2\ \text{kcal};$$
$$[Co(NH_3)_5HCO_2(NO_3)_{2(k)}]\ \Delta H^\circ_{298} = -334{,}3\ \text{kcal};$$
$$[Co(NH_3)_5HCO_2]^{2+}_{aq}\ \Delta H^\circ_{298} = -219{,}7\ \text{kcal}.$$

Um vergleichbare Resultate zu erhalten, muß die Behandlungsenergie des gasförmigen Ions $[Co(NH_3)_5HCO_2]^{2+}$ errechnet werden, da nur in diesem Falle der Einfluß der benachbarten Ionen und Molekeln des Lösungsmittels auf die Stabilität des gegebenen komplexen Ions beseitigt wird. Die Bildungsenergie eines gasförmigen komplexen Ions kann aus der Gleichung (3) errechnet werden.

Die Größe der Gitterenergie wurde nach der Gleichung Kapustinskis in der Annahme errechnet, daß der thermochemische Radius des Ions $[Co(NH_3)_5HCO_2]^{2+} = 2{,}36$ Å ist. Dieser Wert wurde davon ausgehend veranschlagt, daß die Differenz zwischen den Bildungswärmen der erwähnten beiden Salze gleich der Differenz zwischen den Bildungswärmen der entsprechenden Purpureo-Chloride ist. Der thermochemische Radius des Ions $[Co(NH_3)_5Cl]^{2+}$ erwies sich aber gleich 2,36 Å [65].

Nach Einsetzen der Bildungswärme des Jodids $[Co(NH_3)_5HCO_2]J_{2(k)}$ in die Gleichung (3) wurde die Bildungswärme des gasförmigen Ions $[Co(NH_3)_5HCO_2]^{2+}$ gefunden, die gleich 194 kcal war, und die Reaktionswärme:

$$Co^{3+}_{(g)} + 5NH_{3(g)} + HCO_2^- = Co(NH_3)_5HCO^{2+}_{2(g)}$$

beträgt $x$ — 357 kcal (—$x$—Bildungswärme des gasförmigen Ions $Co^{3+}$). Wenn wir den erhaltenen Wert für die Wärme dieser Reaktion mit den Wärmen analoger Reaktionen für gasförmige Acido-pentammin-Kobalt-Ionen vergleichen, gelangen wir zu dem Schluß, daß die thermochemische Stabilität des gasförmigen Ions $[Co(NH_3)_5HCO_2]^{2+}$ alle übrigen untersuchten Ionen mit Ausnahme von $[Co(NH_3)_5NO_2]^{2+}$ übertrifft.

Auf Grund einer Untersuchung der thermochemischen Stabilität verschiedener gasförmiger Acido-pentammin-Kobalt-Ionen ist es, wie im folgenden gezeigt werden wird, möglich, die sauren Gruppen in folgende Reihe nach der Stabilität der ihnen entsprechenden Verbindungen dieses Typs einzuordnen:

$$NO_2^- > HCO_2^- > CNS^- > J^-, Cl^- > Br^- > NO_3^-.$$

### *5. Feststellung der Struktur von Komplexverbindungen auf Grund thermochemischer Daten*

In einer Reihe von Fällen gestattet es die Untersuchung thermochemischer Effekte, wertvolle Hinweise auf die innere Struktur komplexer Verbindungen und ihrer Umwandlung zu erhalten. Als Beispiel kann auf die Untersuchung von Chauvenet [138] verwiesen werden, der auf Grund thermochemischer Daten das Vorhandensein einer Isomerie in einer Reihe von Verbindungen $ThCl_4 \cdot nNH_3$ feststellte. Zum Beispiel sind zwei Verbindungen mit einer gemeinsamen Formel $ThCl_4 \cdot 7NH_3$ bekannt, die sich hinsichtlich ihrer Bildungswärmen stark voneinander unterscheiden. Auf Grund dieser Daten konnte vermutet werden, daß eine von beiden eine Struktur besitzt, die durch die Formel $[Th(NH_3)_6]Cl_4 \cdot NH_3$ ausgedrückt werden kann und die andere durch $ThCl_4 \cdot 7NH_3$, d. h., daß in einer von ihnen 6 Ammoniakmolekeln mit einem Thorium-Atom durch eine stabile Koordinationsbindung verbunden sind, während in der anderen die Verbindung des Ammoniaks mit ganzen Molekeln von $ThCl_4$ zustande kommt.

Spacu [139] maß die Wärme der Anlagerung des Ammoniaks an eine Verbindung mit der allgemeinen Formel $CoEn_2BzdBr_3$ (Bzd = Benzidin), für die eine verschiedene Verteilung der Teile zwischen der inneren und der äußeren Sphäre erwartet werden konnte, und stellte hierbei genau die strukturelle Formel $[CoEn_2BzdBr]Br_2$ fest. Der gleiche Autor stellte auf Grund einer Untersuchung der thermochemischen Effekte die Isomerie für Verbindungen des Typs $[CoEn_2Cl_2]Cl \cdot nNH_3$ und $[CoEn_2NH_3Cl]Cl_2 \cdot (n - 1)NH_3$ fest.

Uns gelang es ebenfalls auf Grund einer Untersuchung der Reaktionswärmen das Vorhandensein einer weitgehenden Reaktion in einer wässerigen Lösung festzustellen [65]:

$$[Co(NH_3)_5NO_3]^{2+}_{aq} + Cl_{aq}^- = [Co(NH_3)_5Cl]^{2+}_{aq} + NO_{3aq}^- .$$

Man kann kaum daran zweifeln, daß eine weitere Untersuchung der Thermochemie komplexer Verbindungen neue Wege für die Anwendung energetischer Daten zur Lösung einer Reihe wichtiger Fragen auf dem Gebiete der Chemie von Komplexverbindungen aufzeigen wird.

KAPITEL VIII

# Überblick über die Thermochemie der wichtigsten Gruppen komplexer Verbindungen

In diesem Kapitel sind wir genötigt, uns auf einen Überblick über die Thermochemie der vier wichtigsten Gruppen komplexer Verbindungen zu beschränken, und zwar erstens der Aquosalze, zweitens der Ammoniakate und Aminate, drittens der Acido-Komplexe und viertens der Komplexverbindungen mit ungleichartigen Liganden. Für die übrigen Gruppen komplexer Verbindungen fehlen entweder die thermochemischen Daten oder sie sind äußerst spärlich.

Eine vollständige Zusammenstellung der thermochemischen Daten für die zu untersuchenden Gruppen von Verbindungen wird im zweiten Teil gebracht. Daher befassen wir uns hier nur mit der Behandlung einiger Gesetzmäßigkeiten, die für die gegebene Gruppe komplexer Verbindungen typisch sind.

## *1. Thermochemie der Aquosalze*

Das Wasser kann sich an viele Salze anlagern, wobei es zahlreiche und in thermochemischer Hinsicht genügend untersuchte Kristallhydrate bildet. Eine Röntgenanalyse letztgenannter zeigt, daß die Lage und der Zustand der angelagerten Wassermolekeln sehr verschieden sein kann. So unterteilt STILLWELL [140] auf Grund von röntgenanalytischen Daten die Produkte, die sich bei Anlagerung des Wassers an verschiedene Verbindungen bilden, in drei Hauptgruppen:

1. Verbindungen, in denen die Wassermolekeln bei der Anlagerung zerstört werden und Hydroxylgruppen bilden;

2. Verbindungen, in denen die Wassermolekeln mit bestimmten Ionen verbunden sind (koordinativ gebundenes Wasser);

3. Verbindungen, in denen die Wassermolekeln die Hohlräume im Kristallgitter ausfüllen, ohne mit irgendwelchen Ionen verbunden zu sein (zeolithisches Wasser).

Hierbei können auch solche Kristallhydrate auftreten, in denen die Wassermolekeln eine verschiedene Gruppierung einnehmen. Als Beispiel kann auf $NiSO_4 \cdot 7H_2O$ verwiesen werden. In dieser Verbindung sind sechs Wassermolekeln um ein Nickel-Ion koordiniert, und das siebente steht außerhalb.

Wir verstehen unter Aquosalzen Kristallhydrate der zweiten Gruppe, d. h. die Salze, in denen die Wassermolekeln mit bestimmten Ionen verbunden sind. Zu derartigen Verbindungen müssen in erster Linie die Kristallhydrate der Halogenide des Magnesiums und der Erdalkalimetalle gerechnet werden, die von HERRMANN [141] untersucht worden sind. Auf Grund der Röntgenuntersuchungen dieser Verbindungen wurde festgestellt, daß hier die Wassermolekeln um das Metallkation koordiniert sind.

Durch analoge Untersuchungen wurde das Vorhandensein koordinativ gebundenen Wassers auch in anderen Fällen festgestellt. Was die Kräfte anbelangt, die zwischen dem Zentral-Ion und den koordinierten Wassermolekeln wirksam sind, so sind dies in der Hauptsache Ion-Dipol-Kräfte, obwohl in einigen Fällen, wie SYRKIN und DJATKINA [76, 142] behaupten, eine gewisse Rolle auch die Donor-Acceptor-Bindung spielen kann. Hiervon können auch wir uns überzeugen, wenn wir die Anlagerungsenergie der Wassermolekeln an verschiedene zentrale Ionen betrachten.

Tabelle 27

*Anlagerungsenergie gasförmiger Wassermolekeln an gasförmige Metallkationen*

| Ion | Anlagerungsenergie in kcal | | |
|---|---|---|---|
| | Berechnet auch Gleichung (3) | Berechnet von ELEY und EVANS [60] | Differenz (Polarisationsenergie) |
| $[Cu(H_2O)_6^{2+}$ . . . . . . | 348 | 306 | +36 |
| $[Zn(H_2O)_6]^{2+}$ . . . . . . | 331 | 303 | +28 |
| $[Ni(H_2O)_6^{2+}$ . . . . . . | 329 | 315 | +14 |
| $[Co(H_2O)_6]^{2+}$ . . . . . . | 324 | 306 | +22 |
| $[Mn(H_2O)_6]^{2+}$ . . . . . | 288 | 284 | + 4 |
| $[Mg(H_2O)_6]^{2+}$ . . . . . | 300 | 315 | —15 |

In Tab. 27 werden Werte der Anlagerungsenergie angeführt, die mittels der Gleichung (3) von KAPUSTINSKI errechnet wurden, sowie Werte der Anlagerungsenergie für dieselben Fälle, die von ELEY und EVANS [60] errechnet wurden und zwar auf Grund der Berücksichtigung nur elektrostatischer Kräfte.

Das Vorhandensein einer schwach ausgeprägten Donor-Acceptor-Bindung zwischen den Wassermolekeln und den Metallkationen der Nebengruppen führt zum Auftreten der Polarisationsenergie, d. h. zur Vergrößerung der Anlagerungsenergie im Vergleich zu der nur auf Grund elektrostatischer Kräfte errechneten.

Es muß erwähnt werden, daß die Polarisationsenergie abnimmt, wie auch erwartet werden mußte, ungefähr in der gleichen Reihenfolge, wie auch die Tendenz zur Bildung einer Kovalenzbindung in den untersuchten Kationen. Aus den Daten, die in Tabelle 27 angeführt sind, kann ebenfalls der Schluß gezogen werden, daß im Falle „edelgasartiger" Ionen die Donor-Acceptor-Bindung offensichtlich keine wesentliche Rolle spielt und die Bildungsenergie des komplexen Aquo-Ions mit den zentralen „edelgasartigen" Ionen unter Verwendung nur elektrostatischer Vorstellungen errechnet werden kann.

Zu dem gleichen Schluß gelangten wir auch auf Grund von Berechnungen, die mit der Errechnung thermochemischer Radien verbunden sind. Die Tatsache, daß wir unter Verwendung elektrostatischer Vorstellungen nach der Methode KAPU-

STINSKIS konstante Werte der thermochemischen Radien für eine Reihe von Ionen des Typs $[M(H_2O)_n]^{m+}$ ($M^{m+}$ = edelgasartiges Kation) errechneten, bestätigt die Richtigkeit dieser Ansicht.

In Tabelle 28 bringen wir die Werte der Anlagerungsenergie für 23 Aquokationen. In der gleichen Tabelle wird auch der Wert der Anlagerungsenergie der gasförmigen Wassermolekeln an das gasförmige Anion $OH^-$ angeführt. Der thermochemische Radius des Aquo-Ions $OH \cdot H_2O^-$ wurde nach der Differenzmethode gefunden (1,75 Å); er erwies sich als streng konstant in der gesamten Reihe von Verbindungen des Typs $M[OH \cdot H_2O]$ (M = Li, Na, K, Rb, Cs).

Die Anlagerungsenergie der Wassermolekeln in diesen Bindungen übersteigt etwas die Anlagerungsenergie der Wassermolekeln sogar an das Fluor-Ion (20,6 kcal). Diese Erscheinung kann damit erklärt werden, daß hier außer den Ion-Dipolkräften eine wesentliche Rolle die Dipolkräfte untereinander und die mögliche Bildung einer Wasserstoffbindung nach dem Schema [HO. . . HOH] spielen.

Die thermochemische Stabilität der verschiedenen Aquosalze kann in zufriedenstellender Weise mittels der Gleichung (50) erklärt werden, die die Bildungswärme des komplexen Salzes aus dem Ausgangsalz und den Liganden mit der Gitterenergie dieser Salze, der Anlagerungsenergie und dem Typ der chemischen Bindung im Ausgangssalz und innerhalb des komplexen Ions verbindet.

$$Q_k = U_k - U_i + W_i + P_k - P_c . \quad (50)$$

Die konstanten Aquosalze bilden diejenigen Verbindungen, in deren Verband ein Ion mit einem genügend großen elektrischen Feld (Vergrößerung des Gliedes $W_i$) und Ionen entgegengesetzter Ladung mit verhältnismäßig schwachem elektrischen Feld (Verkleinerung von $U_i$) eintreten. Es kann, wenn man von oben angeführter Gleichung ausgeht, gezeigt werden, daß bei $CaF_2$, $SrF_2$, $BaF_2$, NaF, KCl, KJ und RbCl die Hydrationswärme negative Werte annimmt. Da die Entropie des Hydrates in den meisten Fällen aus der Entropie des Ausgangssalzes und der Entropie des Wassers zusammengesetzt ist, so unterscheidet sich auch die Größe von $Q_k$ praktisch nicht von der freien Hydratationsenergie. Folglich gestattet es die Gleichung (50), eine endgültige Antwort auf die Frage nach der möglichen Existenz eines bestimmten Aquosalzes zu geben.

Es ist jedoch bekannt, daß einige Fluoride der Nebengruppenmetalle Aquosalze bilden. Diese Erscheinung wird verständlich, wenn man berücksichtigt, daß sich in diesem Falle die Anlagerungsenergie auf Kosten der Polarisationsenergie vergrößert (Vergrößerung von $P_k$); jedoch erweist sich der Kovalenzgrad in der Bindung mit dem Ausgangssalz als unwesentlich.

Aus den oben angeführten Daten (Tab. 27) kann geschlossen werden, daß der Kovalenzgrad einer Bindung in komplexen Aquokationen dennoch unbedeutend ist. In Verbindung hiermit übt der Typ der chemischen Bindung im Ausgangssalz einen sehr wesentlichen Einfluß auf die thermische Stabilität der Aquosalze aus. Die Mehrzahl der Salze des Quecksilbers (II), des Silbers, des Goldes usw. haben keine Neigung zur Bildung von Hydraten. Die Salzhydrate dieser Metalle bilden sich nur dann, wenn das Metallkation mit einem Anion verbunden ist, das eine große Elektronenaffinität besitzt (Nitrate, Perchlorate usw.).

Tabelle 28

*Anlagerungsenergie gasförmiger Wassermolekeln an verschiedene zentrale Ionen*

| Ion | Anlagerungsenergie in kcal | Ion | Anlagerungsenergie in kcal |
|---|---|---|---|
| | | $[Sr(H_2O)_4]^{2+}$ . . . | 146 |
| Einfach geladene Kationen | | $[Mg(H_2O)_6]^{2+}$ . . | 300 |
| $[Li(H_2O)]^{+}$ . . . . | 27,4 | $[Ca(H_2O)_6]^{2+}$ . . . | 257 |
| $[Li(H_2O)_2]^{+}$ . . . | 54,8 | $[Sr(H_2O)_6]^{2}$ . . . . | 219 |
| $[Li(H_2O)_3]^{+}$ . . . | 79,1 | $[Cu(H_2O)_6]^{2+}$ . . . | 348 |
| $[Na(H_2O)_2]^{+}$ . . . | 45,3 | $[Zn(H_2O)_6]^{2+}$ . . . | 331 |
| | | $[Ni(H_2O)_6]^{2+}$ . . . | 329 |
| Doppelt geladene Kationen | | $[Co(H_2O)_6]^{2+}$ . . . | 324 |
| | | $[Mn(H_2O)_6]^{2+}$ . . | 288 |
| $[Ca(H_2O)]^{2+}$ . . . | 43 | | |
| $[Sr(H_2O)]^{2+}$ . . . | 36 | Dreifach geladene Kationen | |
| $[Ba(H_2O)]^{2+}$ . . . | 32 | | |
| $[Mg(H_2O)_2]^{2+}$ . . . | 100 | $[Al(H_2O)_6]^{3+}$ . . . | 590 |
| $[Ca(H_2O)_2]^{2+}$ . . . | 86 | $[Cr(H_2O)_6]^{3+}$ . . . | 550 |
| $[Sr(H_2O)_2]^{2+}$ . . . | 73 | | |
| $[Ba(H_2O)_2]^{2+}$ . . . | 64 | Anionen | |
| $[Ca(H_2O)_4]^{2+}$ . . . | 172 | $[OHH_2O]^{-}$ . . . . | 37 |

Eine Vergrößerung des Kovalenzgrades der Bindung bei Salzen, in deren Verband „nichtedelgasartige" Kationen vorhanden sind im Vergleich zu Salzen, die durch „edelgasartige" Ionen gebildet werden, führt dazu, daß die Hydratationswärme der ersteren stets geringer ist als die Hydratationswärme der letzteren Salze. Etwas ausführlicher werden wir uns hiermit im folgenden Abschnitt befassen.

Die sogenannte „Umkehr" der Stabilitätsreihen (d. h. die Vergrößerung der Stabilität komplexer Salze in der Reihe der Jodide — Bromide — Chloride) muß bei den Aquosalzen häufiger beobachtet werden als bei den Ammoniakaten. Die Erscheinung der Umkehr wird dadurch hervorgerufen, daß der Kovalenzgrad der Bindung in der Reihe der Chloride — Bromide — Jodide ziemlich schnell bei den Halogeniden der Nebengruppenmetalle anwächst. Infolgedessen verringert sich das letzte Glied in der Gleichung (60) in der angegebenen Reihenfolge, was auch zur Umkehr der Reihe führt.

Zur Umkehr der Reihe trägt ebenfalls die Verringerung der Gitterenergie des Komplexsalzes vom Chlorid zum Jodid bei. Die Radien der Aquo-Kationen sind geringer als die Radien der Ammin-Kationen, weshalb die Verringerung von $U_k$ merklicher wird. Aus diesem Grunde ist bei Hydraten des Mangan (II) und Kobalt (II) die Erscheinung der Umkehr zu beobachten, während für die Ammoniakate der Salze derselben Metalle „normale" Reihen der thermischen Stabilität beobachtet werden.

Die thermochemischen Daten für Kristall-Deuterate sind zunächst noch sehr spärlich — es ist nur die Dissoziationsspannung für eine Reihe von Vertretern von

Verbindungen dieser Gruppe gemessen worden. Daher ist auch die Schlußfolgerung irgendwelcher Gesetzmäßigkeiten vorläufig nicht möglich.

Jedoch ist der von BELL [143] gemachte Vergleich der Verhältnisse der Hydratationswärmen des Deuteriumoxyds mit den Hydratationswärmen für analoge Verbindungen des Nickels, Kobalts, Strontiums und Natriums nicht ohne Interesse.

| Verbindung | NiCl | $CoCl_2$ | $SrCl_2$ | NaBr |
|---|---|---|---|---|
| $Q_{D_2O}/Q_{H_2O}$ | 1,31 | 1,25 | 0,99 | 1,03 |

Für Salze der Hauptgruppenmetalle ist dieses Verhältnis nahe 1; für Salze des Kobalts und insbesondere des Nickels wird die Abweichung des Verhältnisses von 1 bemerkbar.

### 2. *Thermochemie von Komplexverbindungen mit Ammoniak und Amminen*

Komplexe Ammoniakate und Aminate sind die der Vertreterzahl nach reichste und am meisten untersuchte Gruppe von Komplexverbindungen. Diese Gruppe ist sehr interessant, da gerade auf Grund der Untersuchung komplexer Ammoniakate und Aminate die Grundprinzipien der Koordinationslehre geschaffen wurden.

Die Ammoniakate und Aminate sind durchaus keine gleichwertige Gruppe von Verbindungen, sowohl dem Charakter der chemischen Bindung als auch der thermischen Stabilität nach. Neben den sehr stabilen Ammoniakaten von Chrom (III), Kobalt (III), Platin (II) usw. gehören zu dieser Gruppe die äußerst instabilen Ammoniakate der Salze der Alkalien und Erdalkalimetalle. Während im letzteren Falle die chemische Bindung zwischen dem Zentral-Ion und dem Liganden hauptsächlich auf Kosten der Ionen-Dipol-Wechselwirkung verwirklicht wird, ist in stabileren Ammoniakaten das Entstehen einer kovalenten Bindung des Typs: $\overset{-}{X}M - \overset{+}{N}H_3$ möglich.

Die Struktur komplexer Ammoniakate ist noch nicht in allen Fällen geklärt. Für Hexammine und einige Tetrammine kann die Struktur $[M(NH_3)_6]X_n$ und $[M(N_rH)_4]X_n$ als sicher gestellt gelten. In den übrigen Fällen kann man sowohl typische Molekel-Verbindungen, die selbst im Gaszustand stabil sind (z. B. $AlCl_3 \cdot NH_3$) antreffen, wie auch Verbindungen, die den oben erwähnten Strukturen, z. B. $M(NH_3)_8X_2$ und $M(NH_3)_2X_2$) ähnlich sind, und schließlich Verbindungen ungeklärter Struktur (z. B. $SnCl_2 \cdot 2\frac{1}{2}NH_3$, $PbCl_2 \cdot 3^1/_4NH_3$, $HgJ_2 \cdot {}^4/_3NH_3$ usw.).

In diesem Abschnitt werden wir nur die Gesetzmäßigkeit betrachten, die sich auf die Salze vom Typ $[M(NH_3)_m]X_n$ beziehen.

In thermochemischer Hinsicht sind die Ammoniakate und Aminate ziemlich vollständig untersucht. Es genügt der Hinweis, daß wir gegenwärtig thermochemische Daten für 795 Verbindungen dieser Gruppe besitzen. Das entspricht 54% der Gesamtzahl der in thermochemischer Hinsicht untersuchten Komplexverbindungen. Allerdings sind viele viele dieser Daten nicht durch direkte kalorimetrische Messungen gewonnen worden, sondern wurden aus Messungen der Dissoziationsspannung der entsprechenden komplexen Verbindung errechnet.

Im folgenden bringen wir eine Zusammenstellung von Anlagerungsenergiewerten der gasförmigen Ammoniak- und Aminmolekeln an verschiedene Kationen (Tab. 29). Alle angeführten Werte wurden mit Ausnahme derjenigen für $[K(NH_3)_6]^+$ und die Tetrammine des Calciums, des Bariums, des Zinks und des Cadmiums mit Hilfe der Gleichung (3) und der Gleichung von Kapustinski unter Verwendung der

Tabelle 29

*Anlagerungsenergie gasförmiger Molekeln an ein gasförmiges Zentral-Ion*

$-x$ = Bildungswärme des gasförmigen Ions $Co^{3+}$

| Komplexes Ion | Anlagerungs-energie in kcal | Komplexes Ion | Anlagerungs-energie in kcal | Komplexes Ion | Anlagerungs-energie in kcal |
|---|---|---|---|---|---|
| Einfach geladene Zentral-Ionen | | $[Ba(NH_3)_4]^{2+}$ | 134 | $[Sr(NH_3)_8]^{2+}$ | 250 |
| $[Au(NH_3)_2]^+$ | 143 | $[Zn(NH_3)_4]^{2+}$ | 347 | $[Ba(NH_3)_8]^{2+}$ | 220 |
| $[Cu(NH_3)_3]^+$ | 131 | $[Cd(NH_3)_4]^{2+}$ | 261 | $[Hg(NH_3)_8]^{2+}$ | 376 |
| $[Ag(NH_3)_3]^+$ | 104 | $[Cu(NH_3)_6]^{2+}$ | 338 | $[Pb(NH_3)_8]^{2+}$ | 277 |
| $[Au(NH_2)_3]^+$ | 160 | $[Be(NH_3)_6]^{2+}$ | 411 | $[Zn(N_2H_4)_2]^{2+}$ | 308 |
| $[K(NH_3)_6]^+$ | 84 | $[Mg(NH_3)_6]^{2+}$ | 320 | $[Co(N_2H_4)_2]^{2+}$ | 305 |
| $[Au(NH_3)_6]^+$ | 200 | $[Ca(NH_3)_6]^{2+}$ | 237 | $[ZnEn_3]^{2+}$ | 372 |
| Zweifach geladene Zentral-Ionen | | $[Sr(NH_3)_6]^{2+}$ | 198 | $[CdEn_3]^{2+}$ | 321 |
| $[Sr(NH_3)]^{2+}$ | 81 | $[Ba(NH_3)_6]^{2+}$ | 171 | $[FeEn_3]^{2+}$ | 342 |
| $[Sr(NH_3)_2]^{2+}$ | 109 | $[Zn(NH_3)_6]^{2+}$ | 366 | $[CoEn_3]^{2+}$ | 372 |
| $[Ba(NH_3)_2]^{2+}$ | 106 | $[Cd(NH_3)_6]^{2+}$ | 311 | Dreifach geladene Zentral-Ionen | |
| $[Be(NH_3)_4]^{2+}$ | 362 | $[Cr(NH_3)_6]^{2+}$ | 324 | $[Al(NH_3)_6]^{3+}$ | 651 |
| $[Ca(NH_3)_4]^{2+}$ | 192 | $[Mn(NH_3)_6]^{2+}$ | 314 | $[Co(NH_3)_6]^{3+}$ | $x$—724 |
| | | $[Fe(NH_3)_6]^{2+}$ | 337 | $[CoEn_3]^{3+}$ | $x$—693 |
| | | $[Co(NH_3)_6]^{2+}$ | 359 | | |
| | | $[Ca(NH_3)_8]^{2+}$ | 289 | | |

Tabelle 29a

*Anlagerungsenergie von Ammoniak- und Äthylendiamin-Molekeln an verschiedene gasförmige Zentral-Ionen*

| Ion | Anlagerungsenergie in kcal | | |
|---|---|---|---|
| | 3En | $6NH_3$ | Differenz |
| $Ni^{2+}$ | 383 | 370 | 13 |
| $Zn^{2+}$ | 372 | 366 | 6 |
| $Co^{2+}$ | 372 | 359 | 13 |
| $Fe^{2+}$ | 342 | 337 | 5 |
| $Cd^{2+}$ | 323 | 311 | 12 |

früher angeführten thermochemischen Radien (Tab. 10) erhalten. Für die erwähnten vier Kationen wurden die Anlagerungsenergien mit Hilfe der Gleichung (47) ausgerechnet.

Auf Grund der angeführten Daten kann gefolgert werden, daß bei der Bildung von Ammin-Kationen in vielen Fällen eine sehr bedeutende Rolle die Donor-Acceptor-Bindung und die mit dieser Erscheinung verbundene Vergrößerung der Polarisationsenergie spielen. Bei „nichtedelgasartigen" Kationen beträgt das elektrostatische Glied nur ca. 70% der gesamten Anlagerungsenergie, für $Mg^{2+}$ überschreitet es bereits 80% und für Kationen der Erdalkalien überschreitet es 90% des summarischen energetischen Effekts. Was das zweite Glied der Gleichung (47) betrifft, so haben wir bereits früher gezeigt, daß man es mit einem Genauigkeitsgrad veranschlagen kann, wenn man die notwendigen energetischen Merkmale des zentralen Ions kennt.

Die Elemente I, II und III der Nebengruppen zeichnen sich stets durch ein höheres Ionisationspotential im Vergleich zu den Elementen derselben Hauptgruppen aus. Daher ist auch die Anlagerungsenergie des Ammoniaks an Kationen der Hauptgruppenmetalle immer niedriger als bei Kationen der Nebengruppen.

Bei einem Vergleich der Anlagerungsenergie für analoge Ammin-Kationen und Aquo-Kationen erweist es sich, daß bei „nichtedelgasartigen" Kationen die Anlagerungsenergie der Ammoniak-Molekeln wesentlich höher ist als die Anlagerungsenergie einer gleichen Anzahl von Wassermolekeln. Bei dem Ion $Mg^{2+}$ unterscheiden sich beide Größen praktisch nicht voneinander und schließlich vollzieht sich bei Erdalkalimetallen die Anlagerung der Wassermolekeln mit einem größeren energetischen Effekt als die Anlagerung einer gleichen Anzahl von Ammoniakmolekeln. Die nacheinander erfolgende Anlagerung von Ammoniak-Molekeln an das zentrale Ion wird von einem ungleichartigen energetischen Effekt begleitet: Jede folgende Molekel lagert sich mit einer geringen Wärmetönung an.

Wenn man die Anlagerungsenergie der Molekeln von $NH_3$ mit der Anlagerungsenergie gasförmiger Molekeln anderer Amine (Tabelle 29 und 29a) vergleicht, kann man zu dem Schluß gelangen, daß von dem größten energetischen Effekt die Anlagerung der Äthylen-Diamin-Molekel begleitet wird, daß etwas weniger Energie bei der Anlagerung der Ammoniak-Molekel frei wird und daß sich schließlich als am wenigsten thermisch stabil die komplexen Kationen mit Hydrazin erwiesen. Zum Erhalten vergleichbarer Resultate wurde die Berechnung stets auf eine Einzelbindung M — N durchgeführt. Ein besonders starker Unterschied in der Anlagerungsenergie des Ammoniaks und des Äthylen-Diamins tritt bei den komplexen Ionen $[Co(NH_3)_6]^{3+}$ und $[CoEn_3]^{3+}$ auf, bei denen die kovalente Bindung anscheinend eine sehr bedeutende Rolle spielt.

Die verschiedene thermische Stabilität der Ammoniakate des Typs $[M(NH_3)_m]X_a$ kann auf Grund der früher aufgestellten Gleichungen in zufriedenstellender Weise erklärt werden:

$$Q_k = U_k - U + W\,, \tag{49}$$

$$Q_k = U_k - U_i + W_i + P_k - P_c\,. \tag{50}$$

Der Einfluß des zentralen Ions wirkt sich in erster Linie auf die Größe der Anlagerungsenergie ($W = W_i + P_k$) aus; die Faktoren, die die Größe ($U_k - U$) bedingen, wurden von uns jedoch oben behandelt.

Auf die Stabilität der Ammoniakate von Salzen mit ein und demselben zentralen Ion üben diejenigen Ionen einen wesentlichen Einfluß auf die Größe und Ladung aus, die in der äußeren Sphäre liegen. Wenn man nur die elektrostatischen Kräfte berücksichtigt, könnte man den Schluß ziehen, daß mit einer Verringerung der

Ladung und einer Vergrößerung der Abmessung der äußeren Anionen die Stabilität der komplexen Ammoniakate anwachsen muß. Derartige Stabilitätsreihen der Ammoniakate werden tatsächlich bei den Halogeniden einiger Metalle beobachtet und sind unter der Bezeichnung „normale“ Stabilitätsreihen bekannt.

Jedoch in den Fällen, wo die Bildung einer kovalenten Bindung zwischen dem zentralen Ion und dem Anion, das sich in der äußeren Sphäre befindet, möglich ist, wird das allgemeine Bild der Vergrößerung der Stabilität gestört — neben den „normalen“ Stabilitätsreihen der Ammoniakate werden völlig oder teilweise „umgekehrte“ Reihen beobachtet.

Aus der Gleichung (49) folgt daß die Reihenfolge der Stabilitätsänderung der Ammoniakate in einer Reihe von Salzen mit einem gegebenen komplexen Kation vollständig durch die Differenz der Gitterenergie des komplexen und des Ausgangssalzes ($U_k$ — $U$) bestimmt wird, da diese Anlagerungsenergie konstant ist. Eine Änderung von $U_k$ — $U$ kann in verschiedener Reihenfolge erfolgen, weswegen auch die Stabilitätsreihen ein verschiedenes Aussehen haben können. Eine Vergrößerung in der Stabilität innerhalb der Reihe Chlorid — Bromid — Jodid ist für die Salze typisch, in denen „edelgasartige“ Kationen enthalten sind, sowie für Salze des Mangans, des Eisens und der höheren Ammoniakate der Salze des Nickels, Kobalts und Zinks.

Die Ammoniakate der Halogenide des Goldes, Silbers, Quecksilbers, Platins (II), des Palladiums (II) usw. ändern ihre Stabilität in umgekehrter Reihenfolge. Schließlich erhöht sich im allgemeinen die Stabilität in der Reihenfolge Chloride — Jodide — Bromide für Ammoniakate der Blei (II) — Zinn (II) — und Gallium-Halogenide.

Unten in der Tabelle 30 stellen wir die Änderung der Differenz $U_k$ — $U$ ($U_k$ wurde nach der Gleichung Kapustinskis und $U$ nach der Gleichung von Haber-Born errechnet), der Änderung der Anlagerungswärmen des gasförmigen Ammoniaks an das feste Ausgangssalz gegenüber. Die Gegenüberstellung bringen wir für die drei Salzreihen, die eine verschiedene Reihenfolge in der Stabilitätsreihe besitzen. Die durchgeführte Berechnung zeigt, daß sich beide Größen (Differenz der Gitterenergie und der Anlagerungswärme) symbat verändern.

Da bei der Anlagerung von $NH_3$ an das zentrale Ion der kovalente Charakter der Bindung stärker auftritt (Vergrößerung des Gliedes $P_k$) als bei den Aquosalzen, ist die Anlagerungswärme des Ammoniaks an die Chloride der Nebengruppenmetalle größer als die Hydratationswärme. Aus dem gleichen Grunde ist die Anlagerungswärme von $NH_3$ an Salze, welche Kationen mit den gleichen elektrostatischen Eigenschaften enthalten, aber hinsichtlich des Ionisationspotentials verschieden sind (z. B. $Mg^{2+}$ und $Ni^{2+}$; $Ca^{2+}$ und $Cd^{2+}$), bei Metallen mit einem größeren Ionisationspotential größer.

Einen nicht weniger wesentlichen Einfluß auf die Anlagerungsenergie gasförmiger Liganden übt der Typ der chemischen Bindung im Ausgangssalz aus. Eine Vergrößerung des Kovalenzgrades der Bindung im Ausgangssalz führt zu einer Verringerung der Anlagerungswärme. Durch diesen Umstand kann auch die Verringerung der Hydratationswärmen der Salze der Nebengruppenmetalle im Vergleich

Tabelle 30

*Gegenüberstellung der Differenz zwischen der Gitterenergie des komplexen und des Ausgangssalzes gegenüber der Bildungswärme komplexer Ammoniakate*

| Verbindung | Gitterenergie in kcal | | | Bildungswärme der Ammoniakate aus dem Ausgangssalz und $NH_3$ in kcal |
|---|---|---|---|---|
| | des Komplexsalzes nach der Gleichung von KAPUSTINSKI $U_k$ | des Ausgangssalzes aus dem Kreisprozeß von HABER — BORN $U$ | $U_k - U$ | |
| | Salze des Zinks | | | |
| $[Zn(NH_3)_6]J_2$ | 331 | 604 | —273 | 94,2 |
| $[Zn(NH_3)_6Br_2$ | 346 | 620 | —274 | 93,0 |
| $[Zn(NH_3)_6]Cl_2$ | 357 | 634 | —277 | 89,4 |
| $[Zn(NH_3)_6](CNS)_2$ | 347 | 626* | (—279) | 77,0 |
| $[Zn(NH_3)_6](HCO_2)_2$ | 375 | 676 | —301 | 74,4 |
| | Salze des Quecksilbers | | | |
| $[Hg(NH_3)_8]Cl_2$ | 320 | 613 | —293 | 82,4 |
| $[Hg(NH_3)_8]Br_2$ | 312 | 608 | —296 | 79,2 |
| | Salze des Bleis | | | |
| $[Pb(NH_3)_8]Br_2$ | 312 | 510 | —198 | 79,2 |
| $[Pb(NH_3)_8]J_2$ | 299 | 497 | —198 | 77,6 |
| $[Pb(NH_3)_8]Cl_2$ | 320 | 522 | —202 | 75,2 |

* Wert berechnet nach Gleichung (55a).

zu den Salzen der Hauptgruppenmetalle sowie die Tatsache erklärt werde, daß die Anlagerungs energie des Ammoniaks an Jodide der Nebengruppenmetalle stets kleiner ist als diejenige an Jodide der Hauptgruppenmetalle mit den gleichen elektrostatischen Eigenschaften. In den Tabellen 31 und 32 befinden sich Ziffern, die die hier dargelegt en Gesetzmäßigkeiten veranschaulichen.

Tabelle 31

*Gegenüberstellung der Bildungswärmen analoger Hydrate und Ammonikate von Magnesium- und Nickelsalzen*

| Typ der Verbindung | Bildungswärme in kcal | |
|---|---|---|
| | der Magnesiumverbindung (M=Mg) | der Nickelverbindung (M=Ni) |
| $[M(H_2O)_2]Cl_2$ | 36,9 | 30,0 |
| $[M(H_2O)_4]Cl_2$ | 68,1 | 67,3 |
| $[M(H_2O)_6]Cl_2$ | 96,3 | 83,8 |
| $[M(H_2O)_6(NO_3)_2$ | 89,0 | 72,7 |
| $MCl_2 \cdot 2NH_3$ | 38,7 | 40,6 |
| $MBr_2 \cdot 2NH_3$ | 41,8 | 41,2 |
| $MJ_2 \cdot 2NH_3$ | 45,4 | 39,4 |
| $[M(NH_3)_6]Cl_2$ | 91,9 | 98,0 |
| $[M(NH_3)_6]Br_2$ | 102,6 | 102,4 |
| $[M(NH_3)_6]J_2$ | 114,2 | 103,0 |

Tabelle 32

*Gegenüberstellung der Bildungswärmen analoger Hydrate und Ammoniakate von Calcium- und Cadmium-Salzen*

| Typ der Verbindung | Bildungswärme in kcal | |
|---|---|---|
| | der Calciumverbindung (M=Ca) | der Cadmiumverbindung (M=Cd) |
| $[M(H_2O)_4](NO_3)_2$ | 54,4 | 45,1 |
| $MCl_2 \cdot 2NH_3$ | 31,6 | 34,6 |
| $MBr_2 \cdot 2NH_3$ | 35,7 | 35,0 |
| $MJ_2 \cdot 2NH_3$ | 38,5 | 33,2 |
| $[M(NH_3)_4]Cl_2$ | 51,4 | 56,0 |
| $[M(NH_3)_6]Br_2$ | 82,8 | 78,0 |
| $[M(NH_3)_6]J_2$ | 94,8 | 79,8 |

Wegen Mangels an experimentellem Material über die Thermochemie komplexer Deutero-Ammoniakate ist es gegenwärtig nicht möglich, zu irgendwelchen bestimmten Schlußfolgerungen hinsichtlich der spezifischen Besonderheiten dieser Gruppe zu gelangen.

### *3. Thermochemie der Acidokomplexe*

Während die stabilen Aquosalze für die komplexbildenden Ionen der ersten Gruppe kennzeichnend sind (geringer Radius und verhältnismäßig kleines Ionisationspotential), bilden die stabilen Ammoniakate komplexbildende Ionen der dritten und vierten Gruppe (kleiner Radius und hohes Ionisationspotential). Die in wässerigen Lösungen stabilsten Acidokomplexe besitzen Komplexbildner der zweiten Gruppe (großer Radius des Ions und kleines Ionisationspotential). Hierbei muß jedoch darauf hingewiesen werden, daß Acidokomplexe mit den Ionen $F^-$, $NO_2^-$, $C_2O_4^{2-}$ usw. ebenfalls für Komplexbildner der ersten und dritten Gruppe typisch sind.

Bei Überarbeitung des vorhandenen Materials über die Thermochemie von Komplexverbindungen des Doppelsalztyps (Acidokomplexe) stößt man auf Schwierigkeiten, die vor allem darauf beruhen, daß die Mehrzahl der thermochemischen Bestimmungen in verdünnten wässerigen Lösungen durchgeführt wurde. Außerdem kann, wie bereits erwähnt wurde, mittels der Gleichung von Kapustinski die Gitterenergie der Salze vom Typ $M_2X$ und $M_3X$ nicht mit der erforderlichen Genauigkeit errechnet werden. Daher wurden die thermochemischen Radien und die Bildungswärmen im gasförmigen Zustand nur für eine sehr geringe Zahl von Ionenvertretern des zu untersuchenden Typs und zwar nur sehr angenähert errechnet. Eine Zusammenstellung der Anlagerungsenergien befindet sich in Tabelle 33.

Eine Gegenüberstellung der erhaltenen Werte mit den Werten, die unter Berücksichtigung nur der elektrostatischen Wechselwirkung errechnet wurden, zeigt, daß bei der Bildung komplexer Acidoionen die kovalente Bindung und die mit ihrer Verstärkung verbundene Vergrößerung der Polarisationsenergie eine sehr wesentliche Rolle spielen.

Tabelle 33

*Anlagerungsenergie gasförmiger Anionen an gasförmige zentrale Kationen*

$-x$ = Bildungswärme des gasförmigen $Co^{3+}$

| Anion | Anlagerungsenergie in kcal | Anion | Anlagerungsenergie in kcal |
|---|---|---|---|
| $[HF_2]^-$ | 297 | $[SiF_6]^{2-}$ | 2577 |
| $[CuCl_3]^-$ | 745 | $[SnCl_6]^{2-}$ | 2082 |
| $[AlCl_4]^-$ | 1316 | $[Co(NO_2)_6]^{3-}$ | $x$—206 |
| $[AlBr_4]^-$ | 1287 | | |

Um die Faktoren abzuschätzen, die auf die Bildungswärme der komplexen Verbindungen vom Doppelsalztyp aus zwei Ausgangssalzen einwirken, wollen wir folgenden thermochemischen Kreisprozeß betrachten:

$$\begin{array}{ccc} MX_{(k)},\ RX_{2(k)} & \xrightarrow{\quad Q_k \quad} & M\,RX_{3(k)} \\ \downarrow -U_{MX} - U_{RX_2} & & \uparrow U_{(k)} \\ M^+_{(g)},\ R^{2+}_{(g)},\ 3X^-_{(g)} & \xrightarrow{\quad W \quad} & M^+_{(g)},\ RX_3^-{}_{(g)} \end{array}$$

Aus dem betrachteten Kreisprozeß folgt:

$$Q_k = U_k - U_{MX} + W - U_{RX_2}\,. \qquad (53)$$

Die Differenz $W - U_{RX_2}$ ist positiv für die real bestehenden komplexen Salze des zu untersuchenden Typs und, wie die Berechnung zeigt, verhältnismäßig gering.

Einen großen Einfluß auf die Bildungswärme des komplexen Salzes übt die Differenz zwischen den Energien des Gitters des Ausgangssalzes MX und des Komplexsalzes $M[RX_3]$ aus.

Eine Berechnung zeigt, daß sich diese Differenz in der Reihe der Salze mit einem bestimmten komplexen Anion mit der Vergrößerung des Radius $M^+$ verringert. Entsprechende Berechnungen wurden für Hexachlorostannate durchgeführt und oben gezeigt.

In voller Übereinstimmung mit der theoretisch festgestellten Gesetzmäßigkeit verringert sich die thermische Stabilität der weitaus größten Überzahl der Acidokomplexe vom Typ $M_n[RX_m]$($[RX_m]^{n-} = [HF_2]^-$, $[CuCl_3]^-$, $[AlCl_4]^-$, $[AlBr_4]^-$, $[SiF_6]^{2-}$, $[PtCl_6]^{2-}$ usw.) entsprechend der Verringerung des Radius $M^+$. Für Alkalimetalle z. B. verringert sich die Stabilität in der Reihenfolge:

$$Cs^+ > Rb^+ > K^+ > Na^+ > Li^+.$$

Bei $[ThCl_6]^{2-}$ und $[ThOCl_3]^-$ erfolgt eine unerwartete Umstellung von $Cs^+$ und $Rb^+$. Vielleicht sind in diesem Falle experimentelle Fehler unterlaufen.

Wenn im Gitter des Salzes MX außer der Wechselwirkung der Ionen ein mehr oder weniger bedeutender Kovalenzgrad der Bindung vorliegt (ein Vorhandensein führt zur Vergrößerung der Gitterenergie des Salzes), so erweist sich die Bildungswärme des entsprechenden Doppelsalzes als geringer als die unter Berücksichtigung nur elektrostatischer Kräfte errechnete (z. B. bei Silber- und Thalliumsalzen).

Oben haben wir gezeigt, daß die Faktoren, die die Größe der Bildungswärme eines komplexen Ions in Lösung bestimmen, zahlreich sind und daß ihre Berücksichtigung mit dem erforderlichen Genauigkeitsgrad gegenwärtig kaum möglich ist. Jedoch fällt eine bestimmte Gesetzmäßigkeit in der Änderung dieser Größe auf, die allen Komplexbildnern der zweiten Gruppe eigentümlich ist ($Hg^{2+}$, $Pt^{2+}$, $Pd^{2+}$, $Ag^{+}$, $Au^{+}$ usw.).

Tabelle 34

*Bildungswärme einiger komplexer Ionen in Lösung aus einem hydratisierten Zentral-Ion und hydratisierten Liganden*

$-x$ = Bildungswärme des Ions $Pd^{2+}$ in wässeriger Lösung
$-y$ = Bildungswärme des Ions $Pt^{2+}$ in wässeriger Lösung
$-z$ = Bildungswärme des Ions $Pt^{4+}$ in wässeriger Lösung
$-v$ = Bildungswärme des Ions $Au^{3+}$ in wässeriger Lösung

| Ion | Bildungswärme in kcal | Ion | Bildungswärme in kcal |
|---|---|---|---|
| Komplexe Quecksilber-Ionen | | Komplexe Platin(II)-Ionen | |
| $[Hg(CN)_4]^{2-}$ | 59,0 | $[PtBr_4]^{2-}$ | $y$—24,6 |
| $[HgJ_4]^{2-}$ | 43,5 | $[PtCl_4]^{2-}$ | $y$—36,8 |
| $[HgBr_4]^{2-}$ | 29,3 | | |
| $[HgCl_4]^{2-}$ | 13,2 | Komplexe Platin(IV)-Ionen | |
| Komplexe Palladium(II)-Ionen | | $[PtJ_6]^{2-}$ | $z$—27,8 |
| $[PdBr_4]^{2-}$ | $x$—29,3 | $[PtBr_6]^{2-}$ | $z$—56,1 |
| $[PdCl_4]^{2-}$ | $x$—31,3 | $[PtCl_6]^{2-}$ | $z$—72,4 |
| Komplexe Silber(I)-Ionen | | Komplexe Gold(III)-Ionen | |
| $[Ag(CN)_3]^{2-}$ | 31,9 | $[AuBr_4]^{-}$ | $v$—67,7 |
| $[AgJ_3]^{2-}$ | 29,0 | $[AuCl_4]^{-}$ | $v$—82,1 |

In allen diesen Fällen nimmt die Anlagerungswärme der hydratisierten Anionen an das hydratisierte Zentral-Ion in ein und derselben Reihenfolge ab: $CN^- > J^- > Br^- > Cl^-$ (Tabelle 34). In der gleichen Reihenfolge nimmt, wie Grinberg [111] festgestellt hat, die Stabilität der Acido-Komplexe des Platin (II) und des Quecksilbers (II) ab.

### 4. *Thermochemie komplexer Verbindungen mit ungleichartigen Liganden*

Komplexe mit ungleichartigen Liganden bilden eine sehr zahlreiche und interessante, aber leider in thermochemischer Hinsicht ungenügend erforschte Gruppe von Verbindungen. Wir werden genötigt sein, wegen Mangels an Daten uns auf die Betrachtung thermochemischer Verhältnisse für komplexe Kobaltsalze zu beschränken und uns hierbei hauptsächlich auf das von uns erhaltene experimentelle Mateiial zu stützen.

Von großem Interesse ist inbesondere die Untersuchung der thermochemischen Verhältnisse in den sogenannten Übergangsreihen von WERNER-MIOLATI. Die Untersuchung dieser Reihen spielte bei der Entwicklung der Grundprinzipien der Koordinationstheorie eine wesentliche Rolle. Die Reihen von WERNER-MIOLATI sind für viele Gruppen komplexer Verbindungen bekannt, und es wurde für sie eine Reihe von Eigenschaften untersucht. Jedoch wurden in thermochemischer Hinsicht derartige Reihen von niemandem erforscht. Der erste Versuch in dieser Richtung waren unsere gemeinsam mit PANKOWA [144] durchgeführten Arbeiten.

Als Untersuchungsobjekt wurde die Reihe der Verbindungen: $[Co(NH_3)_6]X_3$, $[Co(NH_3)_5]X_2$, $[Co(NH_3)_4(NO_2)_2]X$, $[Co(NH_3)_3(NO_2)_3]$, $R[Co(NH_3)_2No_2)_4]$, $[R_3Co(NO_2)_6]$ gewählt. Die Verbindungen vom Typ $R_2[Co(NH_3)(NO_2)_5]$ sind in der Literatur nicht beschrieben.

Unter Verwendung der von uns erhaltenen experimentellen Daten und Berechnungen, die auf der Verwendung thermochemischer Radien beruhen, errechneten oder veranschlagten wir die Bildungswärmen aller Ionen der zu untersuchenden Reihe in gasförmigen Zustand (vergleiche Tabelle 10 des ersten Teils dieses Buches und dessen zweiten Teil), und von hier aus fanden wir die relativen Werte für die Anlagerungsenergie. Eine Zusammenstellung der gefundenen Werte, mit deren Hilfe ein Vergleich der thermischen Stabilität der verschiedenen komplexen Kationen untereinander möglich ist, wird in Tabelle 35 angeführt.

Tabelle 35

*Thermochemische Verhältnisse in der Reihe* $[Co(NH_3)_{6-n}(NO_2)_n]^{3-n}$

$-x$ = Bildungswärme des gasförmigen Ions $Co^{3+}$
$y$ = Bildungswärme des gasförmigen $Co^{3+}$-Ions in wässeriger Lösung

| Ion oder Molekel | Anlagerungsenergie | Bildungsenergie eines hydratisierten Teilchens aus hydratisierten Bestandteilen |
|---|---|---|
| | in kcal | |
| $[Co(NH_3)_6]^{3+}$ . . . . . . . . | $x$—724 | 29,9—$y$ |
| $[Co(NH_3)_5NO_2]^{2+}$ . . . . . . | $x$—355 | 31,1—$y$ |
| trans-$[Co(NH_3)_4(NO_2)_2]^+$ . . . . . | ($x$— 92) | 31,1—$y$ |
| cis-$[Co(NH_3)_4(NO_2)_2]^+$ . . . . . | — | 31,9—$y$ |
| $[Co(NH_3)_3(NO_2)_3]$ . . . . . . | — | (23 —$y$) |
| $[Co(NH_3)_2(NO_2)_4]^-$ . . . . . | $x$+ 69 | 23,0—$y$ |
| $[Co(NO_2)_6]^{3-}$ . . . . . . . . | $x$—206 | 6,1—$y$ |

Aus der Betrachtung der angeführten Ziffern kann geschlossen werden, daß die Substitution der ersten Ammoniakmolekel durch ein gasförmiges Ion $NO_2^-$ im Kation $[Co(NH_3)_6]^{3+}$ von einer wesentlichen Wärmeentwicklung (369 kcal) begleitet wird. Das Einführen des zweiten gasförmigen Ions $NO_2^-$ in das Kation $[Co(NH_3)_5NO_2]^{2+}$ wird bereits von einem etwas geringeren, aber immer noch positiven Wärmeeffekt (263 kcal) begleitet. Eine weitere Substitution der Molekel $NH_3$ durch das Ion $NO_2^-$ wird durch einen sich immer mehr verringernden positiven Wärmeeffekt begleitet, und schließlich ist die Substitution zweier Molekeln

$NH_3$ durch $NO_2^-$ im Anion $[Co(NH_3)_2(NO_2)_4]^-$ bereits mit einem negativen Wärmeeffekt (—137 kcal) verbunden. Es kann vermutet werden, daß im Anion $[Co(NO_2)_6]^{3-}$ die gegenseitige elektrische Abstoßung der Ionen $NO_2^-$ bereits eine wesentliche Rolle spielt. Auf diese Weise zeichnet sich im gasförmigen Zustand durch die größte Stabilität eines der mittleren Glieder der Reihe von WERNER-MIOLATI aus, und zwar $[Co(NH_3)_2(NO_2)_4]^-$.

Von gewissem Interesse ist ebenfalls eine Gegenüberstellung der Bildungswärmen komplexer Ionen in wässeriger Lösung aus hydratisierten Bestandteilen, d. h. der Reaktionswärmen, die nach dem allgemeinen Schema

$$Co^{3+}_{aq} + (6 - n)\,NH_{3aq} + nNO^-_{2aq} = [Co(NH_3)_{6-n}(NO_2)_n]^{3-n}_{aq} + Q_2 \qquad (XV)$$

verlaufen. Die Werte $Q_2$ (der Reaktionswärme von XV) werden in der gleichen Tabelle 35 angeführt.

Wir haben bereits auf die Kompliziertheit einer Berücksichtigung aller die Größe $Q_2$ bestimmenden Faktoren hingewiesen. Es erweist sich aber, daß auch in wässeriger Lösung die Bildung eines der mittleren Glieder der Reihe von WERNER-MIOLATI $[Co(NH_3)_4(NO_2)_2]^+$ vom größten Wärmeeffekt begleitet wird, obwohl die Schwankungsamplitude der Werte $Q_2$ nicht mit der Schwankungsamplitude in den Anlagerungsenergien verglichen werden kann.

Von großem Interesse ist die Gruppe der Acido-pentammin-Salze. Insbesondere bilden die Acido-pentammin-Salze des Kobalts (III) eine der größten und am meisten erforschten Gruppen der komplexen Kobaltsalze. Es genügt der Hinweis, daß in dem bekannten Lehrgang der anorganischen Chemie von MELLOR [145] über 500 Vertreter dieser Gruppe aufgezählt werden. Einige der Acido-pentammin-Salze finden bereits jetzt eine vielseitige Verwendung in der Praxis. Die Acido-pentammin-Salze sind auch in thermochemischer Hinsicht interessant, da sie einerseits Vertreter „typischer" Komplexsalze und andererseits Vertreter einer in thermochemischer Hinsicht wenig erforschten Gruppe komplexer Verbindungen mit ungleichartigen Liganden sind.

Zur Errechnung der Bildungswärmen von Acido-pentammin-Salzen wurden beim Versuch die Reaktionswärmen kristallisierter Komplexverbindungen mit 0,26 molarer Natriumsulfidlösung gemessen. (Die Messung der thermochemischen Konstanten für Acido-pentammin-Salze des Kobalts wurde gemeinsam mit PANKOWA durchgeführt [65]). Eine analoge Methode benutzten früher LAMB und SIMMONS [146], die nur 3 Vertreter dieser Verbindungsgruppen untersuchten und zwar $[Co(NH_3)_5Cl]Cl_2$, $[Co(NH_3)_5Br]Br_2$ und $[Co(NH_3)_5NO_3](NO_3)_2$.

Bei allen Berechnungen wurden von uns die Bildungswärme des Natriumsulfids in wässeriger Lösung und die Bildungswärme der sich bei der Reaktion bildenden Stoffe aus der „Thermochemie" von BICHOWSKY und ROSSINI [31] entnommen. Insbesondere wurde für $Co_2S_3$ der relative Wert $\Delta H^\circ_{298} = -40$ kcal angenommen, der von BICHOWSKY und ROSSINI [31] „geschätzt" worden ist. Eine Zusammenstellung der auf diesem Wege erhaltenen Werte der Bildungswärmen ($-\Delta H^\circ_{298}$) wird in der zweiten Spalte der Tabelle 26 gebracht.

In der gleichen Tabelle bringen wir die Werte der Bildungswärmen für $[Co(NH_3)_5Cl]Cl_2$ und $Co(NH_3)_5BrBr_2$, die von uns nach den Daten von Lamb und Simmons [146] errechnet wurden, da Bichowsky und Rossini [31] in diesem Falle Rechenfehler unterlaufen sind.

Tabelle 36

*Bildungswärme der Acido-pentammin-Kobalt-Salze*

| Verbindung | Bildungswärme in kcal | |
|---|---|---|
| | Berechnet aus der Reaktionswärme mit $Na_2S$ | Berechnet aus der Lösungswärme |
| $[Co(NH_3)_5Cl]Cl_2$ | 247,9* | — |
| $[Co(NH_3)_5Cl]Br_2$ | 227,1 | 227,5 |
| $[Co(NH_3)_5Cl]J_2$ | — | 198,5 |
| $[Co(NH_3)_5Cl](NO_3)_2$ | — | 271,3 |
| $[Co(NH_3)_5Cl]C_2O_4$ | 361,6 | — |
| $[Co(NH_3)_5J]J_2$ | 175,7 | — |
| $[Co(NH_3)_5J]Cl_2$ | 222,3 | — |
| $[Co(NH_3)_5J](NO_3)_2$ | 248,6 | — |
| $[Co(NH_3)_5NO_3]Cl_2$ | 258,3 | (259,6) |
| $[Co(NH_3)_5NO_3]J_2$ | 210,0 | 209,6 |
| $[Co(NH_3)_5NO_3](NO_3)_2$* | 282,0 | — |
| $[Co(NH_3)_5NO_2]Cl_2$ | — | 242,1 |
| $[Co(NH_3)_5NO_2]Br_2$ | 223,0 | 223,0 |
| $[Co(NH_3)_5NO_2]J_2$ | — | 192,2 |
| $[Co(NH_3)_5NO_2](NO_3)_2$ | 265,9 | — |
| $[Co(NH_3)_5NO_2]C_2O_4$ | 358,4 | — |
| $[Co(NH_3)_5NCS](NO_3)_2$ | 221,7 | — |
| $[Co(NH_3)_5SO_4]J_2$ | 355,4 | 355,2 |
| $[Co(NH_3)_5SO_4]NO_3$ | 393,0 | — |
| $[Co(NH_3)_5CO_3]NO_3 \cdot H_2O$ | 407,9 | — |
| $[Co(NH_3)_5Br]Br_2$ | 216,8* | — |

* Für diese Verbindungen wurde die Berechnung nach den Daten von Lamb und Simmons durchgeführt, da bei Bichowsky und Rossini irrtümlicherweise folgende Bildungswärmen angeführt werden:

$[Co(NH_3)_5Cl]Cl_2$—237,9 kcal;
$[Co(NH_3)_5Br]Br_2$—207,1 kcal;
$[Co(NH_3)_5NO_3](NO_3)_2$—271,8 kcal.

Für letztere Verbindung wurde die Bildungswärme durch den Verfasser bestimmt [65]

Ausgehend von den Bildungswärmen und den Lösungswärmen von $[Co(NH_3)_5Cl]Cl_2$, $[Co(NH_3)_5NO_3](NO_3)_2$, $[Co(NH_3)_5NO_2](NO_3)_2$, $[Co(NH_3)_5SO_4]NO_3$, $[Co(NH_3)_5Br]Br_2$ und $[Co(NH_3)_5CO_3]NO_3 \cdot H_2O$, errechneten wir die Bildungswärmen folgender Ionen in wässeriger Lösung: $[Co(NH_3)_5Cl]^{2+}$, $[Co(NH_3)_5NO_3]^{2+}$, $[Co(NH_3)_5NO_2]^{2+}$, $[Co(NH_3)_5SO_4]^{+}$ und $[Co(NH_3)_5Co_3]^{+}$.

Bei diesen Berechnungen wurden die Bildungswärmen der Anionen $Cl^-$, $Br^-$ und $NO_3^-$ aus der „Thermochemie" von Bichowsky und Rossini genommen. Eine Zusammenstellung enthält Tabelle 37.

Die Bildungswärme komplexer Kobaltsalze kann auch auf anderem Wege errechnet werden. Wenn man die Bildungswärme der komplexen Ionen (Tabelle 37) und Anionen kennt, die in den Verband des betreffenden Salzes gehören, kann man die Bildungswärme der komplexen Salze in Lösung finden, und dann unter Benutzung der Lösungswärme des betreffenden Salzes seine Bildungswärme im kristallisierten Zustand berechnen.

Eine Zusammenstellung der auf diesem Wege erhaltenen Werte der Bildungswärmen wird in der dritten Spalte der Tabelle 36 gebracht.

Tabelle 37

*Bildungswärmen komplexer Ionen in wässeriger Lösung*

$y$ — Bildungswärme des Ions $Co^{3+}$ in wässeriger Lösung

| Ion | Bildungswärme in kcal | Wärme der Reaktion (XVII) in kcal |
|---|---|---|
| $[Co(NH_3)_6]^{3+}aq$ . . . . . | 146,0 | 29,9—$y$* |
| $[Co(NH_3)_5H_2O]^{3+}aq$ . . . | 188,1 | 23,0—$y$ |
| $[Co(NH_3)_5NO_2]^{2+}aq$ . . . | 153,1 | 31,1—$y$ |
| $[Co(NH_3)_5Cl]^{2+}aq$ . . . . | 156,1 | 19,7—$y$ |
| $[Co(NH_3)_5Br]^{2+}aq$ . . . . | 146,8 | 21,4—$y$ |
| $[Co(NH_3)_5NO_3]^{2+}aq$ . . . | 168,8 | 22,9—$y$ |
| $[Co(NH_3)_5SO_4]^{+}aq$ . . . . | 331,9 | 19,4—$y$ |
| $[Co(NH_3)_5CO_3]^{+}aq$ . . . . | 278,1 | 20,9—$y$ |

* Nach Daten von JAZIMIRSKI und PANKOWA [144].

Auf diese Weise wurden die Bildungswärmen von $[Co(NH_3)_5Cl]J_2$, $[Co(NH_3)_5Cl](NO_3)_2$, $[Co(NH_3)_5NO_2]Cl_2$ und $[Co(NH_3)_5NO_2]J_2$ berechnet. Die gleiche Methode wurde zur Kontrolle der nach der ersten Methode erhaltenen Bildungswärmen angewandt.

Es muß erwähnt werden, daß in fast allen Fällen eine zufriedenstellende Übereinstimmung zwischen den durch beide Methoden gefundenen Bildungswärmen zu beobachten ist. Eine Ausnahme bildet $[Co(NH_3)_5NO_3]Cl_2$. Für diese Verbindung beträgt die Differenz zwischen dem Wert $-\Delta H^\circ_{298}$, der aus der Wärme der Reaktion mit 0,26 molarer Lösung des Natriumsulfids erhalten wurde und dem Wert $-\Delta H^\circ_{298}$ der aus der Lösungswärme der betreffenden Verbindung in Wasser berechnet wurde, gleich 1,3 kcal.

Diese Differenz kann dadurch erklärt werden, daß in Lösung eine weitgehende Reaktion vorliegt.

$$[Co(NH_3)_5NO_3]^{2+}_{aq} + Cl^-_{aq} = [Co(NH_3)_5Cl]^{2+}_{aq} + NO^-_{aq} - 3{,}22\ \text{kcal}.$$

Unsere Vermutung wird dadurch bestätigt, daß bereits einige Minuten nach der Lösung von $[Co(NH_3)_5NO_3]Cl_2$ eine wesentliche Menge des Chlors nicht in der Kälte durch Silbernitratlösung nachweisbar ist.

Die von uns erhaltenen Werte der Bildungswärmen komplexer Salze wurden für die Berechnung der thermochemischen Radien folgende Ionen nach der „Differenzenmethode" verwandt: $[Co(NH_3)_5Cl]^{2+}$, $[Co(NH_3)_5NO_2]^{2+}$, $[Co(NH_3)_5J]^{2+}$ und $[Co(NH_3)_5NO_3]^{2+}$. Eine Zusammenstellung der auf diesem Wege erhaltenen Werte der Ionenradien wird in Tabelle 38 angeführt. In der gleichen Tabelle befinden sich die Werte der thermochemischen Radien für $[Co(NH_3)_5Br]^{2+}$ und $[Co(NH_3)_5CNS]^{2+}$, die ausgehend von den Größen der Ionenradien $[Co(NH_3)_5Cl]^{2+}$

und $[Co(NH_3)_5J]^{2+}$, sowie der thermochemischen Radien der Ionen $Br^-$ und $CNS^-$ geschätzt wurde.

Mit Hilfe der Gleichung KAPUSTINSKIs für die Gitterenergie und der Gleichung (3) errechneten wir die Bildungswärme der gasförmigen Acido-pentammin-kobalti-Ionen (Tabelle 38, 2. Spalte). Auf Grund dieser Ziffern ist ein Vergleich zwischen

Tabelle 38

*Energetik komplexer Kobalt-Ionen*

$-x$ = Bildungswärme des gasförmigen $Co^{3+}$-Ions

| Ion | Thermochemischer Radius in Å | Bildungswärmen der gasförmigen Ionen in kcal | Energie des Prozesses (XVI) in kcal |
|---|---|---|---|
| $[Co(NH_3)_5NO_3]^{2+}$ . . . . | 2,40 | —243 | $x$—378 |
| $[Co(NH_3)_5Br]^{2+}$ . . . . . | (2,43) | —263 | ($x$—377) |
| $[Co(NH_3)_5Cl]^{2+}$ . . . . . | 2,36 | —257 | $x$—374 |
| $[Co(NH_3)_5J]^{2+}$ . . . . . | 2,57 | —265 | $x$—373 |
| $[Co(NH_3)_5NCS]^{2+}$ . . . . | (2,43) | (—300) | ($x$—367) |
| $[Co(NH_3)_5NO_2]^{2+}$ . . . . | 2,30 | —267 | $x$—355 |

den thermischen Stabilitäten verschiedener gasförmiger komplexer Ionen möglich, d. h. ein Vergleich der Energie des Prozesses (der Anlagerungsenergie).

$$Co^{3+}_{(g)} + 5NH_{3(g)} + X^- = [Co(NH_3)_5X]^{2+}_{(g)} + W. \qquad (XVI)$$

Die für die Berechnung fehlende Bildungswärme des gasförmigen Ions $Co^{3+}$ benannten wir mit — X. Die errechneten Werte der Anlagerungsenergie werden in der vierten Spalte der Tabelle 38 angeführt. Die gasförmigen Anionen kann man nach ihrer abnehmenden Anlagerungsenergie an das gasförmige Kobalt(III)-Kation in folgender Reihe anordnen: $NO_2^- > CNS^- > Cl^-$, $J^- > Br^-$, $NO_3^-$.

Diese Reihe kennzeichnet bis zu einem gewissen Grade die Stabilität der komplexen Ionen. In diesem Zusammenhang ist es interessant zu erwähnen, daß TSUCHIDA [147] auf Grund einer Untersuchung der Absorptionsspektren der Acido-pentammin-Salze des Kobalts folgende Reihe nach der abnehmenden Stabilität der Anlagerung der Anionen-Liganden an das zentrale Ion erhielt:

$$NO_2^- > CNS^- > NO_3^- > Cl^- > Br^-.$$

Die angeführte Reihenfolge fällt eng mit der von uns gefundenen zusammen und unterscheidet sich von ihr nur durch die Stellung des Ions $NO_3^-$. Jedoch sprechen die Versuchsdaten (die sehr leichte Substitutionsfähigkeit von $NO_3^-$ durch andere Liganden) eher zugunsten der Stabilitätsreihe, die auf Grund unserer Forschungen aufgestellt ist.

Von gewissem Interesse ist auch die Bildungswärme des komplexen Ions in wässeriger Lösung aus einem hydratisierten zentralen Ion und einem hydratisierten Liganden, d. h. die Wärme der Reaktion.

$$Co^{3+}_{aq} + 5NH_3\,aq + X^-_{aq} = [Co(NH_3)_5X]^{2+}_{aq} + Q_2. \qquad (XVII)$$

Im theoretischen Teil haben wir bereits auf diese zahlreichen und entgegengesetzten Faktoren, die diese Größe bestimmen, hingewiesen. Es ist durchaus verständlich, daß die betreffende Größe nicht auch die Stabilität des Ions in Lösung kennzeichnen kann, da letztere durch die freie Energie des Prozesses (XVII) bestimmt wird.

Indem wir mit $y$ die Bildungswärme des Ions $CO^{3+}$ in wässeriger Lösung bezeichnet hatten, errechneten wir die Werte von $Q_2$ für sechs Ionen des zu untersuchenden Typs. Die Ergebnisse der Berechnungen stehen in der zweiten Spalte der oben angeführten Tabelle 37. Für alle Acido-pentammin-Ionen sind sie ungefähr gleich, aber unterscheiden sich stark bei $[Co(NH_3)_5NO_2]^{2+}$. Zum Vergleich werden in der Tabelle ebenfalls die Bildungswärmen der Ionen $[Co(NH_3)_6]^{3+}$ und $[Co(NH_3)_5H_2O]^{3+}$ in wässeriger Lösung gebracht. Die Werte $Q_2$ für das erste von ihnen fallen eng mit dem Wert für Nitro-pentammin-kobalti-Ion zusammen, für das zweite — $Q_2$ fallen sie eng mit den Werten zusammen, die für die übrige Acido-pentammin-kobalti-Ionen kennzeichnend sind.

Für die übrigen komplexen Ionen mit nicht gleichartigen Liganden werden die thermochemischen Daten in Tabelle 39 gebracht.

Tabelle 39

*Energetische Daten für komplexe Ionen mit ungleichartigen Liganden*

$y$ = Bildungswärme des $Co^{3+}$-Ions in wässeriger Lösung
-- $x$ = Bildungswärme des gasförmigen $Co^{3+}$-Ions

| Ion | Anlagerungsenergie in kcal | Bildungswärme des komplexen Ions in wässeriger Lösung aus hydratisierten Bestandteilen in kcal |
|---|---|---|
| $[Co(NH_3)_6]^{3+}$ | $x$—724 | 29,9—$y$ |
| $[Co(NH_3)_5Cl]^{2+}$ | $x$—374 | 19,1—$y$ |
| $[Co(NH_3)_5Br]^{2+}$ | ($x$—377) | 21,4—$y$ |
| $[Co(NH_3)_5J]^{2+}$ | $x$—373 | — |
| $[Co(NH_3)_5NO_3]^{2+}$ | $x$—378 | 22,9—$y$ |
| $[Co(NH_3)_5NCS]^{2+}$ | ($x$—367) | — |
| $[Co(NH_3)_5HCO_2]^{2+}$ | $x$—357 | 23,2—$y$ |
| $[Co(NH_3)_5SO_4]^{+}$ | — | 21,4—$y$ |
| $[Co(NH_3)_5CO_3]^{+}$ | — | 20,9—$y$ |
| trans-$[Co(NH_3)_4(NO_2)_2]^{+}$ | ($x$— 92) | 31,1—$y$ |
| cis-$[Co(NH_3)_4(NO_2)_2]^{+}$ | ($x$— 92) | 31,3—$y$ |
| trans-$[Co(NH_3)_4Cl_2]^{+}$ | — | 9—$y$ |
| cis-$[Co(NH_3)_4Cl_2]^{+}$ | — | 8,2—$y$ |
| $[CoEn_3]^{3+}$ | $x$—693 | 33,7—$y$ |
| cis-$[CoEn_2(NO_2)_2]^{+}$ | — | 33,7—$y$ |
| trans-$[CoEn_2Cl_2]^{+}$ | — | 18,5—$y$ |
| cis-$[CoEn_2Cl_2]^{+}$ | — | 16,7—$y$ |
| $[Co(NH_3)_5H_2O]^{3+}$ | $x$—732 | 23,0—$y$ |
| $[Co(NH_3)_4(H_2O)_2]^{3+}$ | $x$—732 | 21,5—$y$ |
| $[Co(NH_3)_4(H_2O)(NO_3)]^{2+}$ | $x$—384 | 17,1—$y$ |

Aus den angeführten Daten geht hervor, daß die Substitution einer Ammoniakmolekel durch eine gasförmige Wassermolekel von einem negativen Wärmeeffekt (— 6 bis — 8 kcal) begleitet wird; die Substitution einer Ammoniakmolekel durch ein beliebiges der untersuchten Anionen wird von einer beträchtlichen Wärmeentwicklung begleitet.

In wässerigen Lösungen erfolgt die Substitution der Ammoniakmolekeln in komplexen Kobalti-Ionen durch die Anionen $Cl^-$, $Br^-$, $HCO_2^-$, $SO_4^{2-}$, $CO_3^{2-}$ und die Wassermolekeln mit einer Wärmeaufnahme. Vielleicht sind aus diesem Grunde die vollständigen Reihen von WERNER-MIOLATI für komplexe Kobaltiake mit diesen Anionen unbekannt.

Das Problem der thermochemischen Verhältnisse bei Bildung von geometrischen Isomeren zwischen komplexen Verbindungen besitzt bedeutendes Interesse. Die Daten von OVENSTON und TERREY [148] und unsere Daten zeigen, daß sich zumindest bei komplexen Kobaltisalzen die Bildungswärmen der cis- und trans-Isomeren wenig voneinander unterscheiden. Bis jetzt ist es nicht gelungen, hier irgendwelche bestimmte Gesetzmäßigkeiten festzustellen. Jedoch muß auf folgenden Umstand aufmerksam gemacht werden. Zur Lösung des Problems der relativen Stabilität der cis- und trans-Isomeren dürfen nicht die Bildungswärmen der kristallisierten Salze untereinander verglichen werden, deren Bildungswärme von vielen Faktoren abhängt, sondern die Bildungswärme gasförmiger oder zumindest hydratisierter Ionen. Hierbei kann festgestellt werden, daß bei Praseo- und Violeo-Salzen die Bildungswärme für die trans-Isomeren größer ist als für die cis-Isomeren. Bei Croceo- und Flavo-Salzen ist das Gegenteil zu beobachten. Die cis-Isomeren besitzen einen höheren Wert der Bildungswärme als die trans-Isomeren.

Es kann angenommen werden, daß diese Erscheinung damit zusammenhängt, daß bei Dichloro-tetrammin-Salzen der Ionisationsgrad der Bindung stärker ist als bei Dinitro-tetrammin-Salzen. Der Effekt der elektrostatischen Abstoßung (wesentlicher bei der cis-Isomerie) führt zu einer verhältnismäßigen Verringerung der Stabilität dieser Isomerie. Auf Grund der Verwendung der für komplexe Kobalt (III)-Verbindungen erhaltenen Daten gelang uns die Feststellung einiger Besonderheiten der trans-Beeinflussung [149]. Die Gesetzmäßigkeit der trans-Beeinflussung wurde von J. J. TSCHERNJAJEW 1926 entdeckt, und damals schon wies er auf den universellen Charakter dieser Gesetzmäßigkeit hin [150]. Insbesondere zeigte TSCHERNJAJEW, daß die Gesetzmäßigkeit der trans-Beeinflussung auch bei Kobalt-Komplexen auftritt. Weiter untersuchten TSCHERNJAJEW und seine Schule die Kinetik der Substitutionsprozesse in komplexen Ionen und verwendeten weitgehendst die abgeleitete Gesetzmäßigkeit für die Synthese neuer Komplexverbindungen.

Wir zeigten, daß die Wärme der Verdrängung eines Liganden aus einem komplexen Ion durch einen anderen Liganden sehr davon abhängt, welcher Substituent sich in der trans-Stellung im Verhältnis zu dem zu verdrängenden Liganden befindet. Diese Frage wird in der oben zitierten Arbeit ziemlich ausführlich behandelt [149]. Hier wollen wir uns nur auf eine sehr kurze Darlegung der wichtigsten Grundsätze beschränken.

Die Verdrängung eines Ions $NO_2^-$ aus einem Croceo-Ion $1,6[Co(NH_3)_4(NO_2)_2]^+$ durch Ammoniak, Wasser und ein Chlor-Ion wird stets von einem größeren Wärmeeffekt begleitet als die Verdrängung des gleichen Ions $NO_2^-$ aus einem Xantho-Ion $Co\,(NH_3)_5NO_2]^{2+}$. Von einem noch geringeren Wärmeeffekt wird die Verdrängung des Ions $NO_2^-$ aus 1,6[$Co(NH_3)_4NO_2Cl]^+$ (alle Wärmeeffekte wurden für Reaktionen in wässerigen Lösungen berechnet). Auf diese Weise wird die Verdrängung des Ions $NO_2^-$ durch verschiedene Liganden von verschiedenen Wärmeeffekten je nach der Natur des sich in der trans-Stellung befindenden Liganden begleitet. In dem zu untersuchenden Fall vollzieht sich die Verringerung des Wärmeeffektes in folgender Reihe: $NO_2 > NH_3 > Cl$ (es sind die Liganden angegeben, die sich in trans-Stellung befinden).

Diese Reihenfolge bleibt auch bei der Verdrängung noch stärker kovalent gebundener Liganden durch weniger stark kovalente bestehen. Bei der Verdrängung von Liganden in umgekehrter Reihenfolge wird die angegebene Reihe völlig umgekehrt.

Daher nehmen wir an, daß verschiedene Liganden eine verschiedene „Empfänglichkeit" für trans-Beeinflussung haben. Am empfindlichsten für trans-Beeinflussung reagieren die Liganden, die besonders zur Bildung kovalenter Bindungen geneigt sind.

### 5. *Thermochemie der Anionen von Sauerstoffsäuren*

In diesem Abschnitt befassen wir uns nur mit dem Typ der chemischen Bindung bei Anionen von Sauerstoffsäuren, da wir in den vorausgegangenen Abschnitten bereits genügend vollständig die zahlreichen thermochemischen Konstanten für diese wichtige Anionengruppe angeführt haben. KAPUSTINSKI und JAZIMIRSKI [62] gingen an die Lösung dieser Aufgabe unter Verwendung des Wertes der Anlagerungsenergien. Wir bringen eine Untersuchung der von uns verwandten Methode am Beispiel der Analyse von Bindungen im Ion $SO_4^{2-}$.

Das Ion $SO_4^{2-}$ kann man sich entweder nach dem Schema von KOSSEL aufgebaut

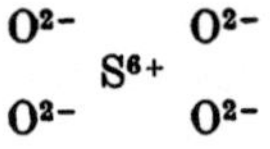


aus den Ionen $S^{6+}$ und $O^{2-}$ vorstellen oder nach dem Schema von Lewis aus den Ionen $S^{2+}$ und $O^-$ mit vier kovalenten Bindungen.

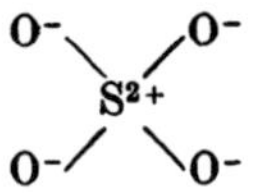


In Wirklichkeit kann der Aufbau von $SO_4^{2-}$ nicht durch klassische Strukturen wiedergegeben werden einschließlich der hier nicht untersuchten Struktur aus Doppelbindungen.

Wenn man annimmt, daß die Struktur des Ions $SO_4^{2-}$ der Struktur nach KOSSEL entspricht, so kann man die Bildungswärme von $SO_4^{2-}$ aus dem Prozeß

$$S^{6+}_{(g)} + 3\,O^{2-}_{(g)} = SO^{2-}_{4(g)} + W_1 \qquad \text{(XVIII)}$$

errechnen, wo die Größe $W_1$ mit Hilfe folgender Gleichung ausgerechnet werden kann:

$$W_1 = kNe^2\left[\frac{z_k z_a n}{r}(1-\varrho) - S_p \frac{z_a^2}{r} n\right], \qquad (54)$$

Hierbei bedeuten:

$k$ — Umrechnungsfaktor für Ausdruck $W_1$ in kcal;
$N$ — Avogadrosche Zahl;
$e$ — Ladung des Elektrons;
$z_k$, $z_a$ — Ladungen des Kations bzw. Anions in diesem Falle ist $z_k = 6$ und $z_a = 2$);
$n$ — Zahl der Anionen (hier $n = 4$);
$r$ — Abstand zwischen den Zentren der entgegengesetzt geladenen Ionen;
$\varrho$ — Abstoßungsglied, von uns mit 0,22 veranschlagt;
$S_p$ — „Abschirmungskoeffizient" für tetraedrische Ionen = 0,92, für dreieckige = 0,58.

Wenn wir den Versuchswert von $r$ (1,61 Å) verwenden, finden wir für $W_1$ den Wert 4660 kcal, während aus dem von uns gefundenen Wert der Bildungswärme von $SO^{2}_{4(g)}$ die Energie des Prozesses = 7340 kcal ist (im folgenden werden wir diese Werte „Versuchswerte" nennen), d. h., in diesem Falle erreicht die Differenz 2700 kcal. Folglich ist die Struktur nach Kossel für das Ion $SO_4^{2-}$ wenig wahrscheinlich.

Die Bildungsenergie der Struktur nach Lewis kann berechnet werden aus dem Prozeß

$$S^{2+}_{(g)} + 4O^{-}_{(g)} = SO^{2-}_{4(g)} + W_2 . \qquad \text{(XIX)}$$

Die Energie dieses Prozesses $W_2$ kann aus der Gleichung

$$W_2 = W_1 + nD_{k-O} , \qquad (55)$$

abgeschätzt werden, wobei

$W_1$ — das Coulombglied bedeutet, das nach der Gleichung (54) berechnet wird (in diesem Falle ist $z_k = 2$, $z_a = 1$, und alle übrigen Größen behalten ihren früheren Wert);

und $D_{k-O}$ — Energie der kovalenten Bindung zwischen dem Zentralatom des Anions und dem Sauerstoff bedeutet.

Für die Bindung S — O wurde die Energie der kovalenten Bindung nach den Näherungen von Pauling mit 49 kcal geschätzt.

Unter Verwendung der Gleichung (54) fanden wir $W_2 = 725$ kcal, während sich aus unseren Daten $W_2 = 1000$ kcal ergibt, d. h. die Differenz in diesem Falle 275 kcal beträgt. Auf diese Weise zeigen unsere Daten sicher, daß die Struktur von Lewis zu den für das Ion $SO_4^{2-}$ wahrscheinlichsten gehört.

Ähnliche Berechnungen wurden von uns auch für andere Ionen durchgeführt. Die in Tabelle 40 angeführten Daten zeigen, daß auch für die übrigen von uns untersuchten Ionen die Kosselschen Strukturen sehr wenig wahrscheinlich sind; wesentlich wahrscheinlicher sind Strukturen mit einfach geladenem Anionen des Sauerstoffs und mit kovalenten Bindungen.

Wie erwartet werden mußte, nehmen die Strukturen von Kossel mit der Senkung der Oxydationsstufe des zentralen Atoms an Wahrscheinlichkeit zu.

Tabelle 40

| Ion | Angenommene Struktur | Energie in kcal | | |
|---|---|---|---|---|
| | | Berechnet nach Gleichung (62) und (63) | Experimentell gefunden | Differenz |
| $ClO_4^-$ | $O^{2-}$ $O^{2-}$ <br> $Cl^{7+}$ <br> $O^{2-}$ $O^{2-}$ | 6050 | 10050 | 4000 |
| $SO_4^{2-}$ <br> $O^{2-}$ | $O^{2-}$ $O^{2-}$ <br> $S^{6+}$ <br> $O^{2-}$ $O^{2-}$ | 4660 | 7340 | 2680 |
| $PO_4^{3-}$ | $O^{2-}$ $O^{2-}$ <br> $P^{5+}$ <br> $O^{2-}$ $O^{2-}$ | 3240 | 4780 | 1540 |
| $SiO_4^{4-}$ | $O^{2-}$ $O^{2-}$ <br> $Si^{4+}$ <br> $O^{2-}$ $O^{2-}$ | 1980 | 2950 | 970 |
| $AsO_3^{4-}$ | $O^{2-}$ $O^{2-}$ <br> $As^{5+}$ <br> $O^{2-}$ $O^{2-}$ | 2980 | 4590 | 1610 |
| $SbO_4^{3-}$ | $O^{2-}$ $O^{2-}$ <br> $Sb^{5+}$ <br> $O^{2-}$ $O^{2-}$ | 2760 | 4350 | 1590 |
| $NO_3^-$ | $O^{2-}$ $O^{2-}$ <br> $N^{5+}$ <br> $O^{-2}$ | 3800 | 6930 | 3130 |
| $CO_3^{2-}$ | $O^{2-}$ $O^{2-}$ <br> $C_4^+$ <br> $O^{2-}$ | 2640 | 4200 | 1760 |
| $BO_3^{3-}$ | $O^{2-}$ $O^{2-}$ <br> $B^{3+}$ <br> $O^{2-}$ | 1530 | 2140 | 610 |
| $ClO_4^-$ | $O^-$ $O^-$ <br> $Cl^{3+}$ <br> $O^-$ $O^-$ | 1390 | 1820 | 430 |
| $SO_4^{2-}$ | $O^-$ $O^-$ <br> $S^{2+}$ <br> $O^-$ $O^-$ | 725 | 1000 | 275 |
| $PO_4^{3-}$ | $O^-$ $O^-$ <br> $P^+$ <br> $O^-$ $O^-$ | 90 | 280 | 190 |
| $SiO_4^{4-}$ | $O^-$ $O^-$ <br> Si <br> $O^-$ $O^-$ | —356 | —350 | 6 |
| $AsO_4^{3-}$ | $O^-$ $O^-$ <br> $As^+$ <br> $O^-$ $O^-$ | 60 | 190 | 130 |

ZWEITER TEIL

# Thermochemische Daten von Komplexverbindungen, Komplexbildnern und Liganden

## Erläuterungen zu den Tabellen

In den folgenden Tabellen werden Daten für 1463 Komplexverbindungen angeführt. Diese Daten wurden in Auswertung der Literaturquellen bis 1945 einschließlich und in Auswertung der experimentellen Untersuchung und theoretischen Berechnung des Verfassers und seiner Mitarbeiter zusammengestellt.

Eine derartige Zusammenstellung ist bisher von niemandem vorgenommen worden. Obwohl in ausländischen thermochemischen und physikochemischen Nachschlagewerken Daten auch für Komplexverbindungen gebracht werden, sind sie doch alle sehr unvollständig und lassen ein System vermissen, wodurch ihre Benutzung erschwert wird.

Das gleiche betrifft auch das kürzlich herausgegebene Nachschlagewerk von E. W. Britzke und A. F. Kapustinski und seiner Mitarbeiter unter dem Titel „Thermische Konstanten der anorganischen Verbindungen" (Akademie der Wissenschaften der UdSSR 1949), in dem die von uns vorgenommenen Berichtigungen nicht vollständig erhalten sind, da sie erst während der Drucklegung eingefügt wurden.

Außer den thermochemischen Konstanten für 1463 Komplexverbindungen sind in der Tabelle des zweiten Teils der vorliegenden Monographie thermochemische Daten für die wichtigsten Liganden und komplexbildenden Ionen enthalten.

Die Mehrzahl der von uns in den folgenden Tabellen angeführten Werte der thermochemischen Größen bezieht sich auf 18°. In den Fällen, in denen sich die Daten auf andere Temperaturen beziehen, werden sie als Index bei dem Buchstaben angeführt, der den Zustand bezeichnet. Die Wahl dieser Temperatur als Grundlage wird durch die von Bichowsky und Rossini [1] ausgesprochnen Überlegungen begründet. Frühere Forscher erhielten die thermochemischen Daten bei einer Temperatur um 18°; ihre Umrechnung auf 25° (Standardbedingungen) stellt in den meisten Fällen wegen der fehlenden Werte für die spezifischen Wärmen eine unerfüllbare Bedingung dar. Übrigens schafft dieser Umstand gewisse Unbequemlichkeiten nur für wässerige Lösungen. Soweit es feste Körper betrifft, so überschreitet, wie die Berechnungen [2] zeigen, die Korrektur in diesem Falle beim Übergang zu Standardbedingungen in der Regel nicht die Grenzen der Versuchsfehler.

Alle Werte der thermochemischen Größen sind in den Tabellen in kcal ausgedrückt.

Neben den thermochemischen Größen werden in den Tabellen die entweder aus thermochemischen Daten („thermochemische Radien") errechneten oder aus der Zusammenstellung von GOLDSCHMIDT entnommenen Ionenradien angeführt. Alle Werte der Ionenradien sind in Å ausgedrückt.

Für komplexbildende Ionen werden von uns folgende Daten angeführt: 1. Die Bildungswärmen der Ionen in gasförmigem Zustand und in verdünnter wässeriger Lösung $-\Delta H°$; 2. Die Hydrationswärmen der Ionen $L$; 3. Summare Ionisationspotentiale der Atome $\Sigma I$, die der Bildung der gegebenen Ionen entsprechen; 4. charakteristische Temperatur der Elemente $\Theta$; 5. Sublimationswärme der Metalle $\delta$ und schließlich 6. die Ionenradien im Kristallgitter nach GOLDSCHMIDT.

Die Werte der Bildungswärmen der Ionen in verdünnter wässeriger Lösung sind von BICHOWSKY und ROSSINI [1], ausgehend von der willkürlich mit 0 angenommenen Bildungswärme des Protons in unendlich verdünnter wässeriger Lösung, berechnet. Die Werte der Hydratationswärmen der Ionen sind von uns ebenfalls, ausgehend vom mehr oder weniger willkürlichen Wert der Hydratationswärme des Kalium-Ions (80,00 kcal), berechnet.

Es muß erwähnt werden, daß für die überwältigende Mehrzahl der Berechnungen und Gegenüberstellungen die absoluten Werte dieser Größen keine Rolle spielen, und wenn in Zukunft genauere Werte für die Hydrationswärmen der Ionen gefunden werden, die sich von den hier angenommenen unterscheiden, so werden an allen hier von uns angeführten Werten gleiche Korrekturen angebracht werden.

Die Werte der summaren Ionisationspotentiale für alle Ionen, mit Ausnahme von $Co^{2+}$, für das neuere Daten [3] vorhanden sind, sind aus der vollständigen Zusammenstellung dieser Größen entnommen, die in den Tabellen von LANDOLT-BÖRNSTEIN [4] enthalten sind (in der „Thermochemie" von BICHOWSKY und ROSSINI [1] werden für einige Ionen offensichtlich falsche Werte angegeben).

Die Werte der charakteristischen Temperatur der Elemente sind aus der Zusammenstellung von SEITZ [5] entnommen.

Da die Daten der von BICHOWSKY und ROSSINI [1] angeführten Sublimationswärmen der Metalle ziemlich veraltet sind, wurden von uns neuere Quellen verwandt, auf die in der Tabelle neben der Ziffer Bezug genommen wird, die der Sublimationswärme entspricht.

Für neutrale Liganden bringen wir die Bildungswärmen unter Standardbedingungen $-\Delta H°$ und ihre Lösungswärmen $L$. Für die Acido-Ionen werden außer der Bildungswärme $-\Delta H°$ die Hydratationswärme $L$, die Elektronenaffinität der Atome oder Gruppen bei der Bildung der gegebenen Anionen und die Ionenradien angeführt; für die Halogenmolekeln wird außerdem die Dissoziationsenergie angeführt.

Für die Bildungswärme der Anionen in wässerigen Lösungen und ihre Hydratationswärmen bleiben die Einwände in Kraft, die oben bezüglich der komplexbildenden Kationen gemacht wurden.

Die Bildungswärmen der gasförmigen Anionen berechneten wir, indem wir von einigen nach der Gleichung von KAPUSTINSKI [6] berechneten Werten der Gitterenergie ausgingen. Alle übrigen thermochemischen Daten sind, wenn Bezugnahmen fehlen, der „Thermochemie" von BICHOWSKY und ROSSINI [1] entnommen.

In der Hauptzusammenstellung thermochemischer Daten für Komplexverbindungen sind enthalten: 1. Die Bildungswärme der Verbindung aus den Elementen $-\Delta H^\circ$; 2. Bildungswärme aus festen Salzen oder einem festen Salz und gasförmigen Liganden $Q$; 3. Lösungswärmen der Verbindungen in Wasser $L$ und 4. Ionenradien. Die in Klammern stehenden Werte $Q$ bezeichnen die Bildungswärmen der komplexen Verbindungen aus festem Ausgangssalz und in flüssigem Zustand befindlichen Liganden. In allen Fällen mit Ausnahme von $K_2S$ und $AgClO_4$ sind die Werte der Bildungswärmen der festen Ausgangs- (nicht komplexen) Salze aus der „Thermochemie" von BICHOWSKY und ROSSINI entnommen.

Für gasförmige Komplex-Ionen werden außerdem drei thermochemische Merkmale gebracht, jedoch verstehen wir in diesem Falle unter $Q$ die Bildungswärme des gasförmigen komplexen Ions aus gasförmigen Liganden und einem gasförmigen zentralen Ion. sowie unter $L$ die Hydratationswärme des Ions, wobei wir die Hydratationswärme des Kalium-Ions mit 80,00 kcal willkürlich annehmen.

Für Ionen in verdünnter, wässeriger Lösung bezeichnet $-\Delta H^\circ$ den oben erwähnten willkürlich angenommenen Wert der Bildungswärme (Bildungswärme eines Protons in unendlich verdünnter Lösung wurde mit 0 angenommen). Unter $Q$ verstehen wir in diesem Falle die Bildungswärme des komplexen Ions aus hydratisierten Liganden und einem hydratisierten zentralen Ion.

In der Spalte „Bestimmungsmethode" geben wir an, ob die gegebene Größe durch unmittelbare kalorimetrische Versuche (kalor) erlangt, ob sie aus der Dissoziationsspannung (diss.) oder theoretisch (theor.) unter Angabe der Nummern der unten angeführten Gleichungen errechnet wurde.

Am Ende dieses Teils der Arbeit wird eine Liste der benutzten Literatur gebracht, auf die in den Tabellen Bezug genommen wird. In den Fällen, in denen für eine gegebene Bindung in der Literatur einige unterschiedliche Werte angeführt sind, wird einer von in den Tabellen mit einer entsprechenden Bezugnahme angeführt und die übrigen in den Anmerkungen erwähnt. Das Fehlen einer Bezugnahme bedeutet, daß der gegebene Wert vom Verfasser stammt.

Die Bezugnahme auf die Literatur betrifft alle drei in der Tabelle angeführten Größen.

In den Fällen, in denen die Struktur einer komplexen Bindung mehr oder weniger geklärt ist, wird ihre Formel in eckigen Klammern gebracht (z. B.: $[Ni(NH_3)_6]Cl_2$). Bei Komplexen mit ungeklärter Struktur wird in den Tabellen eine empirische Formel gebracht (z. B.: $AlCl_3 \cdot 7NH_3$).

## Reihenfolge in der Anordnung des Materials

In den Tabellen wird folgende Anordnung des Materials eingehalten ·

A. Thermochemische Daten für komplexbildende Ionen.

B. Thermochemische Daten für Liganden:

1. Neutrale Liganden.
2. Anionen.

C. Thermochemische Daten für Komplexverbindungen

1. Komplexverbindungen mit neutralen Liganden:
   a) Komplexverbindungen mit Wasser und $D_2O$;
   b) Komplexverbindungen mit Schwefelwasserstoff;
   c) Komplexverbindungen mit Schwefeldioxyd;
   d) Komplexverbindungen mit Ammoniak, $ND_3$, Hydrazin und Hydroxylamin;
   e) Komplexverbindungen mit organischen Monoaminen;
   f) Komplexverbindungen mit organischen Diaminen und Urotropien;
   g) Komplexverbindungen mit Pyridin;
   h) Komplexverbindungen mit $PH_3$;
   i) Komplexverbindungen mit Kohlenmonoxyd;
   j) Komplexverbindungen mit Alkoholen und Äthern;
   k) Komplexverbindungen mit Harnstoff und seinen Abkömmlingen;
2. Acidokomplexverbindungen.
3. Komplexverbindungen mit ungleichartigen Liganden (heteroge Typen).
4. Polyhalogenide und Polysulfide.

Anmerkungen.
Literatur.

In jeder aufgezählten Gruppe von Komplexverbindungen ist das Material über die komplexbildenden Ionen in einer Reihenfolge angeordnet, die den Gruppen des periodischen Systems entspricht (Wasserstoff, I. Hauptgruppe, Untergruppe des Kupfers. II. Hauptgruppe, Untergruppe des Zinks usw.). Beim Vorliegen von Daten für einige Salze mit ein und demselben Kation oder beim Vorliegen einiger

Gruppen von Acidokomplexen für einen gegebenen Komplexbildner sind die Verbindungen nach den Anionen ebenfalls in einer Reihenfolge angeordnet, die den Gruppen des periodischen Systems entspricht, aber der umgekehrten Reihenfolge der Anordnung des Materials nach den Kationen (Halogenide, Sulfate, Nitrate usw.).

### Die wichtigsten Gleichungen, die bei den theoretischen Berechnungen thermochemischer Daten benutzt werden

Unten wird nur eine Aufstellung der wichtigsten Gleichungen (1) — (4) gebracht, die von uns bei der Berechnung der thermochemischen Daten benutzt wurden. Die Aufstellungen und Begründungen der entsprechenden Gleichungen wurden von uns oben angeführt.

$$-\Delta H_k^\circ = -U_k - \Delta H_{ka}^\circ + \Delta H_a^\circ\,, \tag{1}$$

wobei $-\Delta H_k^\circ$, $-\Delta H_a^\circ$, $-\Delta H_{ka}^\circ$ = Bildungswärmen jeweils für gasförmiges Kation, gasförmiges Anion und festes Salz,

$U_k$ = Gitterenergie des Salzes, berechnet nach der Gleichung von KAPUSTINSKI [6], bedeute.

$$G_i = k\,n\,\frac{N e \mu}{(r + r_w)^2}\,. \tag{2}$$

$G_i$ = Bildungswärme des gasförmigen, komplexen Ions aus gasförmigen neutralen Liganden und einem gasförmigen neutralen Ion unter Beteiligung nur elektrostatischer Kräfte;
$n$ = Zahl der Liganden;
$N$ = AVOGADROsche Zahl;
$e$ = Ladung des Elektrons;
$\mu$ = Dipolmoment der Ligandenmolekel;
$r$ = Radius des zentralen Ions;
$r_w$ = Abstand von der Mitte des Dipols;
$k$ = Umrechnungskoeffizient auf kcal.

$$G = G_i + P_k \tag{3}$$

$G$ = Volle Bildungsenergie des komplexen Ions aus gasförmigen Liganden und einem zentralen Ion;
$P_k$ = Polarisationsenergie.

$$L = n\,RT \ln a - T\,\Sigma\,\Delta S_i\,. \tag{4}$$

$L$ = Lösungswärme des Salzes;
$n$ = Zahl der Ionen, die die Salzmolekeln bilden;
$a$ = Ionenaktivität in gesättigter Salzlösung;
$T\Sigma\Delta S_i$ = Summe der Ionenlösungs-Entropien (unter letzterer verstehen wir die Differenz zwischen der Ionenentropie in Lösung und derselben im Kristallgitter).

## Angewandte Zeichen und Abkürzungen

$-\Delta H°$ = Bildungswärme einer Verbindung aus Elementen (in kcal). In den Fällen, wo für ein Ion oder eine Molekel Daten für die Bildungswärme fehlen, werden letztere willkürlich durch Buchstaben bezeichnet ($x$, $y$, $z$ usw.).

$Q$ = Bildungswärme eines Salzes aus zwei festen Salzen oder aus einem festen Salz und gasförmigen Liganden. Für wässerige Ionen: Bildungswärme aus einem hydratisierten Zentralion und hydratisierten Liganden. Für gasförmige Ionen: Bildungswärme aus einem gasförmigen Zentralion und gasförmigen Liganden. Werte in Klammern betreffen den flüssigen Zustand der Liganden (in kcal).

$L$ = Lösungswärme einer Verbindung in Wasser bei unendlicher Verdünnung; für gasförmige Ionen in dieser Spalte ist die Hydratationswärme in kcal angegeben.

$\Sigma I$ = Summares Ionisationspotential (in kcal).
$\Theta$ = Charakteristische Temperatur.
$\sigma$ = Sublimationswärme (in kcal).
K = Kristallisierter Zustand.
fl = Flüssiger Zustand.
g = Gasförmiger Zustand.
aq = Verdünnte Lösung.
kalor. = Werte, die durch kalorimetrische Messungen erhalten wurden.
diss. = Werte, die aus Dissoziationspannungen berechnet wurden.
theor. = Theoretisch berechnete Werte; in Klammern dahinter: Nummer der Gleichung, nach der gerechnet wurde.

[1] = Bezugnahme auf Anmerkung,
En = Äthylendiamin.
Pyr = Pyridin.
Anil = Anilin.
Picr = Pikrat-Anion.
$\mu$ = Dipolmoment.

## ANMERKUNGEN

[1] Die Sublimationswärme von Sr wurde von uns, ausgehend von der Größe der Gitterenergie, für eine Reihe von Salzen bestimmt, da zuverlässige thermochemische Daten fehlen.

[2] Für die Sublimationswärme des Bariums werden auch andere Werte angeführt: 32 kcal [144].

[3] Die Verdampfungswärme Propylamin wurde von uns mit 7 kcal analog zu den anderen Aminen geschätzt.

[4] BERTHELOT [13] nimmt für die Sublimationswärme des Anilins 8,6 kcal an.

[5] Die Elektronenaffinität von O und S sind der Arbeit von KAPUSTINSKI, MAKOLKIN und KRISCHTALIK [16] entnommen; für OH fanden diese Autoren eine Elektronenaffinität von 48,9 kcal.

[6] Nach JUSA [195] beträgt die Protonaffinität von $H_2O_{(g)}$ 170 kcal, nach BRIEGLEB = 184 kcal [196].

[7] SHOMATE und HUFFMANN [32] fanden für $MgCl_2 \cdot 4H_2O$ bei 25° $L = 9{,}230$ kcal; $-\Delta H° = 453{,}82$ kcal. Für $MgCl_2 \cdot 6H_2O$ fanden diese Autoren $L = 2{,}449$ kcal und $-\Delta H° = 597{,}24$ kcal.

[8] Der Wert von $-\Delta H° = 558$ kcal für $MgBr_2 \cdot 6H_2O$ wurde von BICHOWSKY und ROSSINI nach den Daten von LESCOEUR [197] errechnet, entspricht aber nicht der Wirklichkeit.

[9] Für $[Mg(H_2O)_6](NO_3)_2$ fand JUNG [43] bei 25° $L = -5{,}95$ kcal und $-\Delta H° = 624{,}410$ kcal.

[10] Für $[Ca(H_2O)_4](NO_3)_2$ fand JUNG [43] bei 25° $L = -8{,}38$ kcal und $-\Delta H° = 509$ kcal.

[11] Für $BaCl_2 \cdot 2H_2O$ fand PERRET [198] $L = -5{,}06$ kcal.

[12] PERRET [198] fand für $MnCl_2 \cdot 4H_2O$ $L = -4{,}81$ kcal.

[13] Der Wert von $-\Delta H° = 363{,}4$ kcal für $Mn(H_2O)_4Br_2$ wurde von BICHOWSKY und ROSSINI nach den Daten von LESCOEUR [197] errechnet und entspricht nicht der Wirklichkeit. Der Wert von $-\Delta H° = 465$ kcal für $Mn(H_2O)_6J_2$ wurde von BICHOWSKY und ROSSINI nach den Daten von LESCOEUR [197] errechnet, entspricht aber nicht der Wirklichkeit.

[14] PERRET [199] teilt für $FeCl_2 \cdot 4H_2O$ den Wert von $L = -3{,}35$ kcal mit.

[15] Nach den Daten von BAUD [61] beträgt der Wert von $Q$ für $AlCl_3 \cdot H_2S = 9{,}45$ kcal (kalorimetrisch bestimmt).

[16] Nach den Daten von FOOTE und FLEISCHER [60] bestehen Verbindungen von $3NaJ \cdot 8SO_2$ und $NaJ \cdot 4SO_2$. Für $KJ \cdot 4SO_2$ geben diese Autoren $Q = 39{,}2$ kcal an.

[17] EPHRAIM [60] führt diese Verbindung nicht an, sondern weist auf die Existenz von $RbJ \cdot 4SO_2$ und $CsJ \cdot 4SO_2$ hin.

[18] Im Abschnitt „Wasserstoff" bezeichnet $Q$ die Dissoziationswärme einer festen Verbindung in gasförmige Bestandteile.

[19] BICHOWSKY und ROSSINI [1] führen für $AgClO_4$ einen offensichtlich falschen Wert von $-\Delta H°$ an; daher ist hier auch der Wert für die Bildungswärme dieser Verbindung angeführt.

[20] Die Werte der Bildungswärme für Ammoniakate der Berylliumsalze wurden zuerst von BILTZ und MESSERKNECHT [200] angeführt. Später wurden von BILTZ für diese Werte wesentliche Korrekturen angebracht [83].

[21] HARTA und PARTINGTON [95] haben von neuem die Dissoziationsspannung der Ammoniakate der Calciumhalogenide gemessen und folgende Werte für $Q$ erhalten:
$CaBr_2 \cdot NH_3$ $Q$ = 17,95 kcal; $CaBr_2 \cdot 2NH_3$ $Q$ = 33,50 kcal; $Ca(NH_3)_6Br_2$ $Q$ = 81,3 kcal; $[Ca(NH_3)_8]Br_2$ $Q$ = 103,1 kcal.

[22] ELLIOT und JOST [201] fanden aus der Messung für $ZnCl_2NH_3$ = — $\Delta H°$ = 130,910 k cal.

[23] KLEMM und Mitarbeiter [107] fanden für $ZnCl_2 \cdot 2NH_3$ $Q$ = 44,2 kcal; ELLIOT und JOST [201] fanden — $\Delta H°$ = 161,300 kcal.

[24] KLEMM und Mitarbeiter [107] fanden für $ZnBr_2 \cdot 2NH_3$ $Q$ = 39,8 kcal.

[25] KLEMM und Mitarbeiter [107] fanden für $ZnJ_2 \cdot 2NH_3$ $Q$ = 38,8 kcal.

[26] Nach den Daten von ELLIOT und JOST [201] für $ZnCl_2 \cdot 4NH_3$ beträgt —$\Delta H°$= 206,880 kcal.

[27] ELLIOT und JOST [201] fanden für $ZnCl_2 \cdot 6NH_3$ — $\Delta H°$ = 250,840 kcal.

[28] ELLIOT und JOST [201] fanden für $ZnCl_2 \cdot 10NH_3$ — $\Delta H°$ = 323,000 kcal.

[29] GARNER, GREEN und YOST [202] fanden aus Messungen für $CdCl_2 \cdot NH_3$ — $\Delta H°$ = = 125,04 kcal; für $CdCl_2 \cdot 2NH_3$ — $\Delta H°$ = 146,781 kcal.

[30] GARNER und seine Mitarbeiter [202] fanden für $[Cd(NH_3)_4]Cl_2$ — $\Delta H°$ = 201,321 kcal.

[31] GARNER und seine Mitarbeiter [202] fanden für $[Cd(NH_3)_6]Cl_2$ — $\Delta H°$ = 242,781 kcal.

[32] GARNER und seine Mitarbeiter [202] fanden für $CdCl_2 \cdot 10NH_3$ — $\Delta H°$ = 318,741 kcal.

[33] KLEMM und seine Mitarbeiter [107] fanden für $HgJ_2 \cdot 2NH_3$ $Q$ = 26,0 kcal. Die Werte für $HgX_2 \cdot 2NH_3$, die von BILTZ und MAU [100] angeführt werden, wurden später von BILTZ korrigiert [85].

[34] Für $AlCl_3 \cdot 3NH_3$ fand BAUD [61] kalorimetrisch $Q$ = 83,27 kcal.

[35] Für $AlCl_3 \cdot 5NH_3$ fand BAUD [61] $Q$ = 122,61 kcal.

[36] BAUD [61] fand für $AlCl_3 \cdot 6NH_2$ $Q$ = 134,11 kcal.

[37] Die Dissoziationsspannung von $CrCl_2 \cdot 3NH_3$ wurde ebenfalls von SCHLESINGER und HAMMOND [203]; sowie von EPHRAIM und ZAPATA [204] gemessen.

[38] Die Dissoziationsspannung von $CrCl_2 \cdot 6NH_3$ wurde ebenfalls von SCHLESINGER und HAMMOND [203] gemessen; EPHRAIM und ZAPATA [204] verneinen die Existenz dieser Verbindung.

[39] BILTZ und FETKENHEUER [205] fanden auf kalorimetrischem Wege für $CoCl_2 \cdot NH_3$ $Q$ = 21,2 kcal.

[40] BILTZ und FETKENHEUER [206] fanden auf kalorimetrischem Wege für $NiCl_2 \cdot NH_3$ $Q$ = 21,0 kcal.

[41] BONNEFOI [124] fand für $LiCl \cdot NH(CH_3)_2$ $Q$ = 13,82 kcal.

[42] Nach den Daten von TREADWELL und COHEN [153] ist für $MgCl_2 \cdot 2KCl$ $Q$ = 5,6 kcal.

[43] Für $NaAlCl_4$ fand BAUD [61] $Q$ = 5,95 kcal.

[44] Für $KAlCl_4$ fand BAUD [61] $Q$ = 13,19 kcal.

[45] Nach den Daten von LAMB und SIMMONS [186] beträgt für $[Co(NH_3)_5H_2O]Cl_3$ $L$ = — 6,45 kcal.

[46] Nach den Daten von LAMB und SIMMONS [186] beträgt für $[Co(NH_3)_5NO_3](NO_3)_2$ $L$ = — 14,6 kcal.

## A. THERMOCHEMISCHE DATEN VON KOMPLEXBILDENDEN IONEN

| Ion | Zustand | $-\Delta H°$ | $L$ | $\Sigma I$ | $\vartheta$ | $\sigma$ | Ionenradius |
|---|---|---|---|---|---|---|---|
| $H^+$ | g | —365,58 | 264,04 | 312,23 | — | — | — |
| | aq | 0,00 | — | — | — | — | — |
| $Li^+$ | g | —160,24 | 125,33 | 123,80 | — | 36,44 [7] | 0,78 |
| | aq | 66,63 | — | — | — | — | — |
| $Na^+$ | g | —143,9 | 99,9 | 118,0 | 150 | 25,95 [7] | 0,98 |
| | aq | 57,48 | — | — | — | — | — |
| $K^+$ | g | —121,17 | 80,00 | 99,65 | 100 | 21,52 [7] | 1,33 |
| | aq | 60,27 | — | — | — | — | — |
| $Rb^+$ | g | —113,5 | 73,0 | 95,9 | — | 17,6 [8] | 1,49 |
| | aq | 61,04 | — | — | — | — | — |
| $Cs^+$ | g | —106,8 | 67,3 | 89,4 | — | 17,4 [9] | 1,65 |
| | aq | 62,04 | — | — | — | — | — |
| $Cu^+$ | g | —258,9 | — | 177,4 | 315 | 81,53 [7] | (0,96) |
| $Cu^{2+}$ | g | —724,7 | 506,5 | 643,2 | 315 | 81,53 [7] | (0,82) |
| | aq | — 15,1 | — | — | — | — | — |
| $Ag^+$ | g | —243,08 | 116,5 | 173,96 | 215 | 69,12 [7] | 1,13 |
| | aq | — 25,2 | — | — | — | — | — |
| $Au^+$ | g | —302,46 | — | 211,97 | 170 | 90,49 [7] | (1,37) |
| $Be^{2+}$ | g | —706 | 577 | 631,8 | 1000 | 75 [1] | (0,34) |
| | aq | 85 | — | — | — | — | — |
| $Mg^{2+}$ | g | —556,69 | 463,8 | 520,78 | 290 | 35,91 [7] | 0,78 |
| | aq | 110,2 | — | — | — | — | — |
| $Ca^{2+}$ | g | —452,6 | 379,2 | 412,93 | 230 | 39,7 [10] | 1,06 |
| | aq | 129,7 | — | — | — | — | — |
| $Sr^{2+}$[1] | g | —413,7 | 340,6 | 383,69 | 170 | 30 — | 1,27 |
| | aq | 130,0 | — | — | — | — | — |
| $Ba^{2+}$[2] | g | —387,7 | 313,0 | 348,25 | — | 39,4 [10] | 1,43 |
| | aq | 128,36 | — | — | — | — | — |
| $Zn^{2+}$ | g | —659,35 | 492,5 | 628,16 | 250 | 31,19 [7] | 0,83 |
| | aq | 36,3 | — | — | — | — | — |
| $Cd^{2+}$ | g | —621,49 | 436,0 | 594,74 | 172 | 26,75 [7] | 1,03 |
| | aq | 17,6 | — | — | — | — | — |
| $Hg^{2+}$ | g | —684,8 | 442,1 | 670,3 | 96 | 14,54 [7] | 1,12 |
| | aq | — 41,6 | — | — | — | — | — |
| $B^{3+}$ | g | —1754 | — | 1638,78 | — | 115 [1] | (0,2) |
| $Al^{3+}$ | g | —1291,1 | 1102,8 | 1223,6 | 390 | 67,5 [7] | 0,57 |
| | aq | 126,3 | — | — | — | — | — |
| $Sc^{3+}$ | g | —1088 | — | 1018 | — | 70 [1] | 0,83 |
| $Y^{3+}$ | g | — 994 | 819 | 904 | — | 90 [1] | 1,06 |
| | aq | (130) | — | — | — | — | — |
| $Ga^{3+}$ | g | —1369 | 1098 | 1317,0 | 125 | 52 [1] | 0,62 |
| | aq | 34 | — | — | — | — | — |
| $In^{3+}$ | g | —1262 | 984 | 1210,3 | 100 | 52 [1] | 0,92 |
| | aq | 27 | — | — | — | — | — |
| $Tl^+$ | g | — 183,0 | 80,7 | 140,2 | 100 | 42,78 [7] | 1,49 |
| | aq | — 0,8 | — | — | — | — | — |
| $Tl^{3+}$ | g | —1336,0 | 1003 | 1293,2 | 100 | 42,78 [7] | 1,05 |
| | aq | — 28 | — | — | — | — | — |
| $Si^{4+}$ | g | —2453 | — | 2368,2 | — | 85 [1] | 0,39 |
| $Ge^{2+}$ | g | — 641 | — | 555,7 | 290 | 85 [1] | 0,98 |
| $Ge^{4+}$ | g | —2471 | — | 2386,2 | 290 | 85 [1] | 0,44 |
| $Sn^{2+}$ | g | — 582 | — | 503,6 | 260 | 78 [1] | (1,04) |
| $Sn^{4+}$ | g | —2222 | — | 2143,6 | 260 | 78 [1] | 0,74 |
| $Pb^{2+}$ | g | — 561,97 | 359,1 | 515,49 | 88 | 46,49 [7] | 1,32 |
| | aq | 0,2 | — | — | — | — | — |

Fortsetzung

| Ion | Zustand | $-\Delta H^\circ$ | $L$ | $\Sigma I$ | $\vartheta$ | $\sigma$ | Ionenradius |
|---|---|---|---|---|---|---|---|
| $Pb^{4+}$ | g | —2312,0 | — | 2265,5 | 88 | 46,49 [7] | 0,84 |
| $Ti^{3+}$ | g | —1215 | — | 1115 | 350 | 100 [1] | — |
| $Ti^{4+}$ | g | —2208 | — | 2108 | 350 | 100 [1] | 0,64 |
| $Zr^{4+}$ | g | —1925 | — | 1815 | 280 | 110 [1] | 0,87 |
| $As^{3+}$ | g | —1350 | — | 1320 | — | 30,0 [1] | — |
| $Sb^{3+}$ | g | —1260,5 | — | 1206,3 | — | 54,2 [7] | — |
| $Bi^{3+}$ | g | —1174 | — | 1126 | 100 | 47,8 [1] | — |
| $V^{2+}$ | g | — 567 | — | 481,9 | — | 85 [1] | — |
| $V^{3+}$ | g | —1176 | — | 1090,9 | — | 85 [1] | — |
| $V^{4+}$ | g | —2289 | — | 2204 | — | 85 [1] | 0,61 |
| $Cr^{2+}$ | g | — 626 | 466 | 537 | 485 | 89,47 [7] | (0,98) |
| | aq | 42,8 | — | — | — | — | — |
| $Cr^{3+}$ | g | —1261 | 1021 | 1172 | 485 | 89,47 [7] | 0,64 |
| | aq | 64,6 | — | — | — | — | — |
| $Mn^{2+}$ | g | — 600,3 | 446,4 | 531,6 | 350 | 68,71 [7] | 0,91 |
| | aq | 49,2 | — | — | — | — | — |
| $Mn^{3+}$ | g | —1337 | 1057 | 1268 | 350 | 68,71 [7] | — |
| | aq | 25 | — | — | — | — | — |
| $Mn^{4+}$ | g | —2530 | — | 2460 | 350 | 68,71 [7] | 0,52 |
| $Fe^{2+}$ | g | — 649,9 | 467,1 | 553,2 | 420 | 96,68 [7] | 0,83 |
| | aq | 20,6 | — | — | — | — | — |
| $Fe^{3+}$ | aq | 9,3 | — | — | 420 | 96,68 [7] | 0,67 |
| $Co^{2+}$ | g | — 674 | 487 | 579,8 | 385 | 94 [10] | 0,82 |
| | aq | 16,5 | — | — | — | — | — |
| $Ni^{2+}$ | g | — 684 | 496,4 | 593,3 | 375 | 91 [10] | 0,78 |
| | aq | 15,2 | — | — | — | — | — |
| $Pd^{2+}$ | g | (— 759) | — | 649 | 275 | 110 [1] | — |

## B. THERMOCHEMISCHE DATEN VON LIGANDEN

### *1. Neutrale Liganden*

| Ligand | Zustand | $-\Delta H^\circ$ | $L$ | Literatur |
|---|---|---|---|---|
| HF | g | 64,0 | — | [1] |
| $H_2O$* | g | 57,801 | — | [1] |
| | fl | 68,370 | — | [1] |
| $H_2S$ | g | 5,3 | 4,6 | [1] |
| $SO_2$ | g | 70,92 | $8{,}56_{2000}$ | [1] |
| $NH_3$** | g | 11,00 | 8,35 | [1] |
| | fl | 16,07 | — | [1] |
| | aq | 19,35 | — | [1] |
| $N_2H_4$ | g | —22,25 | — | [11] |
| | fl | —12,0 | 3,74 | [11] |
| | aq | — 8,16 | — | [11, 12] |
| $NH_2OH$ | fl | 25,5 | — | [1] |
| | aq | 21,7 | — | [1] |
| $CH_3NH_2$ | g | 7,3 | 10,7 | [1] |
| | aq | 18,00 | — | [1] |
| $(CH_3)_2NH$ | g | 8,2 | 12,7 | [1] |
| | aq | 20,9 | — | [1] |
| $(CH_3)_3N$ | g | 8,1 | — | [2] |
| | fl | 12,3 | 8,75 | [13] |
| | aq | 21,1 | — | [13] |
| $C_2H_5NH_2$ | g | 13,0 | 12,93 | [1] |
| | fl | 19,6 | 6,33 | [1] |
| | aq | 25,93 | — | [1] |
| $(C_2H_5)_2NH$ | g | 39,2 | — | [2] |
| | fl | 46,7 | 8,22 | [13] |
| | aq | 54,9 | — | [13] |
| $(C_2H_5)_3N$ | g | 33,6 | — | [2] |
| | fl | 42,4 | 10,01 | [13] |
| | aq | 52,4 | — | [13] |
| $C_3H_7NH_2$[3] | g | (15) | — | — |
| | fl | 22,4 | 6,15 | [2, 13] |
| | aq | 28,5 | — | [13] |
| $C_5H_{11}NH_2$ | fl | 48,7 | 5,05 | [2, 13] |
| | aq | 53,8 | — | [13] |
| $C_6H_5NH_2$[4] | g | —16,15 | — | [14] |
| | fl | — 6,1 | —0,55 | [13] |
| | aq | — 6,6 | — | [13] |
| $C_6H_5CH_2NH_2$ | fl | 1,0 | 2,56 | [2, 13] |
| | aq | 3,6 | — | [13] |
| p-$CH_3C_6H_4NH_2$ | fl | 12,0 | —3,25 | [2, 13] |
| | aq | 8,7 | — | [13] |
| $C_5H_{11}N$ | fl | 21,4 | 6,46 | [2, 13] |
| | aq | 27,9 | — | [13] |
| $C_5H_5N$ | g | —25,3 | — | [15] |
| | fl | —15,6 | 2,12 | [2, 13] |
| | aq | —13,5 | — | [13] |
| $C_2H_4(NH_2)_2$ | g | — 4,3 | — | [15] |
| | fl | 6,9 | 7,6 | [13, 15] |
| | k | 11,7 | — | [15] |
| | aq | 14,5 | — | [1, 13] |
| $(CH_2)_6N_4$ | k | —30,0 | 4,8 | [2, 13] |
| | aq | —25,2 | — | — |

* $\mu = 1{,}8 \cdot 10^{-18}$.
** $\mu = 1{,}48 \cdot 10^{-18}$.

Fortsetzung

| Ligand | Zustand | $-\Delta H°$ | $L$ | Literatur |
|---|---|---|---|---|
| $PH_3$ . . . . . . . . . . . | g | 2,3 | — | [1] |
| CO . . . . . . . . . . . | g | 26,84 | — | [1] |
| $CH_3OH$ . . . . . . . . . . | g | 48,44 | — | [1] |
| | fl | 57,45 | 2,25 | [1] |
| $C_2H_5OH$ . . . . . . . . . | g | 56,95 | — | [1] |
| | fl | 67,14 | 2,67 | [1] |
| | aq | 69,81 | — | [1] |
| $C_2H_4(OH)_2$. . . . . . . . . | g | 98 | — | [1] |
| | fl | 112,1 | 1,7 | [1] |
| | aq | 113,8 | — | [1] |
| $(CH_3)_2O$ . . . . . . . . . | g | 46,4 | — | [1] |
| $(C_2H_5)_2O$ . . . . . . . . . | g | 60,0 | — | [1] |
| | fl | 67,7 | — | [1] |
| $CO(NH_2)_2$ . . . . . . . . . | k | 78,5 | —3,35 | [1] |
| | aq | 75,15 | — | [1] |
| $CS(NH_2)_2$ . . . . . . . . . | k | 31,5 | —5,33 | [1] |
| | aq | 26,2 | — | [1] |
| $CNH(NH_2)_2$ . . . . . . . . | k | 18,5 | 1,2 | [1] |
| | aq | 19,7 | — | [1] |
| $CH_3CN$ . . . . . . . . . . | g | —19,4 | — | [1] |
| | fl | —11,8 | — | [1] |

## 2. *Anionen*

| Ion | Zustand | $-\Delta H°$ | $L$ | Elektronenaffinität der Atome oder Gruppen | Dissoziationsenergie der Molekel | Ionenradius |
|---|---|---|---|---|---|---|
| $F^-$ | g | 66,9 | 112,8 | 98,7 | 62,6 | 1,33 |
| | aq | 78,20 | — | — | — | — |
| $Cl^-$ | g | 62,5 | 78,7 | 91,4 | 56,9 | 1,81 |
| | aq | 39,687 | — | — | — | — |
| $ClO_3^-$ | g | 57,8 | 64,5 | — | — | (2,00) |
| | aq | 20,75 | — | — | — | — |
| $ClO_4^-$ | g | 91,5 | 49,5 | — | — | 2,36 |
| | aq | 39,5 | — | — | — | — |
| $Br^-$ | g | 58,9 | 71,3 | 85,8 | 45,24 | 1,96 |
| | aq | 28,67 | — | — | — | — |
| $BrO_3^-$ | g | 44,5 | 68,2 | — | — | (1,91) |
| | aq | 11,2 | — | — | — | — |
| $J^-$ | g | 53,0 | 61,9 | 78,6 | 35,40 | 2,20 |
| | aq | 13,37 | — | — | — | — |
| $JO_3^-$ | g | 80,7 | 75,3 | — | — | (1,82) |
| | aq | 54,5 | — | — | — | — |
| $O^{2-}$[5]* | g | —209,3 | — | —150,2 | — | 1,32 |
| $OH^-$[5] | g | 40,5 | 115,7 | 41,1 | — | (1,40) |
| | aq | 54,660 | — | — | — | — |
| $S^{2-}$[5]* | g | —147,5 | 340,6 | 81,2 | — | 1,74 |
| | aq | — 10,0 | — | — | — | — |
| $SO_3^{2-}$ | aq | 148,5 | — | — | — | — |
| $S_2O_3^{2-}$ | aq | 145,5 | — | — | — | — |
| $SO_4^{2-}$ | g | 178 | 241 | — | — | (2,30) |
| | aq | 215,8 | — | — | — | — |
| $CrO_4^{2-}$ | g | 182 | 229 | — | — | (2,40) |
| | aq | 207,9 | — | — | — | — |
| $NH_2^-$ | g | — 41,5 | — | — | — | (1,30) |
| $NO_2^-$ | g | 32,7 | 94,1 | 41 | — | (1,55) |
| | aq | 25,3 | — | — | — | — |
| $NO_3^-$ | g | 80,0 | 70,7 | 93 | — | (1,89) |
| | aq | 49,19 | — | — | — | — |
| $PO_4^{3-}$ | aq | 297,6 | — | — | — | — |
| $CO_3^{2-}$ | g | 47 | 317 | — | — | (1,85) |
| | aq | 160,5 | — | — | — | — |
| $C_2O_4^{2-}$ | aq | 195,6 | — | — | — | — |
| $HCOO^-$ | g | 107,6 | 93,7 | 75 | — | (1,58) |
| | aq | 99,8 | — | — | — | — |
| $CH_3COO^-$ | g | 122,0 | 97,4 | — | — | (1,59) |
| | aq | 117,946 | — | — | — | — |
| $CN^-$ | g | — 12,8 | 79,4 | 47,2 | — | (1,82) |
| | aq | — 34,9 | — | — | — | — |
| $CNS^-$ | g | 11,6 | 71,0 | 83,6 | — | (1,95) |
| | aq | — 18,9 | — | — | — | — |

* Bezugnahme auf Literatur [16].

## C. THERMOCHEMISCHE DATEN VON KOMPLEXVERBINDUNGEN

### *1. Komplexverbindungen mit neutralen Liganden*

| Verbindung | Zustand | $-\Delta H°$ | $Q$ | Bestimmungsmethode | Literatur | $L$ | Ionenradius |
|---|---|---|---|---|---|---|---|
| | | | a) $H_2O$ $D_2O$ | | | | |
| | | | Wasserstoff | | | | |
| $H_4O^{+6}$ | g | —108, | 200 | theor. | [17] | 75 | — |
| $H_3OHSO_4$ | k | 273,28 | — | kalor. | [17] | — | — |
| $H_3OHSeO_4$ | k | 204,5 | — | ,, | [18] | 3,35 | — |
| $(H_3O)_2TeO_4$ | k | 305,4 | — | ,, | [18] | —7,45 | — |
| $H_3ONO_3$ | k | 118,1 | — | ,, | [19] | — | — |
| | | | Lithium | | | | |
| $[Li(H_2O)]^+$ | g | —78,0 | 27,4 | theor. (2) | [20] | 112 | (0,88) |
| $[Li(H_2O)]Cl$ | k | 170,23 | 14,8 | kalor. | [21] | $4{,}28_{200}$ | — |
| $[Li(H_2O)]Br$ | k | 158,37 | 16,8 | ,, | [22, 23] | $5{,}27_{200}$ | — |
| $[Li(H_2O)]J$ | k | 141,44 | 18,6 | ,, | [22, 23] | $6{,}83_{200}$ | — |
| $[Li(H_2O)_2]^+$ | g | 7,2 | 54,8 | theor. (2) | [20] | 95 | (1,15) |
| $[Li(H_2O)_2]Cl$ | k | 241,98 | 28,7 | kalor. | [21] | $-0{,}90_{200}$ | — |
| $[Li(H_2O)_2]Br$ | k | 229,99 | 30,6 | ,, | [22, 23) | $2{,}02_{200}$ | — |
| $[Li(H_2O)_2]J$ | k | 213,31 | 32,6 | ,, | [22, 23] | $3{,}33_{200}$ | — |
| $[Li(H_2O)_3]^+$ | g | 89,3 | 79,1 | theor. (2) | [20] | 82 | (1,37) |
| $[Li(H_2O)_3]Cl$ | k | 313,4 | 42,3 | diss. | [24] | — | — |
| $[Li(H_2O)_3]ClO_4$ | k | 319,20 | — | kalor. | [25] | —7,965 | — |
| $[Li(H_2O)_3]Br$ | k | 302,0 | 42,8 | diss. | [24] | — | — |
| $[Li(H_2O)_3]J$ | k | 285,28 | 46,8 | kalor. | [22, 23] | $-0{,}27_{200}$ | — |
| $[Li(H_2O)_3]NO_3$ | k | 328,8 | 40,0 | ,, | [26] | — | — |
| | | | Natrium | | | | |
| $[Na(H_2O)_2]^+$ | g | 17,2 | 45,3 | theor. (2) | [20] | 76 | (1,46) |
| $[Na(H_2O)_2]Br$ | k | 227,46 | 25,1 | kalor. | [27] | $-4{,}54_{200}$ | — |
| $[Na(H_2O)_2]J$ | k | 211,48 | 26,6 | ,, | [27] | $-3{,}90_{200}$ | — |
| $[Na(H_2O)_2HS$ | k | 199,61 | 27,2 | ,, | [28] | —1,52 | — |
| $[Na(H_2O)_2]CN$ | k | 163,73 | 25,1 | ,, | [13] | $-4{,}41_{100}$ | — |
| $[Na(H_2O)_2]_2CrO_4$ | k | 603,3 | 31,1 | ,, | [13] | $-7{,}50_{450}$ | — |
| $NaBr \cdot 2D_2O$ | k | — | 25,9 | diss. | [29] | — | — |
| | | | Kupfer | | | | |
| $[Cu(H_2O)_6]^{2+}$ | g | —29 | 348 | theor. (I) | — | 222 | 2,35 |
| $[Cu(H_2O)_6](NO_3)_2$ | k | 504,3 | 84,4 | kalor. | [27] | $-10{,}71_{400}$ | — |
| $[Cu(H_2O)_6](ClO_4)_2$ | k | 478,7 | — | ,, | [30] | —4,6 | — |
| $[Cu(H_2O)_4]^{2+}$ | g | —262 | 232 | theor. (2) | — | 318 | — |
| $[Cu(H_2O)_4]Br_2$ | k | 317,2 | 52,0 | kalor. | [31] | —1,5 | — |
| $[Cu(HO_2)_4](HCO_2)_2$ | k | 464,0 | 50,6 | ,, | [13] | $-7{,}8_{5\cdot 0}$ | — |
| | | | Magnesium | | | | |
| $[Mg(H_2O)]^{2+}$ | g | —342 | 100 | theor. (2) | [20] | 385 | (1,08) |
| $[Mg(H_2O)_2]Cl_2$ | k | 305,81 | 36,9 | kalor. | [32] | $20{,}61_{400}$ | — |
| $MgSO_4 \cdot 2H_2O$ | k | 451,03 | 30,5 | ,, | [27] | $11{,}05_{400}$ | — |
| $[Mg(H_2O)](NO_3)_2$ | k | 335,1 | 28,8 | ,, | [33] | 10,32 | — |
| $[Mg(H_2O)_4]^{2+}$ | g | —126 | 200 | theor. (2) | [20] | 308 | (1,59) |
| $[Mg(H_2O)_4]Cl_2^{7}$ | k | 452,6 | 68,1 | kalor. | [27] | $10{,}00_{400}$ | — |

Fortsetzung

| Verbindung | Zustand | $-\Delta H°$ | $Q$ | Bestimmungsmethode | Literatur | $L$ | Ionenradius |
|---|---|---|---|---|---|---|---|
| | | | | **Magnesium (Fortsetzung)** | | | |
| $MgSO_4 \cdot 4H_2O$ | k | 594,6 | 58,5 | kalor. | [27] | $4{,}24_{400}$ | — |
| $[Mg(_2HO)_6]^{2+}$ | g | 90 | 300 | theor. (1) | — | 228 | 2,35 |
| $[Mg(H_2O)_6]Cl_2$[7] | k | 596,4 | 96,3 | kalor. | [27] | $2{,}94_{400}$ | — |
| $[Mg(H_2O)_6](ClO_4)_2$ | k | 600,9 | — | ,, | [25] | $—1{,}457_{496}$ | — |
| $[Mg(H_2O)_6]Br_2$[8] | k | 575,15 | 104,5 | ,, | [34] | $2{,}64_{200}$ | — |
| $[Mg(H_2O)_6]SO_3$ | k | 672,7 | 85,9 | ,, | [33] | — | — |
| $[Mg(H_2O)_6]SO_4$ | k | 735,7 | 84,0 | ,, | [27] | $—0{,}10_{400}$ | — |
| $[Mg(H_2O)_6]S_2O_6$ | k | 803,3 | — | ,, | [27] | $—2{,}98_{400}$ | — |
| $[Mg(H_2O)_6](NO_3)_2$[9] | k | 622,5 | 89,0 | ,, | [27] | $—4{,}22_{400}$ | — |
| | | | | **Kalium** | | | |
| $[Ca(H_2O)]^{2+}$ | g | —352 | 43 | theor. (2) | [20] | 348 | (1,27) |
| $[Ca(H_2O)]Cl_2$ | k | 265,2 | 16,8 | kalor. | [27] | $11{,}7_{400}$ | — |
| $[Ca(H_2O)](NO_3)_2$ | k | 295,8 | 14,0 | ,, | [35] | $—3{,}35_{400}$ | — |
| $[Ca(H_2O)] \cdot \cdot (CH_3COO)_2$ | k | 427,5 | 11,7 | ,, | [13] | $5{,}86_{440}$ | — |
| $[Ca(H_2O)_2]^{2+}$ | g | —251 | 86 | theor. (2) | [20] | 315 | (1,52) |
| $[Ca(H_2O)_2]Cl_2$ | k | 335,4 | 29,1 | kalor. | [27] | $10{,}0_{400}$ | — |
| $[Ca(H_2O)_2]SO_3$ | k | 418,7 | — | ,, | [36] | — | — |
| $CaSO_4 \cdot 2H_2O$ | | 482,46 | 26,5 | ,, | [27] | $—0{,}84_{800}$ | — |
| $[Ca(H_2O)_2](NO_3)_2$ | k | 368,07 | 28,4 | ,, | [35] | $—3{,}35_{400}$ | — |
| $[Ca(H_2O)_2]HPO_4$ | k | 571,7 | — | ,, | [1] | — | — |
| $[Ca(H_2O)_4]^{2+}$ | g | —50 | 172 | theor. (2) | [20] | 251 | (2,07) |
| $[Ca(H_2O)_4]Cl_2$ | k | 480,2 | 58,4 | kalor. | [27] | $1{,}85_{400}$ | — |
| $[Ca(H_2O)_4](ClO_4)_2$ | k | 483,5 | — | ,, | [25] | —1,286 | — |
| $[Ca(H_2O)_4](NO_3)_2$[10] | k | 09,59 | 54,4 | ,, | [35] | $—8{,}13_{400}$ | — |
| $[Ca(H_2O)_6]^{2+}$ | g | 151 | 257 | theor. (2) | [20] | —187 | (2,8) |
| $[Ca(H_2O)_6]Cl_2$ | k | 623,45 | 86,1 | kalor. | [27] | $—4{,}56_{400}$ | — |
| $[Ca(H_2O)_6]Br_2$ | k | 598,2 | 89,2 | ,, | [27] | $—1{,}09_{400}$ | — |
| $[Ca(H_2O)_6]Picr_2$ | k | 716,4 | 72,0 | ,, | [37] | —7,455 | — |
| | | | | **Strontium** | | | |
| $[Sr(H_2O)_2]^{2+}$ | g | —319 | 36 | theor. (2) | [20] | 315 | (1,49) |
| $[Sr(H_2O)_2]Cl_2$ | k | 271,4 | 15,8 | kalor. | [27] | $6{,}0_{400}$ | — |
| $[Sr(H_2O)_2]Br_2$ | k | 246,5 | 17,7 | ,, | [22, 23] | $8{,}9_{400}$ | — |
| $[Sr(H_2O)_2]J_2$ | k | 212,5 | 18,6 | ,, | [22, 23] | 12,4 | — |
| $[Sr(H_2O)_2]^{2+}$ | g | —225 | 73 | theor. (2) | [20] | 290 | (1,70) |
| $[Sr(H_2O)_2]Cl_2$ | k | 343,2 | 29,7 | kalor. | [27] | $2{,}51_{400}$ | — |
| $[Sr(H_2O)_2](ClO_4)$ | k | 345,8 | — | ,, | [25] | $—0{,}35_{840}$ | — |
| $[Sr(H_2O)_2]Br_2$ | k | 317,6 | 31,0 | ,, | [27] | $6{,}2_{400}$ | — |
| $[Sr(H_2O)_2]J_2$ | k | 283,1 | 31,4 | ,, | [22, 23] | 10,17 | — |
| $[Sr(H_2O)_2](HCO_2)_2$ | k | 470,7 | 26,1 | ,, | [13] | $—5{,}46_{500}$ | — |
| $[Sr(H_2O)_4]^{2+}$ | g | —36 | 146 | theor. (2) | [20] | 238 | (2,17) |
| $[Sr(H_2O)_4](ClO_4)_2$ | k | 486,6 | — | kalor. | [25] | —4,06 | — |
| $[Sr(H_2O)_4]Br_2$ | k | 460,5 | 58,3 | ,, | [27] | $0{,}0_{400}$ | — |
| $[Sr(H_2O)_4]S_2O_6$ | k | 693,0 | — | ,, | [27] | $—9{,}25_{400}$ | — |
| $[Sr(H_2O)_4](NO_3)_2$ | k | 514,3 | 49,9 | ,, | [29] | $—12{,}3_{400}$ | — |
| $[Sr(H_2O)_4](CN)_2$ | k | 338,6 | — | ,, | [13] | $—4{,}15_{200}$ | — |
| $[Sr(H_2O)_6]^{2+}$ | g | 152 | 219 | theor. (2) | [20] | 186 | (2,8 |
| $[Sr(H_2O)_6]Cl_2$ | k | 626,7 | 82,0 | kalor. | [27] | $—7{,}51_{400}$ | — |

Fortsetzung

| Verbindung | Zustand | $-\Delta H°$ | $Q$ | Bestimmungsmethode | Literatur | $L$ | Ionenradius |
|---|---|---|---|---|---|---|---|
| | | | | Strontium (Fortsetzung) | | | |
| $[Sr(H_2O)_6]Br_2$ | k | 603,7 | 85,9 | kalor. | [27] | $-6,45_{400}$ | — |
| $[Sr(H_2O)_6]J_2$ | k | 571,5 | 88,6 | ,, | [22, 23] | $-4,73$ | — |
| $[Sr(H_2O)_6]S_4O_6$ | k | 824,1 | — | ,, | [38] | $-11,60$ | — |
| $[Sr(H_2O)_6]Picr_2$ | k | 716,8 | 71,0 | ,, | [37] | 7,214 | — |
| | | | | Barium | | | |
| $[Ba(H_2O)]^{2+}$ | g | —298 | 32 | theor. (2) | [20] | 293 | (1,60) |
| $[Ba(H_2O)]Cl_2$ | k | 278,27 | 15,27 | kalor. | [38] | $-1,55_{400}$ | — |
| $[Ba(H_2O)](ClO_3)_2$ | k | 248,8 | 14,4 | ,, | [27] | $-11,24_{600}$ | — |
| $[Ba(H_2O)]Br_2$ | k | 254,9 | 16,6 | diss. | [1] | — | — |
| $[Ba(H_2O)](BrO_3)_2$ | k | 235,0 | — | kalor. | [40] | $-15,06$ | — |
| $[Ba(H_2O)]J_2$ | k | 220,8 | 18,4 | diss. | [1] | — | — |
| $[Ba(H_2O)](JO_3)_2$ | k | 317,0 | 12,7 | kalor. | [41] | — | — |
| $[Ba(H_2O)](NO_2)_2$ | k | 259,9 | 13,5 | ,, | [13] | $-8,6_{800}$ | — |
| $[Ba(H_2O)](H_2PO_2)_2$ | k | 482,1 | — | ,, | [27] | $-0,29_{400}$ | — |
| $[Ba(H_2O)](CN)_2$ | k | 129,7 | 14,5 | ,, | [13] | $-2,1$ | — |
| $[Ba(H_2O)_2]^{2+}$ | g | —208 | 64 | theor. (2) | [20] | 271 | (1,79) |
| $[Ba(H_2O)_2]Cl_2$ [11] | k | 349,0 | 28,1 | kalor. | [27] | $-4,92_{400}$ | — |
| $[Ba(H_2O)_2]Br_2$ | k | 326,31 | 30,3 | ,, | [1] | $-4,18_{400}$ | — |
| $[Ba(H_2O)_2]J_2$ | k | 291,7 | 31,5 | diss. | [1] | — | — |
| $[Ba(H_2O)_2]S_2O_6$ | k | 552,4 | — | kalor. | [41] | $-6,93$ | — |
| $[Ba(H_2O)_2]S_4O_6$ | k | 544,4 | — | ,, | [39] | $-7,0$ | — |
| $[Ba(H_2O)_2](CN)_2$ | k | 200,5 | 26,5 | ,, | [13] | $-4,77$ | — |
| | | | | Zink | | | |
| $[Zn(H_2O)_6]^{2+}$ | g | 18 | 331 | theor. (1) | — | 227 | 2,35 |
| $ZnSO_4 \cdot 6H_2O$ | k | 663,0 | 82,8 | kalor. | [27] | $-0,84_{400}$ | — |
| $[Zn(H_2O)_6](NO_3)_2$ | k | 550,9 | — | ,, | [27] | $-5,85_{400}$ | — |
| $[Zn(H_2O)_6]S_2O_6$ | k | 729,5 | — | ,, | [27] | $-2,24_{400}$ | — |
| | | | | Cadmium | | | |
| $[Cd(H_2O)_4]^{2+}$ | g | —216 | 174 | theor. (2) | [20] | — | — |
| $[Cd(H_2O)_4]Br_2$ | k | 357,0 | 50,0 | kalor. | [27] | $-7,29_{400}$ | — |
| $Cd(NO_3)_2$ | k | 107,9 | — | ,, | [42] | 8,1 | — |
| $[Cd(H_2O)_4](NO_3)_2$ | k | 394,23 | 45,1 | ,, | [27] | $-5,04_{400}$ | — |
| | | | | Aluminium | | | |
| $[Al(H_2O)_6]^{3+}$ | g | —354 | 590 | theor. (2) | — | 587 | (2,13) |
| $[Al(H_2O)_6]Cl_3$ | k | 641,7 | 128,1 | kalor. | [21] | $13,2_{450}$ | — |
| $[Al(H_2O)_6](NO_3)_3$ | k | 680,89 | — | ,, | [43] | $-0,543$ | — |
| | | | | Neodym | | | |
| $[Nd(H_2O)_6]^{3+}$ | g | — | 351 | theor. (2) | — | — | — |
| $[Nd(H_2O)_6]Cl_3$ | k | 684,8 | 91,3 | kalor. | [44] | $7,6_{200}$ | — |

Fortsetzung

| Verbindung | Zustand | $-\Delta H^\circ$ | $Q$ | Bestimmungsmethode | Literatur | $L$ | Ionenradius |
|---|---|---|---|---|---|---|---|
| | | | **Thallium** | | | | |
| $[Tl(H_2O)_4]^{3+}$ | | —564 | 253 | theor. (2) | — | 506 | — |
| $[Tl(H_2O)_4]Cl_3$ | k | 366,4 | 52,8 | kalor. | [45] | $-2{,}12_{300}$ | — |
| $[Tl(H_2O)_4]Br_3$ | k | 333,9 | — | ,, | [45] | $-2{,}25_{500}$ | — |
| $[Tl(H_2O)_4]ClBr_2$ | k | 345,5 | — | ,, | [45] | —2,12 | — |
| | | | **Sauerstoff** | | | | |
| $[OHH_2O]^-$ | g | 135,4 | 37 | theor. (1) | — | 89 | (1,75) |
| $Li[OHH_2O]$ | k | 188,7 | 14,4 | kalor. | [46] | $0{,}77_{200}$ | — |
| $Na[OHH_2O]$ | k | 175,34 | 15,6 | ,, | [47] | $5{,}09_{200}$ | — |
| $K[OHH_2O]$ | k | 179,82 | 20,0 | ,, | [48] | $12{,}78_{200}$ | — |
| $Rb[OHH_2O]$ | k | 180,2 | 21,1 | ,, | [46] | $3{,}87_{110}$ | — |
| $Cs[OHH_2O]$ | k | 180,69 | 22,7 | ,, | [46] | $4{,}48_{110}$ | — |
| | | | **Chrom** | | | | |
| $[Cr(H_2O)_6]^{3+}$ | g | —364 | 550 | theor. (2) | — | 536 | (2,33) |
| $[Cr(H_2O)_6]Cl_3$ | k | 581,2 | — | kalor. | [49] | 12,0 | — |
| $[Cr(H_2O)_6]Br_3$ | k | 545,8 | — | ,, | [49] | 14,35 | — |
| $[Cr(H_2O)_{6}]_2(SO_4)_3 \cdot 2H_2O$ | k | 1707,9 | — | ,, | [50] | 10,18 | — |
| $[Cr(H_2O)_6]_2(SO_4)_3 \cdot 3H_2O$ | k | 1777,7 | — | ,, | [50] | 8,3 | — |
| $[Cr(H_2O)_6]_2(SO_4)_3 \cdot 5H_2O$ | k | 1917 | — | ,, | [50] | 6,3 | — |
| | | | **Mangan** | | | | |
| $[Mn(H_2O)_2]^{2+}$ | g | —389 | 96 | theor. (2) | — | 372 | — |
| $[Mn(H_2O)_2]Cl_2$ | k | 257,2 | 28,9 | kalor. | [51] | $8{,}20_{300}$ | — |
| $[Mn(H_2O)_2](HCO_2)_2$ | k | 388,0 | 28,3 | ,, | [13] | $2{,}9_{500}$ | — |
| $[Mn(H_2O)_4]^{2+}$ | g | —177 | 192 | theor. (2) | — | 297 | (1,61) |
| $[Mn(H_2O)_4]Cl_2$[12] | k | 400,7 | 56,8 | kalor. | [27] | $1{,}54_{400}$ | — |
| | $k_{25^\circ}$ | 398,7 | 54,8 | ,, | [52] | 3,56 | — |
| $[Mn(H_2O)_4] \cdot (CH_3COO)_2$ | k | 556,1 | 52,9 | ,, | [13] | $1{,}6_{600}$ | — |
| $[Mn(H_2O)_4]J_2$[13] | $k_{25^\circ}$ | 341,0 | — | ,, | [52] | 8,49 | — |
| $[Mn(H_2O)_4]Br_2$ | $k_{25^\circ}$ | 376,1 | 53,9 | ,, | [52] | 4,0 | — |
| $[Mn(H_2O)_6]^{2+}$ | g | 35 | 288 | theor. (1) | — | 223 | 2,35 |
| $[Mn(H_2O)_6](NO_3)_2$ | k | 564,2 | 82,5 | kalor. | [27] | $-6{,}15_{400}$ | — |
| $[Mn(H_2O)_6]S_2O_6$ | k | 741,5 | — | ,, | [27] | —1,93 | — |
| $[Mn(H_2O)_6]J_2$[13] | k | 491 | 94 | theor. (1) | [27] | — | — |
| | | | **Eisen** | | | | |
| $[Fe(H_2O)_2]^{2+}$ | g | —432 | 102 | theor. (2) | — | 387 | — |
| $[Fe(H_2O)_2]Cl_2$ | k | 227,8 | 30,3 | kalor. | [28] | $8{,}7_{300}$ | — |
| $[Fe(H_2O)_4]^{2+}$ | g | —215 | 204 | theor. (2) | — | 306 | — |
| $[Fe(H_2O)_4]Cl_2$[14] | k | 370,5 | 57,4 | kalor. | [28] | $2{,}75_{400}$ | — |
| $FeSO_4 \cdot 4H_2O$ | k | 508,1 | 55,6 | ,, | [53] | $1{,}60_{110}$ | — |
| $[Fe(H_2O)_6]^{3+}$ | g | — | 533 | theor. (2) | — | — | — |
| $[Fe(H_2O)_6]Cl_3$ | k | 532,7 | 89,3 | kalor. | [54] | $5{,}64_{1200}$ | — |

Fortsetzung

| Verbindung | Zustand | $-\Delta H°$ | $Q$ | Bestimmungsmethode | Literatur | $L$ | Ionenradius |
|---|---|---|---|---|---|---|---|
| | | | Kobalt | | | | |
| $[Co(H_2O)_2]^{2+}$ | g | —450 | 108 | theor. (2) | — | 400 | — |
| $[Co(H_2O)_2]Cl_2$ | k | 222,3 | 29,8 | kalor. | [28] | $9{,}85_{400}$ | — |
| $[Co(H_2O)_6]^{2+}$ | g | —3 | 324 | theor. (1) | — | 222 | 2,34 |
| $[Co(H_2O)_6]Cl_2$ | k | 508,5 | 84,8 | kalor. | [27] | $-2{,}85_{400}$ | — |
| $[Co(H_2O)_6]Br_2$ | k | 484,9 | 83,1 | ,, | [1] | —1,28 | — |
| $[Co(H_2O)_6]SO_4$ | k | 634,3 | 79,8 | diss. | [55] | — | — |
| $[Co(H_2O)_6](NO_3)_2$ | k | 529,8 | 80,2 | kalor. | [27] | $-4{,}96_{400}$ | — |
| | | | Nickel | | | | |
| $[Ni(H_2O)_2]^{2+}$ | g | —458 | 110 | theor. (2) | — | 407 | — |
| $[Ni(H_2O)_2]Cl_2$ | k | 220,6 | 30,0 | kalor. | [28] | $10{,}3_{400}$ | — |
| $[Ni(H_2O)_4]^{2+}$ | g | —233 | 220 | theor. (2) | — | 319 | — |
| $[Ni(H_2O)_4]Cl_2$ | k | 363,5 | 57,3 | diss. | [56] | — | — |
| $[Ni(H_2O)_6]^{2+}$ | g | —8 | 329 | theor. (1) | — | 232 | 2,29 |
| $[Ni(H_2O)_6]Cl_2$ | k | 505,6 | 83,8 | kalor. | [27] | $-1{,}16_{400}$ | — |
| $[Ni(H_2O)_6](ClO_3)_2$ | k | 473,3 | — | ,, | [34] | $-6{,}41_{3000}$ | — |
| $[Ni(H_2O)_6]SO_4$— grün | k | 645,1 | 82,3 | ,, | [57] | —3,93 | — |
| $[Ni(H_2O)_6]SO_4$— blau | k | — | — | ,, | [57] | —1,49 | — |
| $[Ni(H_2O)_6]S_2O_6$ | k | 708,1 | — | ,, | [27] | —2,42 | — |
| $[Ni(H_2O)_6](NO_3)_2$ | k | 531,0 | 82,7 | ,, | [27] | $-7{,}47_{400}$ | — |
| | | | b) Komplexverbindungen mit Schwefelwasserstoff | | | | |
| $BeBr_2 \cdot 2H_2S$ | k | 107,7 | 17,7 | diss. | [58] | — | — |
| $BeJ_2 \cdot 2H_2S$ | k | 64,0 | 12,3 | ,, | [58] | — | — |
| $AlCl_3 \cdot H_2S$[15] | k | 181,3 | 9,22 | ,, | [58] | — | — |
| $AlBr_3 \cdot H_2S$ | k | 141,7 | 9,72 | ,, | [58] | — | — |
| $AlJ_3 \cdot 2H_2S$ | k | 106,1 | 18,28 | ,, | [58] | — | — |
| $SnCl_4 \cdot 2H_2S$ | k | 154,0 | 15,96 | ,, | [58] | — | — |
| $SnCl_4 \cdot 4H_2S$ | k | 177,0 | 28,4 | ,, | [58] | — | — |
| $TiCl_4 \cdot H_2S$ | k | 195,6 | 8,86 | ,, | [58] | — | — |
| $TiCl_4 \cdot 2H_2S$ | k | 207,0 | 14,98 | ,, | [58] | — | — |
| $TiBr_4 \cdot H_2S$ | k | — | 8,56 | ,, | [58] | — | — |
| $TiBr_4 \cdot 2H_2S$ | k | — | 14,40 | ,, | [58] | — | — |
| | | | c) Komplexverbindungen mit $SO_2$ | | | | |
| $LiJ \cdot SO_2$ | k | 145,7 | 9,7 | diss. | [59] | — | — |
| $LiJ \cdot 2SO_2$ | k | 225,7 | 18,8 | ,, | [59] | — | — |
| $NaJ \cdot 2SO_2$[16] | k | 231,2 | 20,0 | ,, | [59] | — | — |
| $NaJ \cdot 4SO_2$[16] | k | 392,4 | 39,2 | ,, | [59] | — | — |
| $KJ \cdot 4SO_2$[16] | k | 401,4 | 38,8 | ,, | [59] | — | — |
| $RbJ \cdot 3SO_2$[17] | k | 325,2 | 31,5 | ,, | [60] | — | — |
| $CsJ \cdot 3SO_2$[17] | k | 327,3 | 30,7 | ,, | [60] | — | — |
| $NH_4J \cdot 3SO_2$ | k | 289,1 | 28,0 | ,, | [60] | — | — |
| $SrJ_2 \cdot 2SO_2$ | k | 300,2 | 22,1 | ,, | [59] | — | — |
| $SrJ_2 \cdot 4SO_2$ | k | 463,5 | 43,6 | ,, | [59] | — | — |
| $BaJ_2 \cdot 2SO_2$ | k | 302,1 | 22,7 | ,, | [59] | — | — |
| $BaJ_2 \cdot 4SO_2$ | k | 471,0 | 42,5 | ,, | [59] | — | — |

Fortsetzung

| Verbindung | Zustand | $-\Delta H°$ | $Q$ | Bestimmungsmethode | Literatur | $L$ | Ionenradius |
|---|---|---|---|---|---|---|---|
| | | | | Komplexverbindungen mit $SO_2$ (Fortsetzung) | | | |
| $2AlCl_3 \cdot SO_2$ | k | 422,8 | 18,3 | kalor. | [61] | — | — |
| $AlCl_3 \cdot SO_2$ | k | 266,6 | 28,9 | „ | [61] | — | — |
| $NaCNS \cdot 2SO_2$ | k | 203,2 | 21,0 | diss. | [62] | — | — |
| $KCNS \cdot {}^1/_2SO_2$ | k | 88,4 | 5,6 | „ | [62] | — | — |
| $KCNS \cdot 2SO_2$ | k | 210,2 | 21,0 | „ | [62] | — | — |
| $NH_4CNS \cdot SO_2$ | k | 98,2 | 9,1 | „ | [62] | — | — |
| | | | | d) Komplexverbindungen mit Ammoniak, Hydrazin und Hydroxylamin | | | |
| | | | | Wasserstoff [18] | | | |
| $NH_4^+$ | g | —145,5 | 209,1 | theor. (1) | — | 76 | 1,43 |
| | aq | 31,455 | 12,1 | kalor. | [1] | — | — |
| $NH_4F$ | k | 111,6 | 36,6 | „ | [1] | —1,5 | — |
| $NH_4Cl$ | k | 74,95 | 41,9 | „ | [27] | $-3,92_{200}$ | — |
| $NH_4ClO_4$ | k | 78,1 | 56,7 | „ | [13] | $-6,36_{200}$ | — |
| $NH_4Br$ | k | 64,58 | 44,9 | „ | [27] | $-4,45_{200}$ | — |
| $NH_4J$ | k | 48,39 | 43,3 | „ | [27] | $-3,56_{200}$ | — |
| $NH_4HS$ | k | 38,9 | 22,6 | „ | [13] | —3,3 | — |
| $NH_4HSO_4$ | k | 244,64 | 57 | „ | [27] | $-0,02_{200}$ | — |
| $(NH_4)_2SO_3$ | k | 212,3 | — | „ | [63] | $-1,54_{500}$ | — |
| $(NH_4)_2SO_4$ | k | 281,46 | 82 | „ | [27] | $-2,38_{400}$ | — |
| $(NH_4)_2S_2O_5$ | k | 299,5 | — | „ | [63] | $-6,3_{400}$ | — |
| $(NH_4)_2S_2O_8$ | k | 395,4 | — | „ | [17] | $-9,2_{1000}$ | — |
| $(NH_4)_2CrO_4$ | k | 276,9 | — | „ | [64] | $-5,8_{500}$ | — |
| $(NH_4)_2Cr_2O_7$ | k | 423,6 | — | „ | [65] | $-12,90_{540}$ | — |
| $NH_4N_3$ | k | —20,2 | — | „ | [13] | — | — |
| $NH_4NO_2$ | k | 61,5 | — | „ | [1, 13] | $-4,75_{400}$ | — |
| $NH_4NO_3$ | k | 87,13 | 41,7 | „ | [27] | $-6,32_{200}$ | — |
| $NH_4H_2PO_4$ | k | 343,2 | — | „ | [66] | —4,28 | — |
| $(NH_4)_2HPO_4$ | k | 371,9 | — | „ | [66] | —3,44 | — |
| $(NH_4)_3PO_4$ | k | 406,0 | — | „ | [66] | —8,5 | — |
| $(NH_4)_3PO_4 \cdot 3H_2O$ | k | 617,2 | — | „ | [66] | —14,5 | — |
| $NH_4H_2AsO_4$ | k | 251,4 | — | „ | [67] | —4,25 | — |
| $(NH_4)_2HAsO_4$ | k | 280,6 | — | „ | [67] | —3,15 | — |
| $(NH_4)_3AsO_4$ | k | 312,0 | — | „ | [67] | —8,4 | — |
| $(NH_4)_3AsO_4 \cdot 3H_2O$ | k | 522,2 | — | „ | [67] | —13,4 | — |
| $NH_4VO_3$ | k | 283,5 | — | „ | [68] | — | — |
| $NH_4HCO_2$ | k | 133,2 | 33,6 | „ | [13] | $-2,94_{140}$ | — |
| $NH_4HCO_3$ | k | 203,0 | — | „ | [13] | $-6,8_{1200}$ | — |
| $NH_4CH_3COO$ | k | 149,0 | 38,9 | „ | [13] | $-0,25_{200}$ | — |
| $NH_4C_2H_3O_3$ | k | 190,9 | — | „ | [13] | —3,2 | — |
| $(NH_4)_2C_2O_4$ | k | 267,2 | — | „ | [13] | —8,0 | — |
| $NH_4CN$ | k | 1,1 | 20,7 | „ | [13] | $-4,4_{400}$ | — |
| $NH_4CNO$ | k | 73,5 | — | „ | [69] | —6,23 | — |
| $NH_4CO_2NH_2$ | k | 159,0 | — | „ | [70] | —3,80 | — |
| $NH_4CNS$ | k | 18,2 | — | „ | [13] | —5,7 | — |
| $NH_4BO_3 \cdot H_2O$ | k | 307,8 | — | „ | [71] | —9,03 | — |
| $NH_4Br \cdot NH_3$ | k | 83,5 | 7,95 | diss. | [1, 72, 73] | — | — |
| $NH_4J \cdot NH_3$ | k | 67,6 | 8,2 | „ | [1, 72, 73] | — | — |
| $NH_4Br \cdot 3NH_3$ | k | 121,2 | 23,8 | „ | [1, 72, 73] | — | — |
| $NH_4J \cdot 3NH_3$ | k | 103,5 | 22,2 | „ | [1, 72, 73] | — | — |
| $NH_4NO_3 \cdot 5NH_3$ | k | 171,5 | 29,5 | „ | [1, 72, 73] | — | — |

Fortsetzung

| Verbindung | Zustand | $-\Delta H°$ | $Q$ | Bestimmungsmethode | Literatur | $L$ | Ionenradius |
|---|---|---|---|---|---|---|---|
| | | | | **Wasserstoff[18] (Fortsetzung)** | | | |
| $NH_4Br \cdot 6NH_3$ | k | 170,9 | 40,6 | diss. | [1, 72, 73] | — | — |
| $NH_3J \cdot 6NH_3$ | k | 153,5 | 39,2 | ,, | [1, 72, 73] | — | — |
| $N_2H_5^+$ | aq | 2,4 | 10,6 | kalor. | [74] | — | — |
| $N_2H_4 \cdot H_2O$ | k | 58,3 | 21,8 | ,, | [74] | $1,92_{400}$ | — |
| $N_2H_5Cl$ | k | 47,3 | 47,5 | ,, | [74] | $-5,44_{500}$ | — |
| $N_2H_5ClO_4$ | k | 48,5 | 60,3 | ,, | [75] | —6,3 | — |
| $N_2H_5Br$ | k | 223,8 | 54,2 | ,, | [74] | —9,25 | — |
| $N_2H_5HSO_4$ | k | 40,6 | 69 | ,, | [76] | —8,13 | — |
| $N_2H_6^{2+}$ | aq | 2,4 | 10,6 | ,, | [74] | — | — |
| $[N_2H_6]Cl_2$ | k | 88,0 | 66,1 | ,, | [74] | —6,20 | — |
| $[N_2H_6]Br_2$ | k | 64,6 | 69,6 | ,, | [76] | —4,86 | — |
| $[N_2H_6]Br_2 \cdot 2H_2O$ | k | 207,5 | — | ,, | [76] | —11,11 | — |
| $NH_2OH_2^+$ | aq | 31,0 | 9,3 | ,, | — | — | — |
| $[NH_2OH_2]Cl$ | k | 74,0 | — | ,, | [77] | $-3,65_{450}$ | — |
| $[NH_2OH_2]NO_3$ | k | 86,9 | — | ,, | [13] | $-5,93_{300}$ | — |
| $[NH_2OH_2]HSO_4$ | k | 245,3 | — | ,, | [27] | —0,96 | — |
| $[NH_2OH_2]_2SO_4$ | k | 282,4 | — | ,, | [13] | $-5,80_{900}$ | — |
| | | | | **Lithium** | | | |
| $LiCl \cdot NH_3$ | k | 121,1 | 12,4 | diss. | [78, 79] | — | — |
| $LiBr \cdot NH_3$ | k | 108,4 | 13,6 | ,, | [78, 79] | — | — |
| $LiJ \cdot NH_3$ | k | 92,1 | 16,0 | ,, | [78, 79] | — | — |
| $LiCl \cdot 2NH_3$ | k | 143,6 | 23,9 | ,, | [78, 79] | — | — |
| $LiBr \cdot 2NH_3$ | k | 131,2 | 25,4 | ,, | [78, 79] | — | — |
| $LiJ \cdot 2NH_3$ | k | 116,9 | 29,8 | ,, | [78, 79] | — | — |
| $LiCl \cdot 3NH_3$ | k | 165,3 | 34,6 | ,, | [78, 79] | — | — |
| $LiBr \cdot 3NH_3$ | k | 153,3 | 36,5 | ,, | [78, 79] | — | — |
| $LiJ \cdot 3NH_3$ | k | 140,1 | 42,0 | ,, | [78, 79] | — | — |
| $LiCl \cdot 4NH_3$ | k | 185,1 | 43,4 | ,, | [78, 79] | — | — |
| $LiBr \cdot 4NH_3$ | k | 174,5 | 46,7 | ,, | [78, 79] | — | — |
| $LiJ \cdot 4NH_3$ | k | 162,7 | 53,6 | ,, | [78, 79] | — | — |
| $LiCl \cdot 5NH_3$ | k | 204,1 | 51,4 | ,, | [78, 79] | — | — |
| $LiBr \cdot 5NH_3$ | k | 193,5 | 54,7 | ,, | [78, 79] | — | — |
| $LiJ \cdot 5NH_3$ | k | 181,8 | 61,5 | ,, | [78, 79] | — | — |
| $LiJ \cdot 5^1/_2NH_3$ | k | 190,9 | 65,1 | ,, | [78, 79] | — | — |
| $LiBr \cdot 6^1/_2NH_3$ | k | 220,4 | 65,0 | ,, | [78, 79] | — | — |
| $LiJ \cdot 7NH_3$ | k | 218,1 | 75,6 | ,, | [78, 79] | — | — |
| | | | | **Natrium** | | | |
| $NaCl \cdot 5NH_3$ | k | 192,3 | 39,0 | diss. | [78, 79] | — | — |
| $NaBr \cdot 5^1/_4NH_3$ | k | 188,4 | 44,4 | ,, | [78, 79] | — | — |
| $NaBr \cdot 5^3/_4NH_3$ | k | 197,4 | 47,8 | ,, | [78, 79] | — | — |
| $NaJ \cdot 4^1/_2NH_3$ | k | 161,1 | 42,3 | ,, | [78, 79] | — | — |
| $NaJ \cdot 6NH_3$ | k | 188,8 | 53,5 | ,, | [78, 79] | — | — |
| | | | | **Kalium** | | | |
| $KBr \cdot 4NH_3$ | k | 166,6 | 28,6 | diss. | [78, 79] | — | — |
| $KJ \cdot 4NH_3$ | k | 153,4 | 30,6 | ,, | [78, 79] | — | — |
| $KJ \cdot 6NH_3$ | k | 190,2 | 45,3 | ,, | [78, 79] | — | — |

Fortsetzung

| Verbindung | Zustand | $-\Delta H°$ | $Q$ | Bestimmungsmethode | Literatur | $L$ | Ionenradius |
|---|---|---|---|---|---|---|---|
| **Rubidium** | | | | | | | |
| $RbBr \cdot 3NH_3$ | k | 150,0 | 21,3 | diss. | [78, 79] | — | — |
| $RbJ \cdot 6NH_3$ | k | 192,0 | 45,0 | „ | [78, 79] | — | — |
| **Kupfer** | | | | | | | |
| $CuCl \cdot NH^3$ | k | 62,0 | 16,7 | diss. | [79] | — | — |
| $CuBr \cdot NH_3$ | k | 52,3 | 14,g | „ | [79] | — | — |
| $CuJ \cdot NH_3$ | k | 43,7 | 15,0 | „ | [79] | — | — |
| $CuJ \cdot {}^1/_2NH_3$ | k | 30,9 | 7,6 | „ | [79] | — | — |
| $CuCl \cdot 1{}^1/_2NH_3$ | k | 73,9 | 23,0 | „ | [79] | — | — |
| $CuBr \cdot {}^1/_2NH_3$ | k | 64,4 | 21,2 | „ | [79] | — | — |
| $CuJ \cdot 2NH_3$ | k | 66,0 | 26,2 | „ | [79] | — | — |
| $[Cu(NH_3)_3]^+$ | g | —95 | 131 | theor. (1) | — | — | (2,0) |
| $[Cu(NH_3)_3]Cl$ | k | 104,7 | 37,2 | diss. | [79] | — | — |
| $[Cu(NH_3)_3]Br$ | k | 95,2 | 35,5 | „ | [79] | — | — |
| $[Cu(NH_3)_3]J$ | k | 87,0 | 36,6 | „ | [79] | — | — |
| $CuSO_4 \cdot NH_3$ | k | 215,0 | 20 | kalor. | [1, 80] | — | — |
| $CuC_4H_4O_4 \cdot NH_3$ (Bernsteinsaures Salz) | k | — | 39,8 | diss. | [81] | — | — |
| $CuC_4H_4O_6 \cdot NH_3$ (Tartrat) | k | — | 28,8 | „ | [81] | — | — |
| $CuCl_2 \cdot 2NH_3$ | k | 117,4 | 42 | kalor. | [82, 83] | — | — |
| $CuBr_2 \cdot 2NH_3$ | k | 96,0 | 40 | „ | [82, 83] | — | — |
| $CuSO_4 \cdot 2NH_3$ | k | 245 | 39 | „ | [1, 80] | — | — |
| $CuCrO_4 \cdot 2NH_3$ | k | — | 23,8 | diss. | [81] | — | — |
| $Cu(HCO_2)_2 \cdot 2NH_3$ | k | 232,1 | 28,2 | „ | [81] | — | — |
| $Cu(CH_3COO)_2 \cdot 2NH_3$ | k | 271,5 | 33,1 | „ | [81] | — | — |
| $Cu(C_2H_3O_3)_2 \cdot 2NH_3$ | k | 353,4 | 32,1 | „ | [81] | — | — |
| $CuC_4H_4O_4 \cdot 2NH_3$ (Bernsteinsaures Salz) | k | — | 34,2 | „ | [81] | — | — |
| $CuC_4H_4O_6 \cdot 2NH_3$ (Sartrat) | k | — | 25,5 | „ | [81] | — | — |
| $Cu(C_7H_5O_2)_2 \cdot 2NH_3$ (Benzoat) | k | — | 33,5 | „ | [81] | — | — |
| $Cu(C_2H_4O_2N_2 \cdot 2NH_3$ (Glykokollat) | k | — | 26,6 | „ | [81] | — | — |
| $Cu(C_7H_4O_6S)_2 \cdot 2NH_3$ (Sulfosalizyl) | k | — | 40,1 | „ | [81] | — | — |
| $Cu(CNS)_2 \cdot 2NH_3$ | k | — | 38,2 | „ | [81] | — | — |
| $Cu(C_7H_6O_2N) \cdot 3NH_3$ (Anthranilat) | k | — | 40,3 | „ | [81] | — | — |
| $CuCl_2 \cdot 3^1\!/_3NH_3$ | k | 148,1 | 60 | „ | [81] | — | — |
| $CuBr_2 \cdot 3^1\!/_3NH_3$ | k | 128,7 | 60 | „ | [82 83] | — | — |
| $[Cu(NH_3)_4]SO_4$ | k | 297 | 71 | kalor. | [1, 80] | — | — |
| $[Cu(NH_3)_4]Cl_2$ | k | 169 | 72 | | [1, 80] | — | — |
| $[Cu(NH_3)_4](HCO_2)_2$ | k | 279,2 | 53,0 | diss. | [81] | — | — |
| $[Cu(NH_3)_4] \cdot (CH_3COO)_2$ | k | 316,3 | 55,9 | „ | [81] | — | — |
| $[Cu(NH_3)_4] \cdot (C_2H_3O_3)_2$ | k | 398,9 | 55,6 | „ | [81] | — | — |
| $[Cu(NH_3)_4]C_4H_4O_4$ (Bernsteinsaures Salz) | k | — | 59,8 | „ | [81] | — | — |
| $[Cu(NH_3)_4]C_4H_4O_6$ (Tartrat) | k | — | 51,0 | „ | [81] | — | — |

**Fortsetzung**

| Verbindung | Zustand | $-\Delta H°$ | $Q$ | Bestimmungsmethode | Literatur | $L$ | Ionenradius |
|---|---|---|---|---|---|---|---|
| | | | Kupfer (Fortsetzung) | | | | |
| $[Cu(NH_3)_4]\cdot(C_7H_5O_2)$ (Benzoat) | k | — | 58,5 | diss. | [81] | — | — |
| $[Cu(NH_3)_4]\cdot(C_2H_4O_2N)_2$ (Glykokollat) | k | — | 46,7 | ,, | [81] | — | — |
| $[Cu(NH_3)_4]\cdot(C_7H_6O_2N)_2$ (Anthrnilat) | k | — | 53,0 | ,, | [81] | — | — |
| $[Cu(NH_3)_4]\cdot C_7H_4O_6S$ (Sulfosalizylat) | k | — | 63,1 | ,, | [81] | — | — |
| $[Cu(NH_3)_4](CNS)_2$ | k | — | 63,5 | ,, | [81] | — | — |
| $CuCl_2\cdot 5NH_3$ | k | 188,4 | 80,0 | ,, | [82, 83] | — | — |
| $CuBr_2\cdot 5NH_3$ | k | 169,0 | 82,5 | ,, | [82, 83] | — | — |
| $Cu(CH_3COO)_2\cdot 5NH_3$ | k | 337,6 | 66,2 | ,, | [81] | — | — |
| $Cu(C_7H_5O_2)_2\cdot 5NH_3$ (Benzoat) | k | — | 69,6 | ,, | [81] | — | — |
| $CuC_7H_4O_6S\cdot 5NH_3$ (Sulfosalizylat) | k | — | 74,0 | ,, | [81] | — | — |
| $Cu(CNS)_2\cdot 5NH_3$ | k | — | 72,7 | ,, | [81] | — | — |
| $CuSO_4\cdot 5NH_3$ | k | 323 | 86 | ,, | [1, 80] | — | — |
| $[Cu(NH_3)_6]^{2+}$ | g | —277 | 388 | theor. (1) | — | — | — |
| $[Cu(NH_3)_6]Cl_2$ | k | 209 | 90 | diss. | [82, 83] | — | — |
| $[Cu(NH_3)_6](HCO_2)_2$ | k | 321,2 | 73,0 | ,, | [82, 83] | — | — |
| $[Cu(NH_3)_6]\cdot(C_2H_3O_3)_2$ | k | 441,7 | 76,4 | ,, | [81] | — | — |
| $[Cu(NH_3)_6]C_4H_4O_4$ (Bernsteinsaures Salz) | k | — | 81,4 | ,, | [81] | — | — |
| $[Cu(NH_3)_6]\cdot(C_7H_6O_2N)_2$ (Anthranilat) | k | — | 75,3 | ,, | [81] | — | — |
| $[Cu(NH_3)_6C_7H_4O_6S$ (Sulfosalizylat) | k | — | 82,8 | ,, | [81] | — | — |
| $[CuC_7H_4O_6S\cdot 8NH_3$ (Sulfosalizylat) | k | — | 99,2 | ,, | [81] | — | — |
| $Cu(C_2H_3O_3)_2\cdot 8NH_3$ | k | 482,0 | 94,7 | ,, | [81] | — | — |
| $[Cu(NH_3)_6]Br_2$ | k | 190 | 90 | ,, | [82, 83] | — | — |
| $Cu(HCOO)_2\cdot 9NH_3$ | k | 377,5 | 96,3 | ,, | [81] | — | — |
| $Cu(CNS)_2\cdot 9NH_3$ | k | — | 104,5 | ,, | [81] | — | — |
| $CuCl_2\cdot 10NH_3$ | k | 283 | 120 | ,, | [82, 83] | — | — |
| $CuBr_2\cdot 10NH_3$ | k | 264 | 120 | ,, | [82, 83] | — | — |
| $Rb_2CuCl_4\cdot 3NH_3$ | k | 346,3 | 44,1 | ,, | [84] | — | — |
| $Rb_2CuCl_4\cdot 5NH_3$ | k | 390,0 | 65,8 | ,, | [84] | — | — |
| $Rb_2CuCl_4\cdot 10NH_3$ | k | 487,8 | 108,6 | ,, | [84] | — | — |
| $Cs_2CuCl_4\cdot 2NH_3$ | k | 330,9 | 36,0 | ,, | [84] | — | — |
| $Cs_2CuCl_4\cdot 3NH_3$ | k | 35,71 | 51,2 | ,, | [84] | — | — |
| $Cs_2CuCl_4\cdot 6NH_3$ | k | 424,9 | 86,0 | ,, | [84] | — | — |
| $Cs_2CuCl_4\cdot 10NH_3$ | k | 502,5 | 119,6 | ,, | [84] | — | — |
| $CsCuCl_3\cdot 5NH_3$ | k | 284,6 | 62,9 | ,, | [84] | — | — |
| $Cs_3Cu_2Cl_7\cdot 10NH_3$ | k | — | 109,5 | ,, | [84] | — | — |
| $Cs_3Cu_2Cl_7\cdot 13NH_3$ | k | — | 134,0 | ,, | [84] | — | — |

Fortsetzung

| Verbindung | Zustand | $-\Delta H^\circ$ | $Q$ | Bestimmungsmethode | Literatur | $L$ | Ionenradius |
|---|---|---|---|---|---|---|---|
| | | | **Silber** | | | | |
| $AgClO_4$[19] | k | 16,5 | — | diss. | [85] | −2,17 | — |
| $AgJ \cdot {}^1/_2NH_3$ | ko | 26,2 | 5,8 | ,, | [79, 86] | — | — |
| $AgCl \cdot NH_3$ | k | 52,4 | 11,1 | ,, | [79, 86] | — | — |
| $AgBr \cdot NH_3$ | k | 45,4 | 10,6 | ,, | [79, 86] | — | — |
| $AgJ \cdot NH_3$ | k | 36,0 | 10,1 | ,, | [79, 86] | — | — |
| $AgCl \cdot 1^1/_2NH_3$ | k | 63,2 | 16,3 | ,, | [79, 86] | — | — |
| $AgBr \cdot 1^1/_2NH_3$ | k | 55,9 | 15,6 | ,, | [79, 86] | — | — |
| $AgJ \cdot 1^1/_2NH_3$ | k | 45,1 | 13,7 | ,, | [79, 86] | — | — |
| $[Ag(NH_3)_2]^+$ | aq | 26,7 | 13,2 | kalor. | [85] | — | — |
| $[Ag(NH_3)_2]ClO_4$ | k | 76,9 | 38,4 | ,, | [85] | −10,71 | — |
| $[Ag(NH_3)_2]J$ | k | 54,1 | 17,2 | diss. | [79, 86] | — | — |
| $[Ag(NH_3)_2]NO_3$ | k | 85,0 | 33,6 | kalor. | [85, 87] | − 9,05 | — |
| $[Ag(NH_3)_3]^+$ | g | −106 | 104 | theor. (1) | — | — | (2,0) |
| $[Ag(NH_3)_3]Cl$ | k | 93,4 | 30,0 | diss. | [79, 86] | — | — |
| $[Ag(NH_3)_3]ClO_4$ | k | 97,3 | 47,2 | kalor. | [85] | — | — |
| $[Ag(NH_3)_3]Br$ | k | 85,4 | 28,6 | diss. | [79, 86] | — | — |
| $[Ag(NH_3)_3]J$ | k | 72,0 | 26,4 | ,, | [79, 86] | — | — |
| $[Ag(NH_3)_3]NO_3$ | k | 105,3 | 42,9 | kalor. | [85, 87] | — | — |
| | | | **Gold** | | | | |
| $AuCl \cdot NH_3$ | k | 43,9 | 24,6 | diss. | [79, 88] | — | — |
| $AuBr \cdot NH_3$ | k | 37,1 | 22,7 | ,, | [79, 88] | — | — |
| $AuJ \cdot NH_3$ | k | 26,4 | 15,6 | ,, | [79, 88] | — | — |
| $[Au(NH_3)_2]^+$ | g | −137 | 143 | theor. (1) | — | — | (1,82) |
| $[Au(NH_3)_2]Cl$ | k | 68,9 | 38,6 | diss. | [79, 88] | — | — |
| $[Au(NH_3)_2]Br$ | k | 60,2 | 34,8 | ,, | [79, 88] | — | — |
| $[Au(NH_3)_2]J$ | k | 46,5 | 24,7 | ,, | [79, 87] | — | — |
| $[Au(NH_3)_3]^+$ | g | −112 | 160 | theor. (1) | — | — | (2,0) |
| $[Au(NH_3)_3]Br$ | k | 79,5 | 43,1 | diss. | [79, 88] | — | — |
| $[Au(NH_3)_3]J$ | k | 66,4 | 33,6 | ,, | [79, 88] | — | — |
| $[Au(NH_3)_4]Br$ | k | 98,6 | 51,2 | ,, | [79, 88] | — | — |
| $[Au(NH_3)_6]^+$ | g | − 38 | 200 | theor. (1) | — | — | (2,70) |
| $[Au(NH_3)_6]Cl$ | k | 141,3 | 67,0 | diss. | [79, 88] | — | — |
| $[Au(NH_3)_6]Br$ | k | 136,5 | 67,1 | ,, | [79, 88] | — | — |
| $[Au(NH_3)_6]J$ | k | 123,4 | 57,6 | ,, | [79, 88] | — | — |
| $KAuCl_4 \cdot 2NH_3$ | k | — | 35,1 | ,, | [84] | — | — |
| $KAuCl_4 \cdot 3NH_3$ | k | — | 46,1 | ,, | [84] | — | — |
| $KAuCl_4 \cdot 10NH_3$ | k | — | 107,1 | ,, | [84] | — | — |
| $RbAuCl_4 \cdot 4NH_3$ | k | — | 67,3 | ,, | [84] | — | — |
| $RbAuCl_4 \cdot 5NH_3$ | k | — | 79,0 | ,, | [84] | — | — |
| $RbAuCl_4 \cdot 12NH_3$ | k | — | 143,5 | ,, | [84] | — | — |
| $RbAuCl_4 \cdot 13NH_3$ | k | — | 152,2 | ,, | [84] | — | — |
| $CsAuCl_4 \cdot 4NH_3$ | k | — | 75,2 | ,, | [84] | — | — |
| $CsAuCl_4 \cdot 5NH_3$ | k | — | 87,2 | ,, | [84] | — | — |
| $CsAuCl_4 \cdot 11NH_3$ | k | — | 143,7 | ,, | [84] | — | — |
| | | | **Beryllium** | | | | |
| $BeCl_2 \cdot 2NH_3$ | k | 196,6 | 62,0 | kalor. | [83] | — | (2,03) |
| $[Be(NH_3)_4]^{2+}$ | g | −280 | 362 | theor. (1) | — | — | (2,03) |
| $[Be(NH_3)_4]Cl_2$ | k | 254,5 | 98,0 | diss. | [83] | — | — |

Fortsetzung

| Verbindung | Zustand | $-\Delta H°$ | $Q$ | Bestimmungsmethode | Literatur | $L$ | Ionenradius |
|---|---|---|---|---|---|---|---|
| | | | **Beryllium (Fortsetzung)** | | | | |
| $[Be(NH_3)_4]Br_2$ | k | 231,2 | 108,0 | kalor. | [83] | — | — |
| $[Be(NH_3)_4]J_2$ | k | 200,6 | 116,0 | ,, | [83] | — | — |
| $[Be(NH_3)_6]^{2+}$ | g | —229 | 411 | theor. (1) | — | — | (2,17) |
| $[Be(NH_3)_6]Cl_2$ | k | 292,5 | 114,0 | diss. | [83] | — | — |
| $[Be(NH_3)_6]Br_2$ | k | 270,8 | 126,0 | ,, | [83] | — | — |
| $[Be(NH_3)_6]J_2$ | k | 240,4 | 132,0 | ,, | [83] | — | — |
| $BeBr_2 \cdot 10NH_3$ | k | 346,2 | 160,0 | ,, | [83] | — | — |
| $BeCl_2 \cdot 12NH_3$ | k | 405,3 | 156,0 | ,, | [83] | — | — |
| $BeJ_2 \cdot 13NH_3$ | k | 372,7 | 188,5 | ,, | [83] | — | — |
| | | | **Magnesium** | | | | |
| $MgCl_2 \cdot NH_3$ | k | 185,1 | 20,8 | diss. | [83, 89] | — | — |
| $MgBr_2 \cdot NH_3$ | k | 156,6 | 21,7 | ,, | [83, 89] | — | — |
| $MgCl_2 \cdot 2NH_3$ | k | 214,0 | 38,7 | ,, | [83, 89] | — | — |
| $MgBr_2 \cdot 2NH_3$ | k | 187,7 | 41,8 | ,, | [83, 89] | — | — |
| $MgJ_2 \cdot 2NH_3$ | k | 154,2 | 45,4 | ,, | [83, 89] | — | — |
| $[Mg(NH_3)_6]^{2+}$ | g | —170 | 320 | theor. (1) | — | — | 2,63 |
| $[Mg(NH_3)_6]Cl_2$ | k | 311,2 | 91,9 | diss. | [1, 90] | — | — |
| $[Mg(NH_3)_6]Br_2$ | k | 292,5 | 102,6 | ,, | [1, 90] | — | — |
| $[Mg(NH_3)_6]J_2$ | k | 267,0 | 114,2 | ,, | [90] | — | — |
| $[Mg(NH_3)_6](ClO_4)_2$ | k | — | 99,1 | kalor. | [91] | — | — |
| | | | **Calcium** | | | | |
| $CaCl_2 \cdot NH_3$ | k | 218,1 | 16,5 | diss. | [83, 92] | — | — |
| $CaBr_2 \cdot NH_3$[21] | k | 191,8 | 18,6 | ,, | [79, 92] | — | — |
| $CaJ_2 \cdot NH_3$ | k | 159,0 | 19,5 | ,, | [79, 92] | — | — |
| $CaCl_2 \cdot 2NH_3$ | k | 244,2 | 31,6 | ,, | [79, 92] | — | — |
| $CaBr_2 \cdot 2NH_3$[21] | | 220,0 | 35,7 | ,, | [79, 92] | — | — |
| $CaJ_2 \cdot 2NH_3$ | k | 188,9 | 38,5 | ,, | [79, 92] | — | — |
| $[Ca(NH_3)_4]^{2+}$ | g | —217 | 192 | theor. (3) | — | — | (2,38) |
| $[Ca(NH_3)_4]Cl_2$ | k | 286,2 | 51,8 | diss. | [79, 92] | — | — |
| $[Ca(NH_3)_6]^{2+}$ | g | —149 | 237 | theor. (1) | — | — | 2,67 |
| $[Ca(NH_3)_6]Br_2$[21] | k | 311,0 | 82,8 | diss. | [79, 92] | — | — |
| $[Ca(NH_3)_6]J_2$ | k | 289,3 | 94,8 | diss. | [79, 92] | — | — |
| $[Ca(NH_3)_6](ClO_4)_2$ | k | — | 72,6 | kalor. | [91] | — | — |
| $[Ca(NH_3)_8]^{2+}$ | g | — 76 | 289 | theor. (3) | — | — | (3,2) |
| $[Ca(NH_3)_8]Cl_2$ | k | 369,0 | 90,4 | diss. | [79, 92] | — | — |
| $[Ca(NH_3)_8Br_2$[21] | k | 352,6 | 102,4 | ,, | [79, 92] | — | — |
| $[Ca(NH_3)_8]J_2$ | k | 328,5 | 112,0 | ,, | [79, 92] | — | — |
| $CaBr_2 \cdot ND_3$ | k | — | 18,40 | ,, | [93] | — | — |
| $CaBr_2 \cdot 2ND_3$ | k | — | 34,3 | ,, | [93] | — | — |
| $CaBr_2 \cdot 6ND_3$ | k | — | 83,1 | ,, | [93] | — | — |
| $CaBr_2 \cdot 8ND_3$ | k | — | 105,7 | ,, | [93] | — | — |
| | | | **Strontium** | | | | |
| $[Sr(NH_3)]^{2+}$ | g | —322 | 81 | theor. (1) | — | — | (1,95) |
| $[Sr(NH_3)]Cl_2$ | k | 220,4 | 11,5 | diss. | [79, 94] | — | — |
| $[Sr(NH_3)]Br_2$ | k | 198,8 | 16,8 | ,, | [79, 94] | — | — |
| $[Sr(NH_3)]J_2$ | k | 165,4 | 18,3 | ,, | [79, 94] | — | — |

Fortsetzung

| Verbindung | Zustand | $-\Delta H°$ | $Q$ | Bestimmungsmethode | Literatur | $L$ | Ionenradius |
|---|---|---|---|---|---|---|---|
| | | | Strontium (Fortsetzung) | | | | |
| $[Sr(NH_3)_2]^{2+}$ | g | —282 | 109 | theor. (1) | [94] | — | (2,1) |
| $[Sr(NH_3)_2]Br_2$ | k | —222,6 | 29,6 | diss. | [79, 94] | — | — |
| $[Sr(NH_3)_2]J_2$ | k | 191,9 | 33,8 | „ | [79, 94] | — | — |
| $[Sr(NH_3)_6]^{2+}$ | g | —149 | 198 | theor. (3) | — | — | (2,70) |
| $[Sr(NH_3)_6]J_2$ | k | 286,7 | 84,0 | diss. | [79, 94] | — | — |
| $[Sr(NH_3)_6](ClO_4)_2$ | k | — | 64,9 | kalor. | [91] | — | — |
| $[Sr(NH_3)_8]^{2+}$ | g | — 74 | 250 | theor. (1) | [79, 94] | — | (3,2) |
| $[Sr(NH_3)_8]Cl_2$ | k | 366,7 | 80,8 | diss. | [79, 94] | — | — |
| $[Sr(NH_3)_8]Br_2$ | k | 354,2 | 95,2 | „ | [79, 94] | — | — |
| $[Sr(NH_3)_8]J_2$ | k | 330,5 | 106,4 | „ | [79, 94] | — | — |
| $Sr(ClO_4)_2 \cdot 7NH_3$ | k | — | 74,2 | kalor. | [91] | — | — |
| | | | Barium | | | | |
| $BaBr_2 \cdot NH_3$ | k | 203,2 | 11,8 | diss. | [79, 95] | — | — |
| $[Ba(NH_3)_2]^{2+}$ | g | —282 | 106 | theor. (1) | — | — | (2,2) |
| $[Ba(NH_3)_2]Br_2$ | k | 224,8 | 22,4 | diss. | [79, 95] | — | — |
| $[Ba(NH_3)_2]J_2$ | k | 193,4 | 26,8 | „ | [79, 95] | — | — |
| $[Ba(NH_3)_4]^{2+}$ | g | —210 | 134 | theor.(3) | — | — | (2,47) |
| $[Ba(NH_3)_4]Br_2$ | k | 267,2 | 42,8 | diss. | [79, 95] | — | — |
| $[Ba(NH_3)_4]J_2$ | k | 238,2 | 49,6 | diss. | [79, 95] | — | — |
| $[Ba(NH_3)_6]^{2+}$ | g | —141 | 171 | theor. (3) | — | — | (2,87) |
| $[Ba(NH_3)_6]J_2$ | k | 282,0 | 71,4 | diss. | [79, 95] | — | — |
| $[Ba(NH_3)_6](ClO_4)_2$ | k | 330,4 | 54,3 | kalor. | [91] | — | — |
| $[Ba(NH_3)_8]^{2+}$ | g | — 80 | 220 | theor. (1) | — | — | (3,2) |
| $[Ba(NH_3)_8]Cl_2$ | k | 364,5 | 72,0 | diss. | [95, 96] | — | — |
| $[Ba(NH_3)_8]Br_2$ | k | 350,8 | 82,4 | „ | [79, 95] | — | — |
| $[Ba(NH_3)_8]J_2$ | k | 325,4 | 92,8 | „ | [79, 95] | — | — |
| $BaJ_2 \cdot 9NH_3$ | k | 346,2 | 102,6 | „ | [79, 95] | — | — |
| $BaJ_2 \cdot 10NH_3$ | k | 365,6 | 111,0 | „ | [79, 95] | — | — |
| | | | Zink | | | | |
| $ZnSO_4 \cdot {}^1/_2NH_3$ | k | 251,4 | 12,5 | diss. | [1, 97] | — | — |
| $ZnCl_2 \cdot NH_3$ [22] | k | 135,5 | 25 | „ | [79, 98] | — | — |
| $ZnBr_2 \cdot NH_3$ | k | 115,4 | 24 | „ | [79, 98] | — | — |
| $ZnJ_2 \cdot NH_3$ | k | 82,8 | 22 | „ | [79, 98] | — | — |
| $ZnSO_4 \cdot NH_3$ | k | 268 | 23,7 | „ | [1, 97] | — | — |
| $Zn(CH_3COO)_2 \cdot NH_3$ | k | 290,7 | 18,6 | „ | [99] | — | — |
| $Zn(C_2H_4O_2N)_2 \cdot NH_3$ (Glykokollat) | k | — | 14,7 | „ | [99] | — | — |
| $ZnC_4H_4O_6 \cdot NH_3$ (Bernsteinsaures Salz) | k | — | 17,1 | „ | [99] | — | — |
| $ZnC_4H_4O_4 \cdot NH_3$ (Tartrat) | k | — | 11,8 | „ | [99] | — | — |
| $ZnCl_2 \cdot 2NH_3$ [23] | k | 165,7 | 44,2 | „ | [79, 98] | — | — |
| $ZnBr_2 \cdot 2NH_3$ [24] | k | 144,3 | 44,0 | „ | [79, 98] | — | — |
| $ZnJ_2 \cdot 2NH_3$ [25] | k | 113,2 | 42,0 | „ | [79, 98] | — | — |
| $ZnSO_4 \cdot 2NH_3$ | k | 298 | 42,6 | „ | [1, 97] | — | — |
| $Zn(HCOO)_2 \cdot 2NH_3$ | k | 286,5 | 33,2 | „ | [99] | — | — |
| $Zn(CH_3COO)_2 \cdot 2NH_3$ | k | 314,5 | 31,4 | „ | [99] | — | — |
| $Zn(C_2H_3O_3)_2 \cdot 2NH_3$ | k | 404,0 | 32,0 | „ | [99] | — | — |

Fortsetzung

| Verbindung | Zustand | $-\Delta H°$ | $Q$ | Bestimmungsmethode | Literatur | $L$ | Ionenradius |
|---|---|---|---|---|---|---|---|
| | | | Zink (Fortsetzung) | | | | |
| $Zn(C_2H_4O_2N)_2 \cdot 2NH_3$ (Glykokollat) | k | — | 25,8 | diss. | [99] | — | — |
| $ZnC_4H_4O_4 \cdot 2NH_3$ (Bernsteinsaures Salz) | k | — | 29,3 | ,, | [99] | — | — |
| $ZnC_4H_4O_6 \cdot 2NH_3$ (Tartrat) | k | — | 21,6 | ,, | [99] | — | — |
| $Zn(C_7H_5O_2)_2 \cdot 2NH_3$ (Benzoat) | k | — | 32,9 | ,, | [99] | — | — |
| $Zn(C_7H_5O_3)_2 \cdot 2NH_3$ (Salizylat) | k | — | 27,7 | ,, | [99] | — | — |
| $ZnC_7H_4O_6S \cdot 2NH_3$ (Sulfosalizylat) | k | — | 38,9 | ,, | [99] | — | — |
| $Zn(CNS)_2 \cdot 2NH_3$ | k | — | 33,4 | ,, | [99] | — | — |
| $ZnSO_4 \cdot 3NH_3$ | k | 324 | 58,1 | ,, | [1, 97] | — | — |
| $ZnC_4H_4O_4 \cdot 3NH_3$ | k | — | 40,2 | ,, | [99] | — | — |
| $[Zn(NH_3)_4]^{2+}$ | g | —273 | 347 | theor. (3) | — | — | — |
| $[Zn(NH_3)_4]Cl_2$ [26] | k | 211,4 | 68,0 | diss. | [79, 98] | — | — |
| $[Zn(NH_3)_4]Br_2$ | k | 193,4 | 71,2 | ,, | [79, 98] | — | — |
| $[Zn(NH_3)_4]J_2$ | k | 166,0 | 72,0 | ,, | [79, 98] | — | — |
| $[Zn(NH_3)_4]SO_4$ | k | 349 | 71,9 | ,, | [1, 97] | — | — |
| $[Zn(NH_3)_4](HCO_2)_2$ | k | 331,0 | 55,7 | ,, | [99] | — | — |
| $[Zn(NH_3)_4] \cdot (CH_3CO_2)_2$ | k | 356,8 | 51,7 | ,, | [99] | — | — |
| $[Zn(NH_3)_4] \cdot (C_2H_3O_3)_2$ | k | 448,9 | 54,9 | ,, | [99] | — | — |
| $[Zn(NH_3)_4] \cdot (C_7H_5O_2)_2$ (Benzoat) | k | — | 54,7 | ,, | [99] | — | — |
| $[Zn(NH_3)_4] \cdot (C_7H_5O_3)_2$ (Salizylat) | k | — | 52,8 | ,, | [99] | — | — |
| $[Zn(NH_3)_4C_7H_4O_6S$ (Sulfosalizylat) | k | — | 64,0 | ,, | [99] | — | — |
| $[Zn(NH_3)_4](CNS)_2$ | k | — | 57,9 | ,, | [99] | — | — |
| $ZnSO_4 \cdot 5NH_3$ | k | 371 | 82,7 | ,, | [1, 97] | — | — |
| $Zn(C_2H_4O_2N)_2 \cdot 5NH_3$ (Glykokollat) | k | — | 53,1 | ,, | [99] | — | — |
| $ZnC_4H_4O_4 \cdot 5NH_3$ (Bernsteinsaures Salz) | k | — | 61,8 | ,, | [99] | — | — |
| $[Zn(NH_3)_6]^{2+}$ | g | —228 | 366 | theor. (1) | — | — | 2,64 |
| $[Zn(NH_3)_6]Cl_2$ [27] | k | 254,8 | 89,4 | diss. | [79, 98] | — | — |
| $[Zn(NH_3)_6]Br_2$ | k | 237,4 | 93,0 | ,, | [79, 98] | — | — |
| $[Zn(NH_3)_6]J_2$ | k | 209,8 | 94,2 | ,, | [79, 98] | — | — |
| $[Zn(NH_3)_6](HCO_2)_2$ | k | 371,7 | 74,4 | ,, | [99] | — | — |
| $[Zn(NH_3)_6] \cdot (CH_3CO_2)_2$ | k | 397,5 | 70,4 | ,, | [99] | — | — |
| $[Zn(NH_3)_6] \cdot (C_2H_3O_3)_2$ | k | 489,5 | 73,5 | ,, | [99] | — | — |
| $[Zn(NH_3)_6]C_4H_4O_4$ (Bernsteinsaures Salz) | k | — | 71,1 | ,, | [99] | — | — |
| $[Zn(NH_3)_6] \cdot (C_7H_5O_2)_2$ (Benzoat) | k | — | 75,3 | ,, | [99] | — | — |
| $[Zn(NH_3)_6] \cdot (C_7H_5O_3)_2$ (Salizylat) | k | — | 69,1 | ,, | [99] | — | — |

Fortsetzung

| Verbindung | Zustand | $-\Delta H^\circ$ | $Q$ | Bestimmungsmethode | Literatur | $L$ | Ionenradius |
|---|---|---|---|---|---|---|---|
| | | | **Zink (Fortsetzung)** | | | | |
| $[Zn(NH_3)_6](CNS)_2$ | k | — | 77,0 | diss. | [99] | — | — |
| $Zn(CH_3CO_2)_2 \cdot 8NH_3$ | k | 426,1 | 88,7 | ,, | [99] | — | — |
| $Zn(C_7H_5O_2)_2 \cdot 8NH_3$ | k | — | 94,6 | ,, | [99] | — | — |
| $ZnC_7H_4O_6S \cdot 8NH_3$ | k | — | 100,0 | ,, | [99] | — | — |
| $Zn(CNS)_2 \cdot 8NH_3$ | k | — | 95,0 | ,, | [99] | — | — |
| $ZnCl_2 \cdot 10NH_3$[28] | k | 327,1 | 117,5 | ,, | [79, 98] | — | — |
| $Zn(HCO_2)_2 \cdot 10NH_3$ | k | 436,9 | 95,6 | ,, | [99] | — | — |
| $Zn(C_7H_5O_3)_2 \cdot 10NH_3$ | k | — | 103,8 | ,, | [99] | — | — |
| $K_2ZnCl_4 \cdot 5NH_3$ | k | — | 57,4 | ,, | [84] | — | — |
| $K_2ZnCl_4 \cdot 12NH_3$ | k | — | 124,9 | ,, | [84] | — | — |
| $(NH_4)_2ZnCl_4 \cdot 4NH_3$ | k | — | 58,7 | ,, | [84] | — | — |
| $(NH_4)_2ZnCl_4 \cdot 5NH_3$ | k | — | 70,5 | ,, | [84] | — | — |
| $(NH_4)_2ZnCl_4 \cdot 10NH_3$ | k | — | 117,3 | ,, | [84] | — | — |
| $(NH_4)_2ZnCl_4 \cdot 11NH_3$ | k | — | 125,7 | ,, | [84] | — | — |
| $(NH_4)_3ZnCl_5 \cdot 6NH_3$ | k | — | 70,5 | ,, | [84] | — | — |
| $(NH_4)_3ZnCl_5 \cdot 12NH_3$ | k | — | 128,3 | ,, | [84] | — | — |
| $[Zn(N_2H_4)_2]^{2+}$ | g | —392 | 308 | theor. (1) | — | — | (2,3) |
| $[Zn(N_2H_4)_2]Cl_2$ | k | 117,5 | 62,4 | kalor. | [89] | — | — |
| $[Zn(N_2H_4)_2]Br_2$ | k | 97,9 | 64 0 | ,, | [89] | — | — |
| $[Zn(N_2H_4)_2]J_2$ | k | 65,5 | 60,2 | ,, | [14] | — | — |
| | | | **Kadmium** | | | | |
| $CdCl_2 \cdot NH_3$[29] | k | 122,1 | 18,1 | diss. | [79, 100] | — | — |
| $CdBr_2 \cdot NH_3$ | k | 104,9 | 18,1 | ,, | [79, 100] | — | — |
| $CdSO_4 \cdot NH_3$ | k | 250,8 | 17,6 | ,, | [1, 97] | — | — |
| $Cd(CH_3CO_2)_2 \cdot NH_3$ | k | — | 19,0 | ,, | [101] | — | — |
| $Cd(C_2H_3O_3)_2 \cdot NH_3$ | k | — | 15,5 | ,, | [101] | — | — |
| $Cd(C_2H_4O_2N)_2 \cdot NH_3$ (Glykokollat) | k | — | 14,2 | ,, | [101] | — | — |
| $CdC_4H_4O_4 \cdot NH_3$ (Bernsteinsaures Salz) | k | — | 15,8 | ,, | [101] | — | — |
| $CdC_4H_4O_6 \cdot NH_3$ (Tartrat) | k | — | 11,8 | ,, | [101] | — | — |
| $Cd(C_7H_5O_2)_2 \cdot NH_3$ (Benzoat) | k | — | 17,7 | ,, | [101] | — | — |
| $Cd(C_7H_6O_2N)_2 \cdot NH_3$ (Anthranilat) | k | — | 14,5 | ,, | [101] | — | — |
| $CdC_7H_4O_6S \cdot NH_3$ (Sulfosalizylat) | k | — | 14,5 | ,, | [101] | — | — |
| $CdCl_2 \cdot 2NH_3$[29] | k | 149,6 | 34,6 | ,, | [79, 100] | — | — |
| $CdBr_2 \cdot 2NH_3$ | k | 132,8 | 35,0 | ,, | [79, 100] | — | — |
| $CdJ_2 \cdot 2NH_3$ | k | 103,6 | 33,2 | ,, | [79, 100] | — | — |
| $CdSO_4 \cdot 2NH_3$ | k | 277,7 | 33,6 | ,, | [1, 97] | — | — |
| $Cd(HCO_2)_2 \cdot 2NH_3$ | k | — | 29,8 | ,, | [101] | — | — |
| $Cd(CH_3CO_2)_2 \cdot 2NH_3$ | k | — | 32,7 | ,, | [101] | — | — |
| $Cd(C_2H_4O_2N)_2 \cdot 2NH_3$ | k | — | 26,1 | ,, | [101] | — | — |
| $CdC_4H_4O_6 \cdot 2NH_3$ (Tartrat) | k | — | 21,6 | ,, | [101] | — | — |
| $Cd(C_7H_5O_2)_2 \cdot 2NH_3$ (Benzoat) | k | — | 34,1 | ,, | [101] | — | — |
| $Cd(C_7H_6O_2N)_2 \cdot 2NH_3$ (Anthranilat) | k | — | 27,2 | ,, | [101] | — | — |

Fortsetzung

| Verbindung | Zustand | $-\Delta H^\circ$ | $Q$ | Bestimmungsmethode | Literatur | $L$ | Ionenradius |
|---|---|---|---|---|---|---|---|
| | | | **Kadmium (Fortsetzung)** | | | | |
| $CdC_7H_4O_6S \cdot 2NH_3$ (Sulfosalizylat) | k | — | 27,2 | diss. | [101] | — | — |
| $Cd(CNS)_2 \cdot 2NH_3$ | k | — | 31,2 | ,, | [101] | — | — |
| $Cd(C_2H_3O_3)_2 \cdot 3NH_3$ | k | — | 38,2 | ,, | [101] | — | — |
| $CdC_4H_4O_4 \cdot 3NH_3$ (Bernsteinsaures Salz) | k | — | 38,6 | ,, | [101] | — | — |
| $[Cd(NH_3)_4]^{2+}$ | g | —316 | 261 | theor. (3) | — | — | (2,31) |
| $[Cd(NH_3)_4]Cl_2$ [30] | k | 193,0 | 56,0 | ,, | [79, 100] | — | — |
| $[Cd(NH_3)_4](HCO_2)_2$ | k | — | 53,1 | ,, | [101] | — | — |
| $[Cd(NH_3)_4] \cdot \cdot (CH_3CO_2)_2$ | k | — | 54,3 | ,, | [101] | — | — |
| $[Cd(NH_3)_4] \cdot \cdot (C_2H_3O_3)_2$ | k | — | 46,0 | ,, | [101] | — | — |
| $[Cd(NH_3)_4] \cdot \cdot (C_2H_4O_2N)_2$ (Glykokollat) | k | — | 49,0 | ,, | [101] | — | — |
| $[Cd(NH_3)_4C_4H_4O_4$ (Bernsteinsaures Salz) | k | — | 47,5 | diss. | [101] | — | — |
| $[Cd(NH_3)_4] \cdot \cdot (C_7H_5O_2)_2$ (Benzoat) | k | — | 56,0 | ,, | [101] | — | — |
| $[Cd(NH_3)_4](CNS)_2$ | k | — | 58,6 | ,, | [101] | — | — |
| $CdSO_4 \cdot 5NH_3$ | k | 346,9 | 69,7 | ,, | [1, 97] | — | — |
| $Cd(C_2H_4O_2N)_2 \cdot 5NH_3$ (Glykokollat) | k | — | 58,8 | ,, | [101] | — | — |
| $Cd(C_7H_6O_2N)_2 \cdot 5NH_3$ (Anthranilat) | k | — | 60,6 | ,, | [101] | — | — |
| $Cd(CNS)_2 \cdot 5NH_3$ | k | — | 69,8 | ,, | [101] | — | — |
| $[Cd(NH_3)_6]^{2+}$ | g | —245 | 311 | theor. (1) | — | — | 2,66 |
| $[Cd(NH_3)_6]Cl_2$ [31] | k | 235,2 | 76,2 | diss. | [79, 100] | — | — |
| $[Cd(NH_3)_6]Br_2$ | k | 219,8 | 78,0 | ,, | [79, 100] | — | — |
| $[Cd(NH_3)_6]J_2$ | k | 194,2 | 79,8 | ,, | [79, 100] | — | — |
| $[Cd(NH_3)_6]SO_4$ | k | 369 | 80,8 | ,, | [1, 97] | — | — |
| $[Cd(NH_3)_6](HCO_2)_2$ | k | — | 73,5 | ,, | [101] | — | — |
| $[Cd(NH_3)_6] \cdot \cdot (CH_3CO_2)_2$ | k | — | 73,0 | ,, | [101] | — | — |
| $[Cd(NH_3)_6] \cdot \cdot (C_7H_5O_2)_2$ | k | — | 76,0 | ,, | [101] | — | — |
| $[Cd(NH_3)_6] \cdot \cdot (C_7H_6O_2N)_2$ (Anthranilat) | k | — | 71,1 | ,, | [101] | — | — |
| $[Cd(NH_3)_6](CNS)_2$ | k | — | 79,0 | ,, | [101] | — | — |
| $[Cd(NH_3)_6]C_7H_4O_6S$ (Sulfosalizylat) | k | — | 71,0 | ,, | [101] | — | — |
| $[Cd(NH_3)_8](CNS)_2$ | k | — | 96,0 | ,, | [101] | — | — |
| $[Cd(NH_3)_8] \cdot \cdot (CH_3CO_2)_2$ | k | — | 92,6 | ,, | [101] | — | — |
| $[Cd(NH_3)_8] \cdot \cdot (C_7H_5O_2)_2$ (Benzoat) | k | — | 94,8 | ,, | [101] | — | — |
| $CdCl_2 \cdot 10NH_3$ [32] | k | 309,0 | 106,0 | ,, | [79, 100] | — | — |
| $CdC_7H_4O_6S \cdot 10NH_3$ (Sulfosalizylat) | k | — | 126,5 | ,, | [101] | — | — |

Fortsetzung

| Verbindung | Zustand | $-\Delta H°$ | $Q$ | Bestimmungsmethode | Literatur | $L$ | Ionenradius |
|---|---|---|---|---|---|---|---|
| | | | Kadmium (Fortsetzung) | | | | |
| $Cd(C_7H_6O_2N)_2 \cdot 10NH_3$ (Anthranilat) | k | — | 105,7 | diss. | [79, 100] | — | — |
| $CdBr_2 \cdot 12NH_3$ | k | 331,4 | 123,6 | ,, | [101] | — | — |
| $(NH_4)_4[CdCl_6] \cdot 4NH_3$ | k | — | 49,6 | ,, | [84] | — | — |
| $(NH_4)_4[CdCl_6] \cdot 12NH_3$ | k | — | 119,0 | ,, | [84] | — | — |
| $(NH_4)_4[CdCl_6] \cdot 13NH_3$ | k | — | 127,7 | ,, | [84] | — | — |
| | | | Quecksilber | | | | |
| $HgJ_2 \cdot {}^4/_3\, NH_3$ | k | 57,3 | 17,3 | kalor. | [83] | — | — |
| $HgCl_2 \cdot 2NH_3$[33] | k | 109,4 | 34,0 | ,, | [83] | — | — |
| $HgBr_2 \cdot 2NH_3$ | k | 95,1 | 32,4 | ,, | [83] | — | — |
| $HgJ_2 \cdot 2NH_3$[33] | k | 71,8 | 25,0 | ,, | [83] | — | — |
| $[Hg(NH_3)_6]J_2$ | k | 146,0 | 55,2 | diss. | [83] | — | — |
| $[Hg(NH_3)_8]^{2+}$ | g | —220 | 376 | theor. (1) | — | — | (3,2) |
| $[Hg(NH_3)_8]Cl_2$ | k | 224,0 | 82,4 | diss. | [83] | — | — |
| $[Hg(NH_3)_8]Br_2$ | k | 207,9 | 79,2 | ,, | [83] | — | — |
| $HgCl_2 \cdot 9^1/_2NH_3$ | k | 250,9 | 93,0 | ,, | [83] | — | — |
| | | | Aluminium | | | | |
| $AlCl_3 \cdot NH_3$ | k | 209,9 | 32,1 | kalor. | [102] | — | — |
| $AlBr_3 \cdot NH_3$ | k | 177,0 | 39,3 | ,, | [102] | — | — |
| $AlJ_3 \cdot NH_3$ | k | 119,9 | 31,7 | ,, | [102] | — | — |
| $AlCl_3 \cdot 3NH_3$[34] | k | 277,5 | 77,7 | ,, | [102, 103] | — | — |
| $AlBr_3 \cdot 3NH_3$ | k | 249,7 | 90,0 | ,, | [102] | — | — |
| $AlJ_3 \cdot 3NH_3$ | k | 204,1 | 93,9 | ,, | [102] | — | — |
| $AlCl_3 \cdot 5NH_3$[35] | k | 331,8 | 110,0 | ,, | [102] | — | — |
| $AlBr_3 \cdot 5NH_3$ | k | 310,7 | 129,0 | ,, | [102] | — | — |
| $AlJ_3 \cdot 5NH_3$ | k | 282,2 | 150,0 | ,, | [102] | — | — |
| $[Al(NH_3)_6]^{3+}$ | g | —565 | 651 | theor. (1) | — | — | (2,4) |
| $[Al(NH_3)_6]Cl_3$[36] | k | 355,2 | 122,4 | kalor. | [102] | — | — |
| $[Al(NH_3)_6]Br_3$ | k | 336,1 | 143,4 | ,, | [102] | — | — |
| $[Al(NH_3)_6]J_3$ | k | 307,1 | 163,8 | ,, | [102] | — | — |
| $AlCl_3 \cdot 7NH_3$ | k | 376,1 | 132,3 | ,, | [102] | — | — |
| $AlBr_3 \cdot 7NH_3$ | k | 357,7 | 154,0 | diss. | [102] | — | — |
| $AlJ_3 \cdot 7NH_3$ | k | 329,9 | 175,5 | ,, | [102] | — | — |
| $AlBr_3 \cdot 9NH_3$ | k | 396,6 | 170,9 | ,, | [102] | — | — |
| $AlJ_3 \cdot 9NH_3$ | k | 368,8 | 192,6 | ,, | [102] | — | — |
| $AlJ_3 \cdot 13NH_3$ | k | 443,8 | 223,6 | ,, | [102] | — | — |
| $AlCl_3 \cdot 14NH_3$ | k | 508,4 | 187,6 | ,, | [102] | — | — |
| $AlBr_3 \cdot 14NH_3$ | k | 490,7 | 210,0 | ,, | [102] | — | — |
| $AlJ_3 \cdot 20NH_3$ | k | 575,2 | 278,0 | ,, | [102] | — | — |
| $NaAlCl_4 \cdot 6NH_3$ | k | 465,7 | 127,9 | kalor. | [61] | — | — |
| $KAlCl_4 \cdot 6NH_3$ | k | 475,9 | 126,1 | ,, | [61] | — | — |
| $NH_4AlCl_4 \cdot 6NH_3$ | k | 447,1 | 126,0 | ,, | [61] | — | — |

Fortsetzung

| Verbindung | Zustand | $-\Delta H°$ | $Q$ | Bestimmungsmethode | Literatur | $L$ | Ionenradius |
|---|---|---|---|---|---|---|---|
| | | | Cer | | | | |
| $CeCl_3 \cdot 2NH_3$ | k | 306,2 | 22,8 | diss. | [104] | — | — |
| $CeCl_3 \cdot 4NH_3$ | k | 349,0 | 43,6 | „ | [104] | — | — |
| $CeCl_3 \cdot 8NH_3$ | k | 428,5 | 77,2 | „ | [104] | — | — |
| $CeCl_3 \cdot 12NH_3$ | k | 503,9 | 108,8 | „ | [104] | — | — |
| $CeCl_3 \cdot 20NH_3$ | k | 650,5 | 169 | „ | [104] | — | — |
| | | | Neodym | | | | |
| $NdCl_3 \cdot NH_3$ | k | 277,9 | 20,2 | diss. | [105] | — | — |
| $NdCl_3 \cdot 2NH_3$ | k | 305,8 | 37,1 | „ | [105] | — | — |
| $NdCl_3 \cdot 4NH_3$ | k | 355,3 | 64,6 | „ | [105] | — | — |
| $NdCl_3 \cdot 5NH_3$ | k | 378,8 | 77,1 | „ | [105] | — | — |
| $NdCl_3 \cdot 8NH_3$ | k | 445,4 | 110,7 | „ | [105] | — | — |
| $NdCl_3 \cdot 11NH_3$ | k | 506,9 | 139,2 | „ | [105] | — | — |
| $NdCl_3 \cdot 12NH_3$ | k | 526,3 | 147,6 | „ | [105] | — | — |
| | | | Samarium | | | | |
| $SmCl_3 \cdot NH_3$ | k | 272,6 | 20,7 | diss. | [106] | — | — |
| $SmCl_3 \cdot 2NH_3$ | k | 300,0 | 37,1 | „ | [106] | — | — |
| $SmCl_3 \cdot NH_3$ | k | 326,0 | 52,2 | „ | [106] | — | — |
| $SmCl_3 \cdot 4NH_3$ | k | 350,7 | 65,9 | „ | [106] | — | — |
| $SmCl_3 \cdot 5NH_3$ | k | 373,7 | 78,0 | „ | [106] | — | — |
| $SmCl_3 \cdot 8NH_3$ | k | 440,6 | 111,6 | „ | [106] | — | — |
| $SmCl_3 \cdot 9^1/_2NH_3$ | k | 471,6 | 126,6 | „ | [106] | — | — |
| $SmCl_3 \cdot 11^1/_2NH_3$ | k | 512,0 | 145,0 | „ | [106] | — | — |
| | | | Gallium | | | | |
| $GaCl_3 \cdot NH_3$ | k | — | 32,9 | kalor. | [107] | — | — |
| $GaBr_3 \cdot NH_3$ | k | — | 30,3 | „ | [107] | — | — |
| $GaJ_3 \cdot NH_3$ | k | — | 26,9 | „ | [107] | — | — |
| $GaCl_3 \cdot 3NH_3$ | k | — | 70,8 | „ | [107] | — | — |
| $GaCl_3 \cdot 5NH_3$ | k | — | 102,0 | „ | [107] | — | — |
| $GaBr_3 \cdot 4NH_3$ | k | — | 105,0 | „ | [107] | — | — |
| $GaJ_3 \cdot 5NH_3$ | k | — | 102,0 | „ | [107] | — | — |
| $GaCl_3 \cdot 6NH_3$ | k | — | 113,4 | „ | [107] | — | — |
| $GaBr_3 \cdot 6NH_3$ | k | — | 118,2 | „ | [107] | — | — |
| $GaJ_3 \cdot 6NH_3$ | k | — | 117,0 | „ | [107] | — | — |
| $GaCl_3 \cdot 7NH_3$ | k | — | 122,6 | „ | [107] | — | — |
| $GaBr_3 \cdot 7NH_3$ | k | — | 128,8 | „ | [107] | — | — |
| $GaJ_3 \cdot 7NH_3$ | k | — | 126,7 | „ | [107] | — | — |
| $GaBr_3 \cdot 9NH_3$ | k | — | 144,0 | „ | [107] | — | — |
| $GaJ_3 \cdot 9NH_3$ | k | — | 142,2 | „ | [107] | — | — |
| $GaJ_3 \cdot 13NH_3$ | k | — | 174,2 | „ | [107] | — | — |
| $GaCl_3 \cdot 14NH_3$ | k | — | 176,4 | „ | [107] | — | — |
| $GaBr_3 \cdot 14NH_3$ | k | — | 182,0 | „ | [107] | — | — |
| $GaJ_3 \cdot 20NH_3$ | k | — | 228 | „ | [107] | — | — |

**Fortsetzung**

| Verbindung | Zustand | $-\Delta H°$ | $Q$ | Bestimmungsmethode | Literatur | $L$ | Ionenradius |
|---|---|---|---|---|---|---|---|
| | | | Indium | | | | |
| $InCl_3 \cdot NH_3$ | k | 161,7 | 22,2 | kalor. | [108] | — | — |
| $InCl_3 \cdot 2NH_3$ | k | 193,1 | 42,6 | „ | [108] | — | — |
| $InJ_3 \cdot 2NH_3$ | k | 116,3 | 37,8 | „ | [108] | — | — |
| $InCl_3 \cdot 3NH_3$ | k | 223,6 | 62,1 | „ | [108] | — | — |
| $InBr_3 \cdot 3NH_3$ | k | 190,5 | 60,3 | „ | [108] | — | — |
| $InCl_3 \cdot 5NH_3$ | k | 269,5 | 86,0 | „ | [108] | — | — |
| $InBr_3 \cdot 5NH_3$ | k | 240,2 | 88,0 | „ | [108] | — | — |
| $InJ_3 \cdot 5NH_3$ | k | 197,5 | 86,0 | „ | [108] | — | — |
| $InCl_3 \cdot 7NH_3$ | k | 308,4 | 102,9 | diss. | [108] | — | — |
| $InBr_3 \cdot 7NH_3$ | k | 279,9 | 105,7 | kalor. | [108] | — | — |
| $InJ_3 \cdot 7NH_3$ | k | 242,0 | 108,5 | „ | [108] | — | — |
| $InJ_3 \cdot 9NH_3$ | k | 281,5 | 126,0 | diss. | [108] | — | — |
| $InJ_3 \cdot 13NH_3$ | k | 356,8 | 157,3 | „ | [108] | — | — |
| $InCl_3 \cdot 15NH_3$ | k | 458 | 165 | „ | [108] | — | — |
| $InBr_3 \cdot 15NH_3$ | k | 433 | 171 | „ | [108] | — | — |
| $InJ_3 \cdot 21NH_3$ | k | 504 | 216 | „ | [108] | — | — |
| | | | Thallium | | | | |
| $TlCl \cdot 3NH_3$ | k | 102,9 | 21,3 | diss. | [83] | — | — |
| $TlBr \cdot 3NH_3$ | k | 95,2 | 21,3 | „ | [83] | — | — |
| $TlJ \cdot 3NH_3$ | k | 84,3 | 21,3 | „ | [83] | — | — |
| | | | Zinn | | | | |
| $SnBr_2 \cdot NH_3$ | k | 91,7 | 19,3 | kalor. | [79, 109] | — | — |
| $SnJ_2 \cdot NH_3$ | k | 65,9 | 16,0 | „ | [79, 109] | — | — |
| $SnBr_2 \cdot 2NH_3$ | k | 116,3 | 32,4 | „ | [79, 109] | — | — |
| $SnJ_2 \cdot 2NH_3$ | k | 90,2 | 29,0 | „ | [79, 109] | — | — |
| $SnCl_2 \cdot 2^1/_2NH_3$ | k | 147,1 | 38,5 | „ | [79, 109] | — | — |
| $SnBr_2 \cdot 3NH_3$ | k | 139,8 | 45,6 | „ | [79, 109] | — | — |
| $SnJ_2 \cdot 3NH_3$ | k | 113,1 | 41,4 | „ | [79, 109] | — | — |
| $SnCl_2 \cdot 4NH^3$ | k | 177,6 | 52,4 | diss. | [79, 109] | — | — |
| $SnBr_2 \cdot 5NH_3$ | k | 181,4 | 65,5 | „ | [79, 109] | — | — |
| $SnJ_2 \cdot 5NH_3$ | k | 155,5 | 62,0 | „ | [79, 109] | — | — |
| $SnCl_2 \cdot 9NH_3$ | k | 270,6 | 90,0 | „ | [79, 109] | — | — |
| $SnBr_2 \cdot 9NH_3$ | k | 255,6 | 95,4 | „ | [79, 109] | — | — |
| $SnJ_2 \cdot 9NH_3$ | k | 228,5 | 90,9 | „ | [79, 109] | — | — |
| | | | Blei | | | | |
| $PbJ_2 \cdot 1/2NH_3$ | k | 54,5 | 7,2 | diss. | [79, 110] | — | — |
| $PbCl_2 \cdot NH_3$ | k | 110,0 | 13,3 | „ | [79, 110] | — | — |
| $PbBr_3 \cdot NH_3$ | k | 92,9 | 15,6 | „ | [79, 110] | — | — |
| $PbJ_2 \cdot NH_3$ | k | 66,6 | 13,8 | „ | [79, 110] | — | — |
| $PbCl_2 \cdot 1^1/_2NH_3$ | k | 121,2 | 18,9 | „ | [79, 110] | — | — |
| $PbCl_2 \cdot 2NH_3$ | k | 132,2 | 24,4 | „ | [79, 110] | — | — |
| $PbBr_2 \cdot 2NH_3$ | k | 115,3 | 27,0 | „ | [79, 110] | — | — |
| $PbJ_2 \cdot 2NH_3$ | k | 88,9 | 25,2 | „ | [79, 110] | — | — |
| $PbBr_2 \cdot 3NH_3$ | k | 135,8 | 36,9 | „ | [79, 110] | — | — |
| $PbCl_2 \cdot 3^1/_2NH_3$ | k | 157,7 | 37,0 | „ | [79, 110] | — | — |
| $PbJ_25NH_3$ | k | 151,0 | 54,0 | „ | [79, 110] | — | — |

Fortsetzung

| Verbindung | Zustand | $-\Delta H^\circ$ | $Q$ | Bestimmungsmethode | Literatur | $L$ | Ionenradius |
|---|---|---|---|---|---|---|---|
| | | | | Blei (Fortsetzung) | | | |
| $PbBr_2 \cdot 5^1/_2NH_3$ | k | 185,8 | 58,9 | diss. | [79, 110] | — | — |
| $[Pb(NH_3)_8]^{2+}$ | k | —195 | 277 | theor. (1) | — | — | (3,2) |
| $[Pb(NH_3)_8]Cl_2$ | k | 248,9 | 75,2 | diss. | [79, 110] | — | — |
| $[Pb(NH_3)_8]Br_2$ | k | 233,8 | 79,2 | ,, | [79, 110] | — | — |
| $[Pb(NH_3)_8]J_2$ | k | 207,4 | 77,6 | ,, | [79, 110] | — | — |
| | | | | Thorium | | | |
| $[Th(NH_3)_4]Cl_4$ | k | 483,4 | 104,4 | kalor. | [111] | — | — |
| $ThCl_4 \cdot 4NH_3$ | k | 459 | 80 | ,, | [111] | — | — |
| $[Th(NH_3)_6]Cl_4$ | k | 549,7 | 148,7 | ,, | [111] | — | — |
| $ThCl_4 \cdot NH_3$ | k | 512,1 | 111,1 | ,, | [111] | — | — |
| $[Th(NH_3)_6]Cl_4 \cdot NH_3$ | k | 583,3 | 171,3 | ,, | [111] | — | — |
| $ThCl_4 \cdot 7NH_3$ | k | 534,7 | 122,7 | ,, | [111] | — | — |
| $[Th(NH_3)_6]Cl_4 \cdot 6NH_3$ | k | 685 | 218 | ,, | [111] | — | — |
| $ThCl_4 \cdot 12NH_3$ | k | 639 | 172 | ,, | [111] | — | — |
| $[Th(NH_3)_6]Cl_4 \cdot 12NH_3$ | k | 800,3 | 267,3 | ,, | [111] | — | — |
| $[Th(Cl_4 \cdot 18NH_3$ | k | 758 | 225 | ,, | [111] | — | — |
| | | | | Antimon | | | |
| $SbF_3 \cdot NH_3$ | k | 241,7 | 14,1 | diss. | [112] | — | — |
| $SbF_3 \cdot 2NH_3$ | k | 264,7 | 26,2 | ,, | [112] | — | — |
| $SbF_3 \cdot 3NH_3$ | k | 284,0 | 35,3 | ,, | [112] | — | — |
| $SbF_3 \cdot 4NH_3$ | k | 303,5 | 42,9 | ,, | [112] | — | — |
| $SbF_3 \cdot 6NH_3$ | k | 340,5 | 57,9 | ,, | [112] | — | — |
| | | | | Chrom | | | |
| $[Cr(NH_3)_6]^{2+}$ | g | —236 | 324 | theor. (1) | — | — | 2,7 |
| $CrCl_2 \cdot 3NH_3$ [37] | k | 175,2 | 39,3 | diss. | [1, 113] | — | — |
| $CrCl_2 \cdot 6NH_3$ [38] | k | 241,4 | 72,6 | ,, | [1, 113] | — | — |
| $CrBr_3 \cdot 3NH_3$ | k | — | 62 | ,, | [114] | — | — |
| $[Cr(NH_3)_6]Cl_3 \cdot NH_3$ | k | — | 11,5 | ,, | [115] | — | — |
| $[Cr(NH_3)_6]Cl_3 \cdot 2NH_3$ | k | — | 21,0 | ,, | [115] | — | — |
| $[Cr(NH_3)_6]Cl_3 \cdot 8NH_3$ | k | — | 76,0 | ,, | [115] | — | — |
| | | | | Uran | | | |
| $UCl_4 \cdot 3NH_3$ | k | 343,0 | 9,0 | diss. | [116] | — | — |
| $UCl_4 \cdot 4NH_3$ | k | 368,7 | 73,7 | ,, | [116] | — | — |
| $UCl_4 \cdot 5NH_3$ | k | 390,9 | 84,9 | ,, | [116] | — | — |
| $UCl_4 \cdot 6NH_3$ | k | 411,8 | 94,8 | ,, | [116] | — | — |
| $UCl_4 \cdot 10NH_3$ | k | 492,6 | 131,6 | ,, | [116] | — | — |
| $UCl_4 \cdot 12NH_3$ | k | 530,2 | 147,2 | ,, | [116] | — | — |
| $UO_2Cl_2 \cdot NH_3$ | k | — | 18,0 | ,, | [116] | — | — |
| $UO_2Cl_2 \cdot 2NH_3$ | k | — | 33,6 | ,, | [116] | — | — |
| $UO_2Cl_2 \cdot 3NH_3$ | k | — | 45,4 | ,, | [116] | — | — |
| $UO_2Cl_2 \cdot 4NH_3$ | k | — | 56,2 | ,, | [116] | — | — |
| $UO_2Cl_2 \cdot 5NH_3$ | k | — | 65,8 | ,, | [116] | — | — |

Fortsetzung

| Verbindung | Zustand | $-\Delta H°$ | $Q$ | Bestimmungsmethode | Literatur | $L$ | Ionenradius |
|---|---|---|---|---|---|---|---|
| | | | **Mangan** | | | | |
| $MnSO_4 \cdot {}^1/_2NH_3$ | k | 262,5 | 9,9 | diss. | [1, 97] | — | — |
| $MnCl_2 \cdot NH_3$ | k | 143,8 | 20,1 | ,, | [79, 117] | — | — |
| $MnBr_2 \cdot NH_3$ | k | 122 | 20,0 | ,, | [79, 117] | — | — |
| $MnSO_4 \cdot NH_3$ | k | 276,6 | 18,5 | ,, | [1, 97] | — | — |
| $MnCl_2 \cdot 2NH_3$ | k | 171,8 | 37,1 | ,, | [79, 117] | — | — |
| $MnBr_2 \cdot 2NH_3$ | k | 151,4 | 38,4 | ,, | [79, 117] | — | — |
| $MnJ_2 \cdot 2NH_3$ | k | 111,2 | 39,4 | ,, | [79, 117] | — | — |
| $MnSO_4 \cdot 2NH_3$ | k | 304,8 | 35,5 | ,, | [1, 97] | — | — |
| $[Mn(NH_3)_6]^{2+}$ | g | —220 | 314 | theor. (1) | [79, 117] | — | — |
| $[Mn(NH_3)_6]Cl_2$ | k | 261,1 | 82,4 | diss. | [79, 117] | — | — |
| $[Mn(NH_3)_6]Br_2$ | k | 246,1 | 89,2 | ,, | [79, 117] | — | 2,65) |
| $[Mn(NH_3)_6]J_2$ | k | 211,9 | 96,1 | ,, | [79, 117] | — | — |
| $[Mn(NH_3)_6]SO_4$ | k | 397,5 | 84,4 | ,, | [1, 97] | — | — |
| $MnCl_2 \cdot 10NH_3$ | k | 334,2 | 111,5 | ,, | [79, 117] | — | — |
| $MnSO_4 \cdot 5NH_3$ | k | 374,8 | 72,7 | ,, | [1, 97] | — | — |
| | | | **Eisen** | | | | |
| $FeCl_2 \cdot NH_3$ | k | 113,7 | 20,8 | diss. | [79, 117] | — | — |
| $FeBr_2 \cdot NH_3$ | k | 91,8 | 20,8 | ,, | [79, 117] | — | — |
| $FeCl_2 \cdot 2NH_3$ | k | 142,9 | 39,0 | ,, | [79, 117] | — | — |
| $FeBr_2 \cdot 2NH_3$ | k | 122,7 | 40,6 | ,, | [79, 117] | — | — |
| $FeJ_2 \cdot 2NH_3$ | k | 87,1 | 40,9 | ,, | [79, 117] | — | — |
| $[Fe(NH_3)_6]^{2+}$ | g | —247 | 337 | theor. (1) | — | — | 2,63 |
| $[Fe(NH_3)_6]Cl_2$ | k | 235,9 | 88,0 | diss. | [79, 117] | — | — |
| $[Fe(NH_3)_6]Br_2$ | k | 220,1 | 94,0 | ,, | [79, 117] | — | — |
| $[Fe(NH_3)_6]J_2$ | k | 189,1 | 99,0 | ,, | [79, 117] | — | — |
| $FeCl_2 \cdot 10NH_3$ | k | 308,9 | 117 | ,, | [118] | — | — |
| $K_2FeCl_5 \cdot 5NH_3$ | k | — | 77,5 | ,, | [84] | — | — |
| $K_2FeCl_5 \cdot 6NH_3$ | k | — | 89,3 | ,, | [84] | — | — |
| $K_2FeCl_5 \cdot 11NH_3$ | k | — | 133,4 | ,, | [84] | — | — |
| $FeCl_2 \cdot ND_3$ | k | — | 24,3 | ,, | [93] | — | — |
| $FeCl_2 \cdot 2ND_3$ | k | — | 38,4 | ,, | [93] | — | — |
| $FeCl_2 \cdot 6ND_3$ | k | — | 88,1 | ,, | [93] | — | — |
| | | | **Kobalt*** | | | | |
| $CoCl_2 \cdot NH_3$[39] | k | 109,0 | 21,1 | diss. | [79, 117] | — | — |
| $CoBr_2 \cdot NH_3$ | k | 87,0 | 21,0 | ,, | [79, 117] | — | — |
| $CoCl_2 \cdot 2NH_3$ | k | 138,7 | 42,0 | ,, | [79, 117] | — | — |
| $CoBr_2 \cdot 2NH_3$ | k | 118,2 | 41,2 | ,, | [79, 117] | — | — |
| $CoJ_2 \cdot 2NH_3$ | k | 86,0 | 39,8 | ,, | [79, 117] | — | — |
| $[Co(NH_3)_6]^{2+}$ | g | —249 | 359 | theor. (1) | — | — | 2,60 |
| $[Co(NH_3)_6]Cl_2$ | k | 236,5 | 93,6 | diss. | [79, 117] | — | — |
| $[Co(NH_3)_6]Br_2$ | k | 218,2 | 97,1 | ,, | [79, 117] | — | — |
| $[Co(NH_3)_6]J_2$ | k | 188,8 | 98,7 | ,, | [79, 117] | — | — |
| $CoCl_6 \cdot 10NH_3$ | k | 306,9 | 120 | ,, | [79, 118] | — | — |
| $[Co(NH_3)_6]^{3+}$ | g | —658 | $x$-724 | theor. (1) | — | —501 | (2,4) |
| | aq | 146,0 | 29,9-$y$ | kalor. | — | — | — |
| $Co^{3+}$ | g | — $x$ | — | — | — | — | — |
| | aq | $y$ | — | — | — | — | — |

* — $x$ — Bildungswärme von $Co^{3+}$ im Gaszustand
$y$ — Bildungswärme von $Co^{3+}$ in wässriger Lösung.

Fortsetzung

| Verbindung | Zustand | $-\Delta H^\circ$ | $Q$ | Bestimmungsmethode | Literatur | $L$ | Ionenradius |
|---|---|---|---|---|---|---|---|
| | | | **Kobalt (Fortsetzung)** | | | | |
| $[Co(NH_3)_6]Cl_3$ | $k_{25^\circ}$ | 274,1 | — | kalor. | [119] | — 9,0 | — |
| $[Co(NH_3)_6]Br_3$ | $k_{25^\circ}$ | 244,5 | — | ,, | [119] | —12,7 | — |
| $[Co(NH_3)_6](NO_3)_3$ | $k_{25^\circ}$ | 311,5 | — | ,, | [119] | —17,9 | — |
| $[Co(NH_3)_6]J_3$ | $k_{25^\circ}$ | 201,6 | — | ,, | [119] | — | — |
| $[Co(NH_3)_6](ClO_4)_3$ | k | 307,0 | — | theor. (4) | — | —22,5 | — |
| $[Co(NH_3)_6]Picr_3$ | k | 419,3 | — | ,, (4) | — | —19,8 | — |
| $[Co(NH_3)_6]_2[SiF_6]_3$ | k | 1937,3 | — | ,, (4) | — | —13,3 | — |
| $[Co(NH_3)_6]_2(SO_4)_3$ | k | 934,3 | — | ,, (4) | — | — 5,1 | — |
| $[Co(NH_3)_6](JO_3)_3$ | k | 321,5 | — | ,, (4) | — | —12,0 | — |
| $[Co(NH_3)_6]\cdot[Co(NH_3)_2(NO_2)_4]_3$ | k | 677,2 | — | ,, (4) | — | —36,5 | — |
| $[Co(NH_3)_6]Cl_3\cdot NH_3$ | k | 296,6 | 11,5* | diss. | [115] | — | — |
| $[Co(NH_3)_6]Cl_3\cdot 2NH_3$ | k | 317,1 | 21,0* | ,, | [115] | — | — |
| $[Co(NH_3)_6]Cl_3\cdot 8NH_3$ | k | 438,1 | 76,0* | ,, | [115] | — | — |
| $Cs_2CoCl_4\cdot 2NH_3$ | k | — | 34,0 | ,, | [84] | — | — |
| $Cs_2CoCl_4\cdot 5NH_3$ | k | — | 76,6 | ,, | [84] | — | — |
| $[Co(N_2H_4)_2]^{2+}$ | g | —413 | 305 | theor. (1) | — | — | (2,3) |
| $[Co(N_2H_4)_2]Cl_2$ | k | 63,2 | 30,8 | kalor. | [120] | — | — |
| $[Co(N_2H_4)_2]Br_2$ | k | 42,3 | 31,8 | ,, | [120] | — | — |
| | | | **Nickel** | | | | |
| $NiCl_2\cdot NH_3$ [40] | k | 107,5 | 21,5 | diss. | [83, 117] | — | — |
| $NiBr_2\cdot NH_3$ | k | 85,2 | 20,8 | ,, | [83, 117] | — | — |
| $NiCl_2\cdot 2NH_3$ | k | 137,5 | 40,6 | ,, | [83, 117] | — | — |
| $NiBr_2\cdot 2NH_3$ | k | 116,6 | 41,2 | ,, | [83, 117] | — | — |
| $NiJ_2\cdot 2NH_3$ | k | 83,8 | 39,4 | ,, | [83, 117] | — | — |
| $[Ni(NH_3)_6]^{2+}$ | g | —248 | 370 | theor. (1) | — | 196 | 2,58 |
| $[Ni(NH_3)_6]Cl_2$ | k | 238,8 | 98,0 | diss. | [83, 117] | — | — |
| $[Ni(NH_3)_6]Br_2$ | k | 222,0 | 102,4 | ,, | [83, 117] | — | — |
| $[Ni(NH_3)_6]J_2$ | k | 191,6 | 103,0 | ,, | [83, 117] | — | — |
| $[Ni(NH_3)_6](ClO_3)_2$ | $k_{25^\circ}$ | 214,2 | — | kalor. | [34] | — | — |
| $CsNiCl_3\cdot NH_3$ | k | — | 15,5 | diss. | [84] | — | — |
| | | | **Palladium** | | | | |
| $[PdCl_2(NH_3)_2]$ | k | 106,1 | (40) | kalor. | [121] | — | — |
| $[PdJ_2(NH_3)_2]$ | k | 71,0 | 34 | ,, | [121] | — | — |
| $[Pd(NH_3)_4Cl_2$ | k | 159,1 | 71,1 | ,, | [121] | — | — |
| $[Pd(NH_3)_4]J_2$ | k | 118,7 | 59,7 | ,, | [121] | — | — |
| | | | **Platin**** | | | | |
| $[PtCl_2(NH_3)_2]$ | k | 117,7 | 61,7 | kalor. | [121] | — | — |
| $[PtBr_2(NH_3)_2]$ | k | $z$ | — | — | — | — | — |
| $[PtJ_2(NH_3)_2]$ | k | $u$ | — | — | — | — | — |
| $Pt^{2+}$ | aq | $v$ | — | — | — | — | — |
| $[Pt(NH_3)_4]^{2+}$ | aq | 99,6 | 22,2-$v$ | kalor. | — | — | — |

* Anlagerungswärme v. $NH_3$ an das Ausgangskomplexsalz.
** $z$ — Bildungswärme von $[PtBr_2(NH_3)_2]$ im kristallisierten Zustand.
$u$ — Bildungswärme von $[PtJ_2(NH_3)_2]$ im kristallisierten Zustand.
$v$ — Bildungswärme von $Pt^{2+}$ in wäßriger Lösung.

Fortsetzung

| Verbindung | Zustand | $-\Delta H°$ | $Q$ | Bestimmungsmethode | Literatur | $L$ | Ionenradius |
|---|---|---|---|---|---|---|---|
| | | | Platin (Fortsetzung) | | | | |
| $[Pt(NH_3)_4]Cl_2$ | k | 178,7 | 100,7 | kalor. | [121, 122] | — | — |
| $[Pt(NH_3)_4]Br_2$ | k | $z+60{,}4$ | — | diss. | [122] | — | — |
| $[Pt(NH_3)_4]J_2$ | k | $u+57{,}7$ | — | „ | [122] | — | — |
| $[Pt(NH_3)_4]Cl_2 \cdot H_2O$ | k | (253,0) | — | kalor. | [1] | —8,76 | — |
| | | e) Komplexverbindungen mit organischen Monoaminen und Salzen von quartären Ammoniumbasen | | | | | |
| | | | Wasserstoff | | | | |
| $CH_3NH_3^+$ | aq | 31,2 | 13,0 | kalor. | [13] | — | — |
| $(CH_3)_2NH_2^+$ | aq | 32,8 | 11,9 | „ | [13] | — | — |
| $(CH_3)_3NH^+$ | aq | 29,8 | 8,7 | „ | [13] | — | — |
| $(CH_3)_3NHCl$ | k | 70,0 | 39,8 | „ | [13] | —0,5 | — |
| $C_2H_5NH_3^+$ | aq | 39,15 | 13,2 | „ | [13] | — | — |
| $C_2H_5NH_3Cl$ | k | 81,0 | 45,9 | „ | [13] | —2,23 | — |
| $(C_2H_5)_2NH_2^+$ | aq | 67,1 | 12,2 | „ | [13] | — | — |
| $(C_2H_5)_2NH_2Cl$ | k | 108,3 | 47,0 | „ | [13] | —1,49 | — |
| $(C_2H_5)_3NH^+$ | aq | 61,8 | 9,4 | „ | [13] | — | — |
| $(C_2H_5)_3NHCl$ | k | 102,0 | 46,3 | „ | [13] | —0,53 | — |
| $C_5H_{11}NH_3Cl$ | k | 108,4 | — | „ | [13] | —1,37 | — |
| $C_5H_{11}NH_3^+$ | aq | 67,3 | 13,5 | „ | [13] | — | — |
| $C_6H_5NH_3Cl$ | k | 43,0 | 37,0 | „ | [13] | —2,73 | — |
| $C_6H_5NH_3NO_3$ | k | 56,6 | 38,3 | „ | [13] | —6,73 | — |
| $(C_6H_5NH_3)_2SO_4$ | k | 174,9 | — | „ | [13] | —4,63 | — |
| $C_6H_5NH_3^+$ | aq | 0,7 | 7,3 | „ | [13] | — | — |
| $C_6H_5CH_2NH_3Cl$ | k | 58,8 | — | „ | [13] | —3,83 | — |
| $p\text{-}C_6H_5\left\langle {NH_3 \atop CH_3} \right. Cl$ | k | 54,6 | — | „ | [13] | —3,25 | — |
| $C_5H_{11}NHCl$ | k | 81,7 | — | „ | [13] | —1,0 | — |
| | | | Lithium | | | | |
| $LiJ \cdot {}^1/_4CH_3NH_2$ | k | 72,2 | 5,3 | diss. | [123] | — | — |
| $LiJ \cdot {}^1/_2CH_3NH_2$ | k | 79,1 | 10,3 | „ | [123] | — | — |
| $LiCl \cdot CH_3NH_2$ | k | 117,4 | 12,4 | „ | [123] | — | — |
| $LiBr \cdot CH_3NH_2$ | k | 105,6 | 14,6 | „ | [123] | — | — |
| $LiJ \cdot CH_3NH_2]$ | k | 90,9 | 18,5 | „ | [123] | — | — |
| $LiJ \cdot 1^1/_2CH_3NH_2$ | k | 102,0 | 25,9 | „ | [123] | — | — |
| $LiCl \cdot 2CH_3NH_2$ | k | 136,4 | 24,1 | „ | [123] | — | — |
| $LiBr \cdot 2CH_3NH_2$ | k | 126,2 | 27,9 | „ | [123] | — | — |
| $LiJ \cdot 2CH_3NH_2$ | k | 112,4 | 32,7 | „ | [123] | — | — |
| $LiJ \cdot 2^1/_2CH_3NH_2$ | k | 122,1 | 38,7 | „ | [123] | — | — |
| $LiCl \cdot 3CH_3NH_2$ | k | 154,5 | 34,9 | „ | [123] | — | — |
| $LiBr \cdot 3CH_3NH_2$ | k | 146,6 | 40,9 | „ | [123] | — | — |
| $LiJ \cdot 3CH_3NH_2$ | k | 131,4 | 44,4 | „ | [123] | — | — |
| $LiJ \cdot 3^1/_2CH_3NH_2$ | k | 139,5 | 48,9 | „ | [123] | — | — |
| $LiCl \cdot 4CH_3NH_2$ | k | 171,3 | 44,4 | „ | [123] | — | — |
| $LiBr \cdot 4CH_3NH_2$ | k | 164,1 | 51,1 | „ | [123] | — | — |
| $LiBr \cdot 5iH_3NH_2$ | k | 180,5 | 60,2 | „ | [123] | — | — |
| $LiBr \cdot {}^1/_2(CH_3)_2NH$ | k | 95,3 | 7,4 | „ | [123] | — | — |

Fortsetzung

| Verbindung | Zustand | $-\Delta H°$ | $Q$ | Bestimmungsmethode | Literatur | $L$ | Ionenradius |
|---|---|---|---|---|---|---|---|
| | | | Lithium (Fortsetzung) | | | | |
| $LiJ \cdot 1/_2(CH_3)_2NH$ | k | 78,4 | 9,2 | diss. | [123] | — | — |
| $LiCl \cdot (CH_3)_2NH$[41] | k | 118,1 | 12,2 | ,, | [123] | — | — |
| $LiBr \cdot (CH_3)_2NH$ | k | 106,4 | 14,4 | ,, | [123] | — | — |
| $LiJ \cdot 1^1/_2(CH_3)_2NH$ | k | 101,1 | 24,2 | ,, | [123] | — | — |
| $LiCl \cdot 2(CH_3)_2NH$ | k | 137,0 | 23,0 | ,, | [123] | — | — |
| $LiBr \cdot 2(CH_3)_2NH$ | k | 128,0 | 27,8 | ,, | [123] | — | — |
| $LiCl \cdot 3(CH_3)_2NH$ | k | 155,5 | 33,3 | ,, | [123] | — | — |
| $LiBr \cdot 3(CH_3)_2NH$ | k | 147,3 | 38,9 | ,, | [123] | — | — |
| $LiJ \cdot 3(CH_3)_2NH$ | k | 132,1 | 42,4 | ,, | [123] | — | — |
| $LiBr \cdot 4(CH_3)_2NH$ | k | 166,1 | 49,5 | ,, | [123] | — | — |
| $LiBr \cdot 5(CH_3)_2NH$ | k | 183,6 | 58,8 | ,, | [123] | — | — |
| $LiJ \cdot 5(CH_3)_2NH$ | k | 165,9 | 59,8 | ,, | [123] | — | — |
| $LiCl \cdot C_2H_5NH_2$ | k | 121,9 | 11,3 | ,, | [123] | — | — |
| $LiCl \cdot 3C_2H_5NH_2$ | k | 167,5 | 30,9 | ,, | [123] | — | — |
| $LiJ \cdot 4C_2H_5NH_2$ | k | 173,5 | 56,4 | ,, | [123] | — | — |
| $LiJ \cdot 4^1/_2C_2H_5NH_2$ | k | 184,7 | 61,1 | ,, | [123] | — | — |
| $LiCl \cdot N(CH_3)_3$ | k | 119,6 | 13,8 | ,, | [123] | — | — |
| $LiCl \cdot (C_2H_5)_2NH$ | k | 147,4 | 10,6 | ,, | [123] | — | — |
| $LiCl \cdot (C_2H_5)_3N$ | k | 142,1 | 10,9 | ,, | [123] | — | — |
| | | | Silber | | | | |
| $AgCl \cdot CH_3NH_2$ | k | 50,5 | 12,2 | diss. | [125] | — | — |
| $AgBr \cdot CH_3NH_2$ | k | 44,7 | 13,6 | ,, | [125] | — | — |
| $AgJ \cdot CH_3NH_2$ | k | 36,2 | 14,0 | ,, | [125] | — | — |
| | | | Zink | | | | |
| $ZnCl_2 \cdot 2Anil$ | k | 111,1 | 43,8 | diss. | [14] | — | — |
| $ZnBr_2 \cdot 2Anil$ | k | 90,7 | 44,6 | ,, | [14] | — | — |
| $ZnJ_2 \cdot 2Anil$ | k | 60,2 | 42,7 | ,, | [14] | — | — |
| | | | Zinn | | | | |
| $SnCl_4 \cdot 2Anil$ | k | 166,7 | 73,8 | kalor. | [126] | — | — |
| | | | Tetraalkylammoniumsalze* | | | | |
| $N(CH_3)_4^+$ | g | $x$—132,5 | — | theor. (1) | — | 31 | 3,00 |
| $N(CH_3)_4^+$ | aq | $x$ | — | — | — | — | — |
| $[N(CH_3)_4]Cl$ | k | 40,81+$x$ | — | kalor. | [127] | — 1,12 | — |
| $[N(CH_3)_4]Br$ | k | 34,63+$x$ | — | ,, | [127] | — 5,96 | — |
| $[N(CH_3)_4]J$ | k | 23,53+$x$ | — | ,, | [128] | —10,16 | — |
| $[N(C_2H_5)_4]^+$ | g | $y$—125,5 | — | theor. (1) | — | 25 | 3,63 |
| $[N(C_2H_5)_4]^+$ | aq | $y$ | — | — | — | — | — |
| $[N(C_2H_5)_4]Cl$ | k | 35,46+$y$ | — | kalor. | [127] | 4,23 | — |
| $[N(C_2H_5)_4]Br$ | k | 30,27+$y$ | — | ,, | [127] | — 1,60 | — |
| $[N(C_2H_5)_4]J$ | k | 19,74+$y$ | — | ,, | [128] | — 6,35 | — |
| $[N(C_2H_5)_4]ClO_4$ | k | 46,7+$y$ | — | ,, | [127] | — 7,18 | — |
| $[N(C_2H_5)_4]Picr$ | k | 91,7+$y$ | — | ,, | [127] | — 7,22 | — |

* $x$ — Bildungswärme von $N(CH_3)_4^+$ in wäßriger Lösung.
$y$ — Bildungswärme von $N(C_2H_5)_4^+$ in wäßriger Lösung.

Fortsetzung

| Verbindung | Zustand | $-\Delta H°$ | $Q$ | Bestimmungsmethode | Literatur | $L$ | Ionenradius |
|---|---|---|---|---|---|---|---|
| | | | Kobalt | | | | |
| $CoCl_2 \cdot 2Anil$ | k | 82,9 | 38,3 | kalor. | [129] | — | — |
| $CoBr_2 \cdot 2Anil$ | k | 62,5 | 39,8 | ,, | [129] | — | — |
| $CoJ_2 \cdot 2Anil$ | k | 33,8 | 41,9 | ,, | [129] | — | — |
| | | | f) Komplexverbindungen mit organischen Diaminen und Urotropin | | | | |
| | | | Wasserstoff | | | | |
| $C_2H_4(NH_2)_2 \cdot 2HCl$ | k | 124,7 | 84,9 | kalor. | [13] | —7,55 | — |
| $C_2H_4(NH_3)_2^{2+}$ | aq | 37,7 | 23,5 | ,, | [13] | — | — |
| $C_6H_{12}N_4HCl$ | k | 20,7 | — | ,, | [13] | —3,94 | — |
| $C_6H_{12}N_4HHSO_4$ | k | 192,1 | — | ,, | [13] | —1,60 | — |
| $[C_6H_{12}N_4H]_2SO_4$ | k | 168,2 | — | ,, | [13] | 1,82 | — |
| $C_6H_{12}N_4HNO_3$ | k | 31,6 | — | ,, | [13] | —5,50 | — |
| $C_6H_{12}N_4 \cdot 2HNO_3$ | k | 89,7 | — | | | —14,3 | — |
| | | | Kupfer | | | | |
| $CuCl_2 \cdot En$ | k | 93,3 | 44,9 | kalor. | [130] | — | — |
| $CuBr_2 \cdot En$ | k | 75,9 | 46,2 | ,, | [130] | — | — |
| $CuCl_2 \cdot 2En$ | k | 119,9 | 75,1 | ,, | [130] | — | — |
| $CuBr_2 \cdot 2En$ | k | 104,2 | 78,8 | ,, | [130] | — | — |
| | | | Zink | | | | |
| $ZnCl_2 \cdot En$ | k | 140,1 | 42,0 | kalor. | [14] | — | — |
| $ZnBr_2 \cdot En$ | k | 119,9 | 43,4 | ,, | [14] | — | — |
| $ZnJ_2 \cdot En$ | k | 89,3 | 41,0 | ,, | [14] | — | — |
| $[ZnEn_3]^{2+}$ | g | —300 | 372 | theor. (1) | | — | — |
| $[ZnEn_3]Cl_2$ | k | 176,7 | 90,0 | kalor. | [14] | — | — |
| $[ZnEn_3]Br_2$ | k | 159,1 | 93,6 | ,, | [14] | — | — |
| $[ZnEn_3]J_2$ | k | 131,9 | 95,0 | ,, | [14] | — | — |
| $ZnCl_2 \cdot$ o-Phen | k | — | (12,64) | ,, | [14] | — | — |
| $ZnCl_2 \cdot 6$ o-Phen | k | — | (14,99) | ,, | [14] | — | — |
| $ZnBr_2 \cdot 3$ o-Phen | k | — | (19,51) | ,, | [14] | — | — |
| $ZnJ_2 \cdot 3$ o-Phen | k | — | (18,50) | ,, | [14] | — | — |
| | | | Cadmium | | | | |
| $[CdEn_3]^{2+}$ | g | —313 | 321 | theor. (1) | — | — | 2,7 |
| $[CdEn_3]Cl_2$ | k | 165,6 | 85,46 | kalor. | [131] | — | — |
| $[CdEn_3]Br_2$ | k | 146,9 | 83,96 | ,, | [131] | — | — |
| $[CdEn_3]J_2$ | k | 118,7 | 83,20 | ,, | [131] | — | — |
| | | | Quecksilber | | | | |
| $HgCl_2 \cdot En$ | k | 87,5 | 38,2 | kalor. | [130] | — | — |
| $HgBr_2 \cdot En$ | k | 70,0 | 33,4 | ,, | [130] | — | — |
| $HgJ_2 \cdot En$ | k | 48,3 | 27,3 | ,, | [130] | — | — |

Fortsetzung

| Verbindung | Zustand | $-\Delta H°$ | $Q$ | Bestimmungsmethode | Literatur | $L$ | Ionenradius |
|---|---|---|---|---|---|---|---|
| | | | Eisen | | | | |
| $[FeEn_3]^{2+}$ | g | —320 | 342 | theor. (1) | [132] | — | (2,7) |
| $[FeEn_3]Cl_2$ | k | 157,0 | 88,0 | kalor. | [132] | — | — |
| $[FeEn_3]Br_2$ | k | 142,3 | 95,2 | „ | [132] | — | — |
| $[FeEn_3]J_2$ | k | 110,0 | 98,7 | „ | [132] | — | — |
| | | | Kobalt* | | | | |
| $CoCl_2 \cdot En$ | k | 116,5 | 43,9 | kalor. | [129] | — | — |
| $CoCl_2 \cdot 1^1/_2En$ | k | 132,1 | 61,6 | „ | [129] | — | — |
| $[CoEn_3]^{2+}$ | g | —314 | 372 | theor. (1) | [129] | — | (2,7) |
| $[CoEn_3]Cl_2$ | k | 161,3 | 97,3 | kalor. | [129] | — | — |
| $[CoEn_3]Br_2$ | k | 147,2 | 105,1 | „ | [129] | — | — |
| $[CoEn_3]J_2$ | k | 119,0 | 107,7 | „ | [129] | — | — |
| $[CoEn_3]^{3+}$ | g | —712 | $x$—693 | theor. (1) | — | 490 | (2,5) |
| $[CoEn_3]^{3+}$ | $aq_{25°}$ | 81,2 | 33,7—$y$ | kalor. | [119] | — | — |
| $Co^{3+}$ | g | —$x$ | — | — | — | — | — |
| $Co^{3+}$ | aq | $y$ | — | — | — | — | — |
| $[CoEn_3]J_3$ | k | 133,2 | — | kalor. | [119] | —11,9 | — |
| $[CoEn_3](Nw_3)_3$ | k | 243,9 | — | „ | [119] | —15,1 | — |
| $CoCl_2 \cdot$ o-Phen | k | — | (10,59) | „ | [129] | — | — |
| $CoCl_2 \cdot 4$ o-Phen | k | — | (21,04) | „ | [129] | — | — |
| $CoBr_2 \cdot 4$ o-Phen | k | — | (24,12) | „ | [129] | — | — |
| $CoJ_2 \cdot 4$ o-Phen | k | — | (26,12) | „ | [129] | — | — |
| | | | g) Komplexverbindungen mit Pyridin | | | | |
| | | | Kupfer | | | | |
| $CuCl_2 \cdot 2Pyr$ | k | 50,3 | 47,5 | kalor. | [130] | — | — |
| $CuBr_2 \cdot 2Pyr$ | k | 27,7 | 44,3 | „ | [130] | — | — |
| $CuBr_2 \cdot 6Pyr$ | k | —13,2 | 104,6 | „ | [130] | — | — |
| | | | Zink | | | | |
| $ZnCl_2 \cdot 2Pyr$ | k | 94,2 | 42,3 | kalor. | [14] | — | — |
| $ZnBr_2 \cdot 2Pyr$ | k | 75,4 | 47,6 | „ | [14] | — | — |
| $ZnJ_2 \cdot 2Pyr$ | k | 47,1 | 47,9 | „ | [14] | — | — |
| | | | Cadmium | | | | |
| $CdCl_2 \cdot 2Pyr$ | k | 83,3 | 40,89 | kalor. | [131] | — | — |
| $CdBr_2 \cdot 2Pyr$ | k | 66,5 | 40,28 | „ | [131] | — | — |
| $CdJ_2 \cdot 2Pyr$ | k | 37,5 | 39,73 | „ | [131] | — | — |
| $[CdPyr_6]Br_2$ | k | 20,3 | 96,35 | „ | [131] | — | — |
| $[CdPyr_6]J_2$ | k | — 4,3 | 99,06 | „ | [131] | — | — |

* — $x$ — Bildungswärme von $Co^{3+}$ im Gaszustand;
$y$ — Bildungswärme von $Co^{3+}$ in wäßriger Lösung.

Fortsetzung

| Verbindung | Zustand | $-\Delta H°$ | $Q$ | Bestimmungsmethode | Literatur | $L$ | Ionenradius |
|---|---|---|---|---|---|---|---|
| | | | Quecksilber | | | | |
| $HgCl_2 \cdot {}^2/_3 Pyr$ | k | 51,2 | 14,7 | kalor. | [130] | — | — |
| $HgCl_2 \cdot Pyr$ | k | 48,9 | 20,8 | „ | [130] | — | — |
| $HgBr_2 \cdot Pyr$ | k | 34,3 | 18,9 | „ | [130] | — | — |
| $HgCl_2 \cdot 2Pyr$ | k | 39,4 | 36,6 | „ | [130] | — | — |
| $HgBr_2 \cdot 2Pyr$ | k | 24,9 | 34,8 | „ | [130] | — | — |
| $HgJ_2 \cdot 2Pyr$ | k | 8,7 | 34,6 | „ | [130] | — | — |
| | | | Eisen | | | | |
| $FeCl_2 \cdot ?Pyr$ | $k_0°$ | 76,4 | 45,1 | kalor. | [132] | — | — |
| $FeBr_2 \cdot 2Pyr$ | $k_0°$ | 56,1 | 46,7 | „ | [132] | — | — |
| $FeJ_2 \cdot 2Pyr$ | $k_0°$ | 20,4 | 46,8 | „ | [132] | — | — |
| $[FePyr_4]^{2+}$ | g | (—451) | (300) | theor. (1) | [132] | — | (2,3) |
| $[FePyr_4]Cl_2$ | $k_0°$ | 57,4 | 76,7 | kalor. | [132] | — | — |
| $[FePyr_4]Br_2$ | $k_0°$ | 38,2 | 79,4 | „ | [132] | — | — |
| $[FePyr_4]J_2$ | k | 1,5 | 78,5 | „ | [132] | — | — |
| $[FePyr_6]Br_2$ | $k_0°$ | 15,3 | 107,1 | „ | [132] | — | — |
| $[FePyr_6]J_2$ | k | —17,1 | 110,5 | „ | [132] | — | — |
| | | | Kobalt | | | | |
| $CoCl_2 \cdot Pyr$ | k | 77,1 | 25,5 | kalor. | [129] | — | — |
| $CoCl_2 \cdot 2Pyr$ (violett) | k | 71,7 | 45,2 | „ | [129] | — | — |
| $CoCl_2 \cdot 2Pyr$ (blau) | k | 69,7 | 43,2 | „ | [129] | — | — |
| $CoBr_2 \cdot 2Pyr$ | k | 50,6 | 46,2 | „ | [129] | — | — |
| $CoJ_2 \cdot 2Pyr$ | k | 20,7 | 47,1 | „ | [129] | — | — |
| $CoCl_2 \cdot 4Pyr$ | k | 51,6 | 75,9 | „ | [129] | — | — |
| $CoBr_2 \cdot 4Pyr$ | k | 31,6 | 77,8 | „ | [129] | — | — |
| $CoJ_2 \cdot 6Pyr$ | k | —15,1 | 112,5 | „ | [129] | — | — |
| | | | h) Komplexverbindungen mit $PH_3$ | | | | |
| | | | Wasserstoff | | | | |
| $PH_4^+$ | g | —163,5 | 200 | theor. (1) | — | — | (1,80) |
| $PH_4Br$ | k | 34,2 | 23,2 | (kalor.) | [1] | —4,77 | — |
| $PH_4J$ | k | 20,6 | 24,2 | „ | [1] | —3,03 | — |
| | | | Kupfer | | | | |
| $CuCl \cdot PH_3$ | k | 49,0 | 12,4 | diss. | [133] | — | — |
| $CuBr \cdot PH_3$ | k | 40,7 | 11,7 | „ | [133] | — | — |
| $CuJ \cdot PH_3$ | k | (31) | (10,5) | „ | [133] | — | — |
| $CuCl \cdot 2PH_3$ | k | 59,9 | 21,0 | „ | [133] | — | — |
| $CuBr \cdot 2PH_3$ | k | 52,9 | 21,6 | „ | [133] | — | — |
| $CuJ \cdot 2PH_3$ | k | (42) | (20) | „ | [133] | — | — |
| | | | Silber | | | | |
| $AgJ \cdot {}^1/_2 PH_3$ | k | (55) | (9,5) | diss. | [133] | — | — |

Fortsetzung

| Verbindung | Zustand | $-\Delta H^\circ$ | $Q$ | Bestimmungsmethode | Literatur | $L$ | Ionenradius |
|---|---|---|---|---|---|---|---|
| | | | Gold und andere Metalle | | | | |
| $AuJ \cdot PH_3$ | k | 22,9 | 10,8 | diss. | [133] | — | — |
| $AlCl_3 \cdot PH_3$ | k | 179,0 | 9,9 | ,, | [134] | — | — |
| $AlBr_3 \cdot PH_3$ | k | 143,3 | 14,3 | ,, | [134] | — | — |
| $AlJ_3 \cdot PH_3$ | k | 94,2 | 14,7 | ,, | [134] | — | — |
| $SnCl_4 \cdot PH_3$ | k | 148,1 | 15,9 | ,, | [134] | — | — |
| $TiCl_4 \cdot PH_3$ | k | 202,4 | 16,4 | ,, | [134] | — | — |
| $TiCl_4 \cdot 2PH_3$ | k | 218,3 | 30,0 | ,, | [134] | — | — |
| $TiBr_4 \cdot PH_3$ | k | — | 16,0 | ,, | [134] | — | — |
| $TiBr_4 \cdot 2PH_3$ | k | — | 29,9 | ,, | [134] | — | — |
| | | | i) Komplexverbindungen mit Kohlenmonoxyd | | | | |
| | | | Eisen | | | | |
| $Fe(CO)_5$ | k | 189,8 | 55,8 | kalor. | [1] | — | — |
| $FeCl_2 \cdot 4CO$ | k | 207,0 | 17,86 | ,, | [132] | — | — |
| $FeBr_2 \cdot 4CO$ | k | 195,5 | 28,30 | ,, | [132] | — | — |
| $FeJ_2 \cdot 4CO$ | k | 170,3 | 38,94 | ,, | [132] | — | — |
| | | | Kupfer | | | | |
| $Cu_2Cl_2 \cdot CO \cdot 2H_2O$ | k | 227,3 | — | kalor. | [135] | — | — |
| | | | j) Komplexverbindungen mit Alkoholen, Äthern, Estern und Nitrilen | | | | |
| | | | Wasserstoff | | | | |
| $(CH_3)_2O \cdot HCl$ | k | 45,3 | 6,25 | diss. | [136] | — | — |
| | | | Kupfer | | | | |
| $CuCl_2 \cdot 2CH_3OH$ | k | 164,1 | 26,9 | diss. | [137] | — | — |
| | | | Magnesium | | | | |
| $[Mg(CH_3OH)_6]Cl_2$ | k | 517 | 72 | diss. | [1, 137] | — | — |
| $[Mg(CH_3OH)_6] \cdot (NO_3)_2$ | k | — | 82,6 | ,, | [1, 137] | — | — |
| | | | Calcium | | | | |
| $CaCl_2 \cdot 3C_2H_5OH$ | k | 405,8 | 43,8 | diss. | [138] | — | — |
| $CaBr_2 \cdot 3C_2H_5OH$ | k | 380,2 | 46,5 | ,, | [138] | — | — |
| $CaCl_2 \cdot 4C_2H_5OH$ | k | 474,9 | 48 | ,, | [138] | — | — |
| $CaBr_2 \cdot 4C_2H_5OH$ | k | 451,9 | 58,4 | ,, | [138] | — | — |
| $Ca(NO_3)_2 \cdot 2CH_3OH$ | k | 344,1 | 22,8 | ,, | [137] | — | — |
| | | | Quecksilber | | | | |
| $HgCl_2 \cdot CH_3OH$ | k | 113,7 | 11,7 | diss. | [137] | — | — |
| $HgCl_2 \cdot C_4H_8O_2$ | k | — | (3,7) | ,, | [139] | — | — |
| $HgBr_2 \cdot C_4H_8O_2$ | k | — | (7,3) | ,, | [139] | — | — |
| $HgJ_2 \cdot C_4H_8O_2$ | k | — | (4,9) | ,, | [139] | — | — |

Fortsetzung

| Verbindung | Zustand | $-\Delta H^{\circ}$ | $Q$ | Bestimmungsmethode | Literatur | $L$ | Ionenradius |
|---|---|---|---|---|---|---|---|
| | | | Bor | | | | |
| $BF_3 \cdot (CH_3)_2O$ | g | 317,2 | 13,9 | kalor. | [140] | — | — |
| | fl | 326,0 | 22,7 | ,, | [140] | — | — |
| $BF_3 \cdot (C_2H_5)_2O$ | g | 329,4 | 12,5 | ,, | [140] | — | — |
| | fl | 338,2 | 21,3 | ,, | [140] | — | — |
| $BF_3 \cdot CH_3CN$ | k | 270,9 | 33,4 | ,, | [141] | — | — |
| $BCl_3 \cdot CH_3CN$ | k | 95,0 | 26,5 | ,, | [141] | — | — |
| | | | Zinn | | | | |
| $SnCl_4 \cdot 2(C_2H_5)_2O$ | k | 305,1 | 59,9 | kalor. | [126] | — | — |
| $SnCl_4 \cdot 2C_2H_5OH$ | k | (302,9) | 63,8 | ,, | [126] | — | — |
| $SnCl_4 \cdot 2C_2H_4COOC_2H_5$ | k | — | 64,0 | ,, | [126] | — | — |
| $SnCl_4 \cdot 2C_6H_5COOC_2H_5$ | k | — | 66,9 | ,, | [126] | — | — |
| $SnCl_4 \cdot (COOC_2H_5)_2$ | k | — | 51,5 | ,, | [126] | — | — |
| $SnCl_4 \cdot CH_2(COOC_2H_5)_2$ | k | — | 55,6 | ,, | [126] | — | — |
| $SnCl_4 \cdot$ $CH_2$—$COOC_2H_5$ \| $CH_2$—$COOC_2H_5$ | k | — | 54,1 | ,, | [126] | — | — |
| $SnCl_4 \cdot CH_2$ ⁄$CH_2COOC_2H_5$ ∖$CH_2COOC_2H_5$ | k | — | 55,7 | ,, | [126] | — | — |
| $SnCl_4 \cdot$ $C_2H_4$—$COOC_2H_5$ \| $C_2H_4$—$COOC_2H_5$ | k | — | 58,4 | ,, | [126] | — | — |
| $SnCl_4 \cdot CH_2$ ⁄$C_2H_4$—$COOC_2H_5$ ∖$C_2H_4$—$COOC_2H_5$ | k | — | 58,8 | ,, | [126] | — | — |
| | | | Kobalt | | | | |
| $CoCl_2 \cdot 2C_2H_5OH$ | k | 222,2 | 31,4 | kalor. | [1, 137] | — | — |
| $CoBr_2 \cdot 2C_2H_5OH$ | k | 200,5 | 31,6 | ,, | [1, 137] | — | — |
| $CoBr_2 \cdot 2C_2H_4(OH)_2$ | k | 298,1 | 47,1 | ,, | [1, 137] | — | — |
| $CoCl_2 \cdot 3C_2H_4(OH)_2$ | k | 433,7 | 62,8 | ,, | [1, 137] | — | — |
| $CoBr_2 \cdot 3C_2H_4(OH)_2$ | k | 414,0 | 65,0 | ,, | [1, 137] | — | — |
| | | | Nickel | | | | |
| $NiBr_2 \cdot 3CH_3OH$ | k | 237,0 | 38,1 | diss. | [1, 137] | — | — |

k) Komplexverbindungen mit Harnstoff und dessen Abkömmlingen

| Verbindung | Zustand | $-\Delta H^{\circ}$ | $Q$ | Bestimmungsmethode | Literatur | $L$ | Ionenradius |
|---|---|---|---|---|---|---|---|
| | | | Wasserstoff | | | | |
| $CO(NH_2)_2 \cdot HNO_3$ | k | 135,1 | — | kalor. | [142] | —10,7 | — |
| $CS(NH_2)_2 \cdot HNO_3$ | k | 83,8 | — | ,, | [142] | — 8,5 | — |
| $[CN_3H_6]^+$ | aq | 33,8 | 14,1 | ,, | — | — | — |
| $[CN_3H_6]_2SO_4$ | k | 289,3 | — | ,, | [143] | — 6,75 | — |
| $[CN_3H_6]NO_3$ | k | 92,1 | — | ,, | [143] | —10,15 | — |
| $[CN_3H_6]_2CO_3$ | k | 232,2 | — | ,, | [144] | — | — |

## 2. *Acidokomplexverbindungen*

| Verbindung | Zustand | $-\Delta H°$ | $Q$ | Bestimmungsmethode | Literatur | $L$ | Ionenradius |
|---|---|---|---|---|---|---|---|
| | | | Wasserstoff | | | | |
| $HF_2^-$ | g | (166,0) | (397,8) | — | — | — | (1,55) |
| | aq | 153,8 | —2,6 | — | [1] | — | — |
| $NaHF_2$ | k | 217,0 | 17,1 | kalor. | [145] | —6,2 | — |
| $KHF_2$ | k | 219,43 | 21,56 | „ | [145] | —5,98 | — |
| $RbHF_2$ | k | 219,8 | 22,58 | „ | [145] | —5,31 | — |
| $CsHF_2$ | k | 219,3 | 23,57 | „ | [145] | —3,73 | — |
| | | | Kupfer | | | | |
| $CuCl_2^-$ | aq | 67,7 | — | kalor. | [1, 13] | — | — |
| $CuCl_3^-$ | g | (140,7) | (745) | theor. (1) | — | — | (2,3) |
| $KCuCl_3$ | k | 162,4 | 4,59 | kalor. | [146] | — | — |
| $CsCuCl_3$ | k | 166,7 | 6,97 | „ | [147] | — | — |
| $K_2CuCl_4$ | k | 266,2 | 3,95 | „ | [148] | — | — |
| $Rb_2CuCl_4$ | k | 269,2 | 5,57 | „ | [148] | — | — |
| $Cs_2CuCl_4$ | k | 272,9 | 6,88 | „ | [148] | — | — |
| $(NH_4)_2CuCl_4$ | k | 201,9 | —1,4 | „ | [149] | — | — |
| $K_2CuCl_4\cdot 2H_2O$ | k | 407,5 | — | „ | [148] | — | — |
| $Rb_2CuCl_4\cdot 2H_2O$ | k | 411,7 | — | „ | [148] | — | — |
| $Cs_2CuCl_4\cdot 2H_2O$ | k | 410,5 | — | „ | [148] | — | — |
| $(NH_4)_2CuCl_4\cdot 2H_2O$ | k | 349,1 | — | „ | [149] | —6,2 | — |
| | | | Silber | | | | |
| $AgJ_3^{2-}$ | aq | 43,9 | 29,0 | kalor. | [150] | — | — |
| $[Ag(S_2O_3)_2]^{3-}$ | aq | 284 | 18 | „ | [151] | — | — |
| $[Ag(CN)_2]^-$ | aq | 61,75 | 33,3 | „ | [13] | — | — |
| $[Ag(CN)_3]^{2-}$ | aq | —98,0 | 31,9 | | [13] | — | — |
| $K[Ag(CN)_2]$ | k | — 6,9 | 11,9 | „ | [13] | — | — |
| | | | Gold | | | | |
| $[AuCl_4]^-$ | aq | 76,7 | $z$—82,1 | kalor. | [1] | — | — |
| $[AuBr_4]^-$ | aq | 47,1 | $z$—67,7 | „ | [1] | — | — |
| $Au_3{}^+$ | aq | —$z$ | — | — | — | — | — |
| $[Au(CN)_2]^-$ | aq | —57,5 | — | „ | [1] | — | — |
| $HAuCl_4\cdot 3H_2O$ | k | 285,4 | — | „ | [27] | —3,55 | — |
| $HAuCl_4\cdot 4H_2O$ | k | 356,0 | — | „ | [27] | —5,83 | — |
| $HAuBr_4\cdot 5H_2O$ | k | 400,3 | — | „ | [27] | —11,40 | — |
| $AgAuCl_4$ | k | 57,1 | — | diss. | [152] | — | — |
| | | | Magnesium | | | | |
| $KCl\cdot MgCl_2$ | k | 260,7 | 3,0 | kalor. | [153] | — | — |
| $KCl\cdot MgCl_2\cdot 6H_2O$ | k | 703,5 | 2,7 | „ | [13] | — | — |
| $2KCl\cdot MgCl_2$[42] | k | 364,5 | 2,6 | „ | [13] | — | — |
| $4KCl\cdot MgCl_2$ | k | 574,8 | 4,1 | „ | [13] | — | — |
| | | | Calcium | | | | |
| $2KCl\cdot CaCl_2$ | k | 401,8 | 2,5 | kalor. | [13] | — | — |

* — $z$ — Bildungswärme von $Au^3$ in wäßeriger Lösung.

Fortsetzung

| Verbindung | Zustand | $-\Delta H°$ | $Q$ | Bestimmungsmethode | Literatur | $L$ | Ionenradius |
|---|---|---|---|---|---|---|---|
| | | | Zink | | | | |
| $(NH_4)_2ZnCl_4 \cdot {}^1/_3H_2O$ | k | 277,7 | — | kalor. | [154] | — | — |
| $(NH_4)_2ZnBr_4 \cdot H_2O$ | k | 282,1 | — | ,, | [13] | — | — |
| $[Zn(CN)_4]^{2-}$ | aq | —79,4 | 23,9 | ,, | — | — | — |
| $K_2[Zn(CN)_4]$ | k | 56,2 | 15,4 | ,, | [155] | —15,0 | — |
| | | | Cadmium | | | | |
| $KCdCl_3$ | k | 193,8 | —3,6 | kalor. | [156] | — | — |
| $K_4CdCl_6$ | k | 509,4 | —1,0 | ,, | [156] | — | — |
| $H_2CdCl_4 \cdot 7H_2O$ | k | 656,1 | 40,2 | ,, | [13] | — | — |
| $(NH_4)_4CdCl_6$ | k | 394,4 | 1,6 | ,, | [157] | 13,75 | — |
| $NH_4CdCl_3 \cdot {}^1/_2H_2O$ | k | 206,6 | — | ,, | [157] | —5,36 | — |
| $NH_4CdBr_3 \cdot {}^1/_2H_2O$ | k | 177,4 | — | ,, | [157] | 7,2 | — |
| $NH_4CdJ_3 \cdot {}^1/_2H_2O$ | k | 134,5 | — | ,, | [157] | —7,88 | — |
| | | | Quecksilber | | | | |
| $[HgCl_3]^-$ | aq | 90,3 | 12,9 | kalor. | [13] | — | — |
| $K[HgCl_3]$ | k | 159,8 | 2,7 | ,, | [13] | — 9,5 | — |
| $K[HgCl_3] \cdot H_2O$ | k | 230,0 | — | ,, | [13] | —11,35 | — |
| $[HgCl_4]^{2-}$ | aq | 130,4 | 13,2 | ,, | [13] | — | — |
| $K_2[HgCl_4]$ | k | 265,5 | 3,8 | ,, | [13] | —15,0 | — |
| $K_2[HgCl_4] \cdot H_2O$ | k | 335,5 | — | ,, | [13] | —16,48 | — |
| $4KCl \cdot 3HgCl_2 \cdot 3H_2O$ | k | 796,3 | — | ,, | [13] | —39,2 | — |
| $[HgBr_3]^-$ | aq | 68,3 | 23,9 | ,, | [13] | — | — |
| $K[HgBr_3]$ | k | 133,8 | —1,0 | ,, | [13] | — | — |
| $[HgBr_4]^{2-}$ | aq | 98,2 | 25,0 | ,, | [13] | — | — |
| $K_2[HgBr_4]$ | k | 228,5 | —0,3 | ,, | [27] | — 9,75 | — |
| $[HgJ_4]^{2-}$ | aq | 55,4 | 43,5 | ,, | [13] | — | — |
| $K[HgJ_3]$ | k | 106,3 | 2,1 | ,, | [13] | — | — |
| $KHgJ_3 \cdot H_2O$ | k | 174,9 | 2,3 | ,, | [13] | — | — |
| $K_2[HgJ_4]$ | k | 185,9 | 2,8 | ,, | [13] | — 9,88 | — |
| $[Hg(CN)_3]^-$ | aq | —92,6 | 53,7 | ,, | [13] | — | — |
| $[Hg(CN)_4]^{2-}$ | aq | —122,2 | 59,0 | ,, | [13] | — | — |
| $K_2[Hg(CN)_4]$ | k | 12,8 | 17,6 | ,, | [13] | — | — |
| | | | Bor | | | | |
| $[BF_4]^-$ | aq | 358,0 | — | kalor. | [127] | — | — |
| | | | Aluminium | | | | |
| $[AlF_6]^{3-}$ | aq | 593 | —2 | kalor. | [61] | — | — |
| $Na_3AlF_6$ | k | 758,0 | 20,35 | ,, | [61] | — | — |
| $K_3AlF_6$ | k | 777,0 | 44,40 | ,, | [61] | — | — |
| $Na_3AlF_6 \cdot 3{}^1/_2H_2O$ | k | 1020,04 | — | ,, | [61] | — | — |
| $K_3AlF_6 \cdot 3{}^1/_2H_2O$ | k | 1033,4 | — | ,, | [61] | — | — |
| $[AlCl_4]^-$ | g | (284) | (1316) | theor. (1) | — | — | (3,0) |
| $LiAlCl_4$ | k | 267,8 | 2,92 | kalor. | [58] | — | — |
| $NaAlCl_4$[43] | k | 271,8 | 6,65 | ,, | [158] | — | — |
| $KAlCl_4$[44] | k | 283,8 | 12,42 | kalor. | [158] | — | — |
| $NH_4AlCl_4$ | k | 255,1 | 13,26 | ,, | [61] | — | — |

Fortsetzung

| Verbindung | Zustand | $-\Delta H°$ | $Q$ | Bestimmungsmethode | Literatur | $L$ | Ionenradius |
|---|---|---|---|---|---|---|---|
| | | | Aluminium (Fortsetzung) | | | | |
| $AgAlCl_4$ | k | 199,6 | 2,50 | kalor. | [61] | — | — |
| $Ba(AlCl_4)_2$ | k | 545,2 | 5,29 | ,, | [61] | — | — |
| $Na_3AlCl_6$ | k | 471,6 | 9,76 | ,, | [61] | — | — |
| $K_3AlCl_6$ | k | 498,2 | 18,32 | ,, | [61] | — | — |
| $[AlBr_4]^-$ | g | (240) | (1287) | theor. (1) | — | — | (3,1) |
| $LiAlBr_4$ | k | 218,3 | 7,8 | kalor. | [158] | — | — |
| $NaAlBr_4$ | k | 223,5 | 10,1 | ,, | [158] | — | — |
| $KAlBr_4$ | k | 236,8 | 16,0 | ,, | [158] | — | — |
| $NH_4AlBr_4$ | k | 204,8 | 13,45 | ,, | [160] | — | — |
| $AgAlBr_4$ | k | 164,4 | 13,9 | ,, | [158] | — | — |
| $LiBr \cdot 2AlBr_3$ | k | 342,1 | 4,9 | ,, | [158] | — | — |
| $NaBr \cdot 2AlBr_3$ | k | 347,1 | 7,0 | ,, | [158] | — | — |
| $KBr \cdot 2AlBr_3$ | k | 361,4 | 13,9 | ,, | [158] | — | — |
| $AgBr \cdot 2AlBr_3$ | k | 284,1 | 6,9 | ,, | [158] | — | — |
| $NH_4Br \cdot 2AlBr_3$ | k | 333,6 | 15,62 | ,, | [160] | — | — |
| $NH_4Br \cdot 3AlBr_3$ | k | 460,9 | 16,15 | | [160] | | |
| | | | Silicium | | | | |
| $[SiF_6]^{2-}$ | aq | 544,0 | — | kalor. | [159] | — | — |
| $Li_2SiF_6$ | k | 677,0 | 25,2 | ,, | [161] | $2,0_{800}$ | — |
| $Na_2SiF_6$ | k | 666,3 | 35,2 | ,, | [161] | —10,0 | — |
| $K_2SiF_6$ | k | 681,9 | 52,8 | ,, | [161] | —16,5 | — |
| $BaSiF_6$ | k | 678,2 | 30,2 | ,, | [161] | — 5,8 | — |
| $(NH_4)_2SiF_6$ | k | 620,0 | 36,6 | ,, | [162] | — 8,47 | — |
| | | | Zinn | | | | |
| $SnF_6^{2-}$ | aq | 469,8 | — | kalor. | [27] | — | — |
| $K_2SnCl_4 \cdot H_2O$ | k | 363,2 | — | ,, | [27] | — | — |
| $[SnCl_6]^{2-}$ | g | (235) | (2082) | theor. (1) | — | — | 2,98 |
| $K_2SnCl_6$ | k | 360,21 | 23,95 | kalor. | [27] | — | — |
| | | | Blei | | | | |
| $Na_4Pb(S_2O_3)_3$ | k | 678,1 | 10,6 | kalor. | [151] | — 3,8 | — |
| $Pb(S_2O_3)_3^{4-}$ | aq | 444,3 | 7,6 | ,, | [151] | — | — |
| | | | Titan | | | | |
| $TiF_6^{2-}$ | aq | 557,5 | — | kalor. | [27] | — | — |
| | | | Thorium | | | | |
| $Li_2ThCl_6$ | k | 535,0 | 4,67 | kalor. | [163] | 68,83 | — |
| $Na_2ThCl_6$ | k | 536,0 | 4,3 | ,, | [163] | 50,04 | — |
| $K_2ThCl_6$ | k | 552,9 | 9,14 | ,, | [163] | 39,12 | — |
| $Rb_2ThCl_6$ | k | 564,5 | 19,3 | ,, | [163] | 27,5 | — |
| $Cs_2ThCl_6$ | k | 562,5 | 14,9 | ,, | [163] | 32,46 | — |
| $Rb_4ThCl_8$ | k | 781,7 | 26,3 | ,, | [163] | 10,65 | — |
| $Cs_4ThCl_8$ | k | 778,3 | 18;11 | ,, | [163] | 19,79 | — |
| $LiCl \cdot ThCl_4 \cdot 8H_2O$ | k | 1017,3 | — | ,, | [163] | 25,2 | — |

Fortsetzung

| Verbindung | Zustand | $-\Delta H°$ | $Q$ | Bestimmungsmethode | Literatur | $L$ | Ionenradius |
|---|---|---|---|---|---|---|---|
| | | | Thorium (Fortsetzung) | | | | |
| $NaCl \cdot ThCl_4 \cdot 10H_2O$ | k | 1178,4 | — | kalor. | [163] | —5,74 | — |
| $KCl \cdot ThCl_4 \cdot 9H_2O$ | k | 1103,3 | — | „ | [163] | 3,5 | — |
| $Rb_2ThCl_6 \cdot 9H_2O$ | k | 1207,7 | — | „ | [163] | 0,6 | — |
| $Cs_2ThCl_6 \cdot 8H_2O$ | k | 1139,4 | — | „ | [163] | 2,6 | — |
| | | | Antimon und Wismut | | | | |
| $H_3SbF_6$ | aq | 443,5 | — | kalor. | [1] | — | — |
| $Na_3SbS_3$ | aq | 197 | — | „ | [13] | — | — |
| $SrBi_2S_4$ | k | 143,3 | 4,17 | „ | [164] | — | — |
| $BaBi_2S_4$ | k | 150,6 | 13,38 | „ | [164] | — | — |
| | | | Mangan | | | | |
| $(NH_4)_2MnCl_4 \cdot 2H_2O$ | k | 413,5 | — | kalor. | [165] | —5,70 | — |
| $H_2MnCl_6$ | aq | 215 | — | „ | [13] | — | — |
| | | | Eisen | | | | |
| $[Fe(CN)_6]^{4-}$ | aq | —121,6 | 67,2 | kalor. | [166] | — | — |
| $HFe(CN)_6^{3-}$ | aq | —121,7 | 67,1 | „ | [166] | — | — |
| $H_2Fe(CN)_6^{2-}$ | aq | —121,9 | 66,9 | „ | [13, 166] | — | — |
| $H_3Fe(CN)_6^{-}$ | aq | —122,2 | 66,6 | „ | [13, 166] | — | — |
| $H_4Fe(CN)_6$ | k | —122,9 | — | „ | [166, 167] | 0,4 | — |
| $K_4[Fe(CN)_6]$ | k | 131,9 | — | „ | [13] | —12,4 | — |
| $K_4[Fe(CN)_6] \cdot 3H_2O$ | k | 340 | — | „ | [13] | — | — |
| $Ba_2[Fe(CN)_6 \cdot 6H_2O$ | k | 556,6 | — | kalor. | [13, 166] | —11,4 | — |
| $Ca_2[Fe(CN)_6] \cdot 12H_2O$ | k | 963,2 | — | „ | [13, 166] | — 4,6 | — |
| $Zn_2[Fe(CN)_6]$ | k | — 40,0 | — | „ | [13, 166] | — | — |
| $(NH_4)_4$ $[Fe(CN)_6]3H_2O$ | k | 216,1 | — | „ | [13, 166] | — 6,8 | — |
| $Fe_4[Fe(CN)_6]_3$ | k | —319 | — | „ | [13] | — | — |
| $[Fe(CN)_6]^{3-}$ | aq | —146,7 | 53,4 | „ | [13] | — | — |
| $K_3[Fe(CN)_6]$ | k | 48,3 | — | „ | [13] | —14,4 | — |
| | | | Kobalt* | | | | |
| $[Co(NO_2)_6]^{3-}$ | g | 4 | $x$—206 | theor. (1) | — | 483 | (2,5) |
| | aq | 157,9 | 6,1—$y$ | kalor. | — | — | — |
| $Co^{3+}$ | g | —$x$ | — | — | — | — | — |
| | aq | $y$ | — | — | — | — | — |
| $Na_3[Co(NO_2)_6]$ | $k_{25°}$ | 347,8 | — | kalor. | [168] | —17,4 | — |
| $[Co(NH_3)_6] \cdot$ $\cdot [Co(NO_2)_6]$ | $k_{25°}$ | 325,4 | — | „ | [168] | — | — |
| $[Co(NH_3)_5H_2O] \cdot$ $[Co(NO_2)_6]$ | $k_{25°}$ | 368,5 | — | „ | [168] | — | — |
| $[Co(NH_3)_5NO_2]_3 \cdot$ $\cdot [Co(NO_2)_6]_2$ | k | 822,5 | — | „ | [168] | — | — |
| $[Co(C_2O_4)_3]^{3-}$ | aq | 575,8 | -11,0-$y$ | „ | [168] | — | — |
| $K_3[Co(C_2O_4)_3] \cdot$ $\cdot 3H_2O$ | k | 979,5 | — | „ | [168] | — | — |
| $[Co(NH_3)_6] \cdot$ $\cdot [Co(C_2O_4)_3] \cdot 3H_2O$ | k | 941,5 | — | „ | [168] | — | — |

* — $x$ — Bildungswärme von $Co^{3+}$ im Gaszustand; $y$ — Bildungswärme von $Co^{3}$ in wäßriger Lösung.

Fortsetzung

| Verbindung | Zustand | $-\Delta H^\circ$ | $Q$ | Bestimmungsmethode | Literatur | $L$ | Ionenradius |
|---|---|---|---|---|---|---|---|
| | | | Nickel | | | | |
| $[Ni(CN)_4]^{2-}$ | aq | —80,4 | 44,0 | kalor. | [13] | — | — |
| | | | Rhodium | | | | |
| $[RhCl_6]^{3-}$ | aq | 205,5 | — | kalor. | [169] | — | — |
| $Na_3RhCl_6$ | k | 370,1 | 15,1 | ,, | [169] | $7{,}83_{6000}$ | — |
| $Na_3RhCl_6 \cdot 12H_2O$ | k | 1218,19 | — | ,, | [169] | $-20{,}56_{5500}$ | — |
| | | | Palladium* | | | | |
| $Pd^{2+}$ | aq | $-x$ | — | — | — | — | — |
| $[PdCl_4]^{2-}$ | aq | 127,5 | $x$–31,3 | kalor. | [27] | — | — |
| $K_2PdCl_4$ | k | 261,6 | 8,7 | ,, | [27] | —13,64 | — |
| $[PdBr_4]^{2-}$ | aq | 85,5 | $x$–29,3 | ,, | | — | — |
| $K_2PdBr_4$ | k | 218,3 | 19,9 | ,, | [170] | —12,3 | — |
| $[PdCl_6]^{2-}$ | aq | 156,5 | — | ,, | [27] | — | — |
| $K_2PdCl_6$ | k | 292 | — | ,, | [27] | —15,0 | — |
| | | | Iridium** | | | | |
| $[IrCl_6]^{2-}$ | aq | 152,5 | — | kalor. | [169] | — | — |
| $IrCl_4$ | k | $x$ | — | — | — | — | — |
| $K_2IrCl_6$ | k | 286,1 | 77,4–$x$ | kalor. | [169] | —13,1 | — |
| $Rb_2IrCl_6$ | k | 293,9 | 83,7–$x$ | theor. (4) | — | —19,3 | — |
| $Cs_2IrCl_6$ | k | 299,4 | 86,8–$x$ | ,, (4) | — | 22,8 | — |
| $[IrCl_6]^{3-}$ | aq | 186,8 | — | kalor. | [169] | — | — |
| $K_3IrCl_6$ | k | 375,5 | 1,9 | ,, | [169] | $-7{,}9_{5800}$ | — |
| | | | Platin*** | | | | |
| $[PtCl_4]^{2-}$ | aq | 122,0 | $y$–36,8 | kalor. | [27] | — | — |
| $[Pt^{2+}$ | aq | $-y$ | — | — | — | — | — |
| $K_2[PtCl_4]$ | k | 254,7 | 12,0 | kalor | [27] | —12,15 | — |
| $(NH_4)_2PtCl_4$ | k | 193,3 | 9,4 | ,, | [27] | — 8,42 | — |
| $[PtBr_4]^{2-}$ | aq | 90,2 | $y$–24,6 | ,, | [27] | — | — |
| $K_2[PtBr_4]$ | k | 221,3 | — | ,, | [27] | — | — |
| $Pt^{4+}$ | aq | $-z$ | — | — | — | — | — |
| $[PtCl_6]^{2-}$ | aq | 165,6 | $z$–72,4 | kalor. | [27] | — | — |
| $Na_2[PtCl_6]$ | k | 272,1 | 13,8 | ,, | [27] | $[8{,}49_{800}]$ | — |
| $K_2[PtCl_6]$ | k | 299,6 | 28,3 | ,, | [27] | —13,4 | — |
| $Rb_2[PtCl_6]$ | k | 308,5 | 35,7 | theor. (4) | — | —20,8 | — |
| $Cs_2[PtCl_6]$ | k | 313,4 | 38,2 | ,, (4) | — | —23,7 | — |
| $Ag_2[PtCl_6]$ | k | 129,9 | 6,7 | kalor. | [171] | — | — |
| $Ba[PtCl_6]$ | k | 284,9 | 17,0 | ,, | [169] | $9{,}06_{5000}$ | — |
| $Tl_2[PtCl_6]$ | k | 182,8 | 23,0 | theor. (4) | — | —18,8 | — |
| $(NH_4)_2[PtCl_6]$ | k | 242,5 | 30,0 | ,, (4) | — | —14,0 | — |
| $Na_2[PtCl_6] \cdot 2H_2O$ | k | 417,4 | — | kalor. | [27] | $-0{,}10_{667}$ | — |
| $Na_2[PtCl_6] \cdot 6H_2O$ | k | 701,4 | — | ,, | [27] | $-10{,}57_{900}$ | — |
| $Ba[PtCl_6] \cdot 6H_2O$ | k | 556,6 | — | ,, | [169] | —11,4 | — |

* $-x$ — Bildungswärme von $Pd^{2+}$ in wäßriger Lösung.
** $x$ — Bildungswärme von $IrCl_4$ im kristallisierten Zustand.
*** $-y$ — Bildungswärme von $Pt^{2+}$ in wäßriger Lösung.
$-z$ — Bildungswärme von $Pt^{4+}$ in wäßriger Lösung.

Fortsetzung

| Verbindung | Zustand | $-\Delta H°$ | $Q$ | Bestimmungsmethode | Literatur | $L$ | Ionenradius |
|---|---|---|---|---|---|---|---|
| | | | Platin (Fortsetzung) | | | | |
| $H_2[PtCl_6]\cdot 6H_2O$ | k | 571,5 | — | kalor. | [171] | $4{,}34_{500}$ | — |
| $[PtBr_6]^{2-}$ | aq | 115,9 | z–56,1 | ,, | [27] | — | — |
| $Na_2[PtBr_6]$ | k | 221,3 | 7,2 | ,, | [27] | 9,9 | — |
| $K_2[PtBr_6]$ | k | 248,2 | 19,5 | ,, | [27] | —12,21 | — |
| $Ag_2[PtBr_6]$ | k | 97,3 | 9,1 | ,, | [171] | — | — |
| $(NH_4)_2[PtBr_6]$ | k | 192,5 | 22,7 | theor. (4) | — | —13,7 | — |
| $H_2[PtBr_6]\cdot 9H_2O$ | k | 733,8 | — | kalor. | [171] | —2,86 | — |
| $Na_2[PtBr_6]\cdot 6H_2O$ | k | 649,9 | — | ,, | [27] | $-8{,}51_{600}$ | — |
| $[PtJ_6]^{2-}$ | aq | 52,4 | z–27,8 | ,, | [171] | — | — |

### 3. *Komplexverbindungen mit ungleichartigen Liganden (Heterogener Typ)*

| Verbindung | Zustand | $-\Delta H^\circ$ | $Q$ | Bestimmungsmethode | Literatur | $L$ | Ionenradius |
|---|---|---|---|---|---|---|---|
| | | | **Kupfer** | | | | |
| $[Cu(NH_3)_4(H_2O)_2]Cl_2$ | k | 311,0 | 98,0 | kalor. | [172] | — | — |
| $CuCl_2 \cdot 5NH_3 \cdot {}^3/_2H_2O$ | k | 292,9 | 97,8 | ,, | [172] | — | — |
| $CuCl_2 \cdot 5NH_3 \cdot {}^1/_2H_2O$ | k | 224,3 | 87,2 | ,, | [172] | — | — |
| $CuCl_2 \cdot 4NH_3 \cdot {}^3/_2H_2O$ | k | 275,9 | 92,0 | ,, | [172] | — | — |
| $CuCl_2 \cdot 2NH_3 \cdot {}^1/_4H_2O$ | k | 136,9 | 47,0 | ,, | [172] | — | — |
| | | | **Zink** | | | | |
| $[Zn(NH_3)_5H_2O]Cl_2$ | k | 294,1 | 81,7 | kalor. | [173] | — | — |
| | | | **Quecksilber** | | | | |
| $[Hg(CN)_2Cl]^-$ | aq | —24,9 | 46,8 | kalor. | [174] | — | — |
| $K[Hg(CN)_2Cl]$ | k | 44,1 | 1,6 | ,, | [174] | — 8,8 | — |
| $K[Hg(CN)_2Cl] \cdot H_2O$ | k | 114,0 | — | ,, | [174] | —10,3 | — |
| $NaHg(CN)_2Cl \cdot {}^1/_4H_2O$ | k | 125,9 | — | ,, | [174] | — 7,95 | — |
| $Mg[Hg(CN)_2Cl]_2 \cdot 6H_2O$ | k | 480,9 | — | ,, | [174] | —10,3 | — |
| $Ca[Hg(CN)_2Cl]_2 \cdot 6H_2O$ | k | 504,3 | — | ,, | [174] | —14,6 | — |
| $Sr[Hg(CN)_2Cl]_2 \cdot 6H_2O$ | k | 505,8 | — | ,, | [174] | —15,8 | — |
| $Ba[Hg(CN)_2Cl]_2 \cdot 5H_2O$ | k | 437,2 | — | ,, | [174] | —17,1 | — |
| $NH_4[Hg(CN)_2Cl] \cdot {}^3/_4H_2O$ | k | 65,4 | — | ,, | [174] | — 7,55 | — |
| $[Hg(CN)_2Cl_2]^{2-}$ | aq | 14,8 | 46,8 | ,, | [174] | — | — |
| $Zn[Hg(CN)_2Cl]_2 \cdot 7H_2O$ | k | 477,2 | — | ,, | [174] | —13,4 | — |
| $Cd[Hg(CN)_2Cl_2] \cdot 2H_2O$ | k | 174,5 | — | ,, | [174] | — 9,3 | — |
| $[Hg(CN)_2Br]^-$ | aq | —35,5 | 47,2 | ,, | [175] | — | — |
| $K[Hg(CN)_2Br]$ | k | 36,4 | 3,90 | ,, | [13, 175] | —11,6 | — |
| $K[Hg(CN)_2Br] \cdot 1^1/_2H_2O$ | k | 139,8 | — | ,, | [13, 175] | — | — |
| $Na[Hg(CN)_2Br] \cdot 2H_2O$ | k | 163,14 | — | ,, | [175] | —11,90 | — |
| $Li[Hg(CN)_2Br] \cdot 3^1/_2H_2O$ | k | 279,3 | — | ,, | [175] | — 9,1 | — |
| $Mg[Hg(CN)_2Br]_2 \cdot 8H_2O$ | k | 601,5 | — | ,, | [175] | —16,0 | — |
| $Ca[Hg(CN)_2Br]_2 \cdot 7H_2O$ | k | 556,8 | — | ,, | [175] | —19,8 | — |
| $Sr[Hg(CN)_2Br]_2 \cdot 6H_2O$ | k | 487,7 | — | ,, | [175] | —18,6 | — |
| $Ba[Hg(CN)_2Br]_2 \cdot 6H_2O$ | k | 488,4 | — | ,, | [175] | —21,0 | — |
| $NH_4[Hg(CN)_2Br] \cdot H_2O$ | k | 74,8 | — | ,, | [175] | —10,48 | — |
| $Zn[Hg(CN)_2Br]_2 \cdot 8H_2O$ | k | 532,4 | — | ,, | [175] | —20,8 | — |
| $Cd[Hg(CN)_2Br]_2 \cdot 3H_2O$ | k | 167,1 | — | ,, | [175] | —12,5 | — |
| $[Hg(CN)_2J]^-$ | aq | —48,9 | 49,2 | ,, | [176] | — | — |
| $K[Hg(CN)_2J]$ | k | 23,6 | 6,5 | ,, | [176] | —11,9 | — |
| $K[Hg(CN)_2J] \cdot {}^1/_4H_2O$ | k | 41,1 | — | ,, | [176] | — | — |
| $Na[Hg(CN)_2J] \cdot 2H_2O$ | k | 156,8 | — | ,, | [176] | —11,20 | — |
| $Li[Hg(CN)_2J] \cdot 3^1/_2H_2O$ | k | 267,5 | — | ,, | [176] | —10,3 | — |
| $Mg[Hg(CN)_2J]_2 \cdot 8H_2O$ | k | 579,6 | — | ,, | [176] | —20,0 | — |
| $Ca[Hg(CN)_2J]_2 \cdot 6H_2O$ | k | 464,8 | — | ,, | [176] | —22,4 | — |
| $Sr[Hg(CN)_2J]_2 \cdot 7H_2O$ | k | 533,0 | — | ,, | [176] | —21,8 | — |
| $Ba[Hg(CN)_2J]_2 \cdot 4H_2O$ | k | 326,2 | — | ,, | [176] | —22,0 | — |
| $Cd[Hg(CN)_2J]_2 \cdot 8H_2O$ | k | 489,2 | — | ,, | [176] | —22,3 | — |
| $NH_4[Hg(CN)_2J] \cdot {}^1/_4H_2O$ | k | 11,8 | — | ,, | [176] | —12,25 | — |
| $[Hg(CN)_2J_2]^{2-}$ | aq | —34,4 | 50,4 | ,, | [176] | — | — |

Fortsetzung

| Verbindung | Zustand | $-\Delta H°$ | $Q$ | Bestimmungsmethode | Literatur | $L$ | Ionenradius |
|---|---|---|---|---|---|---|---|
| | | | Aluminium | | | | |
| $NaCl \cdot AlBr_3$ | k | 234,9 | 9,93 | kalor. | [158] | — | — |
| $KCl \cdot AlBr_3$ | k | 245,4 | 14,6 | ,, | [158] | — | — |
| $NH_4Cl \cdot AlBr_3$ | k | 218,3 | 16,59 | ,, | [160] | — | — |
| $NaCl \cdot 2AlBr_3$ | k | 360,8 | 9,15 | ,, | [158] | — | — |
| $KCl \cdot 2AlBr_3$ | k | 374,7 | 16,9 | ,, | [158] | — | — |
| $NH_4Cl \cdot 2AlBr_3$ | k | 345,8 | 17,36 | ,, | [160] | — | — |
| $NaBr \cdot AlCl_3$ | k | 257,0 | 3,52 | ,, | [158] | — | — |
| $KBr \cdot AlCl_3$ | k | 271,5 | 10,63 | ,, | [158] | — | — |
| $NH_4J \cdot AlBr_3$ | k | 186,9 | 11,82 | ,, | [160] | — | — |
| $NH_4J \cdot 2AlBr_3$ | k | 314,0 | 12,24 | ,, | [160] | — | — |
| | | | Thorium | | | | |
| $[ThOCl_3]^-$ | g | 430 | — | kalor. | [1] | — | (2,4) |
| $Li[ThOCl_3]$ | k | 448,7 | 15,13 | ,, | [177] | — | — |
| $Na[ThOCl_3]$ | k | 438,6 | 4,33 | ,, | [177] | — | — |
| $K[ThOCl_3]$ | k | 448,1 | 7,69 | ,, | [177] | — | — |
| $Rb[ThOCl_3]$ | k | 454,4 | 13,3 | ,, | [177] | — | — |
| $Cs[ThOCl_3]$ | k | 454,2 | 11,86 | ,, | [177] | — | — |
| | | | Chrom | | | | |
| $[Cr(H_2O)_5OH]^{2+}$ | aq | 444,7 | —16,5 | diss. | [178] | — | — |
| $[Cr(H_2O)_4(OH)_2]^+$ | aq | 428,3 | —19,2 | ,, | [178] | — | — |
| $[Cr(H_2O)_4Cl_2]^+$ | aq | 407,7 | — 9,9 | kalor. | [179] | — | — |
| $[Cr(H_2O)_4Cl_2]Cl$ | k | 438,7 | — | ,, | [180] | 8,4 | — |
| $[Cr(H_2O)_4Cl_2]Cl \cdot 2H_2O$ | k | 583,9 | — | ,, | [179] | —0,04 | — |
| $[Cr(H_2O)_4Cl_2]Cl \cdot 6H_2O$ | k | 857,2 | — | ,, | [180] | 0,0 | — |
| $[Cr(H_2O)_4Br_2]^+$ | aq | 383,3 | —12,3 | ,, | [179] | — | — |
| $[Cr(H_2O)_4Br_2]Br \cdot 2H_2O$ | k | 548,0 | — | ,, | [179] | 0,68 | — |
| $KCrO_3Cl$ | k | 246,4 | — | ,, | [181] | — | — |
| $[Cr(NH_3)_5Cl]Cl_2 \cdot NH_3$ | k | — | 11,6 | ,, | [115] | — | — |
| $[Cr(NH_3)_5Cl]Cl_2 \cdot 4NH_3$ | k | — | 36,8 | ,, | [115] | — | — |
| $[CrEn_3]Cl_3 \cdot 2NH_3$ | k | — | 19,8 | ,, | [115] | — | — |
| $[CrEn_3]Cl_3 \cdot 4NH_3$ | k | — | 38,4 | ,, | [115] | — | — |
| | | | Uran | | | | |
| $NH_4UO_2(C_2H_3O_2)_3 \cdot$ $\cdot 6H_2O$ | k | 1042,3 | — | kalor. | [182] | —3,8 | — |
| $K_2UO_2Cl_4 \cdot 2H_2O$ | k | 656,3 | — | ,, | [182] | —2,0 | — |
| | | | Eisen | | | | |
| $FeCO(CN)_5]^{3-}$ | aq | —42,9 | — | kalor. | [1,183] | — | — |
| $H_3[FeCO(CN)_5] \cdot H_2O$ | k | 19,9 | — | ,, | [1,183] | — | — |
| $Na_3[FeCO(CN)_5]$ | k | 124,3 | — | ,, | [1,184] | $5{,}2_{3800}$ | — |
| $K_3[FeCO(CN)_5]$ | k | 143,1 | — | ,, | [1,184] | — 5,1 | — |
| $Ba_3[FeCO(CN)_5]_2$ | k | 283,3 | — | ,, | [1,184] | 16,9 | — |
| $Sr_3[FeCO(CN)_5]_2$ | k | 266,5 | — | ,, | [1,184] | 39,9 | — |
| $Na_3]FeCO(CN)_5] \cdot 7H_2O$ | k | 615,5 | — | ,, | [1,184] | — 7,4 | — |
| $K_3[FeCO(CN)_5] \cdot$ $\cdot 3^1/_2H_2O$ | k | 388,2 | — | ,, | [1,184] | —10,9 | — |

Fortsetzung

| Verbindung | Zustand | $-\Delta H^\circ$ | $Q$ | Bestimmungsmethode | Literatur | $L$ | Ionenradius |
|---|---|---|---|---|---|---|---|
| | | | Eisen (Fortsetzung) | | | | |
| $Ba_3[FeCO(CN)_5]_2 \cdot 11H_2O$ | k | 1059,2 | — | kalor. | [1,184] | — 6,9 | — |
| $Sr_3[FeCO(CN)_5]_2 \cdot 4H_2O$ | k | 547,5 | — | ,, | [1,184] | 32,4 | — |
| $KCa[FeCO(CN)_5] \cdot 5H_2O$ | k | 933 | — | ,, | [1,185] | — | — |
| | | | Kobalt* | | | | |
| $[Co(NH_3)_5H_2O]^{3+}$ | g | —619 | $x$–732 | theor. (1) | — | 504 | (2,4) |
| | aq | 188,1 | 23,0–$y$ | kalor. | — | — | — |
| $Co^{3+}$ | g | —$x$ | — | — | — | — | — |
| | aq | $y$ | — | — | — | — | — |
| $[Co(NH_3)_5H_2O]Cl_3$ [45] | $k_{25}$° | 312,7 | — | kalor. | [119] | — 5,9 | — |
| $[Co(NH_3)_5H_2O]Br_3$ | k | 285,3 | — | ,, | [186] | — 9,2 | — |
| $[Co(NH_3)_5H_2O]J_3$ | k | 240,9 | — | ,, | [186] | —12,6 | — |
| $[Co(NH_3)_5H_2O](NO_3)_3$ | k | 335,7 | — | ,, | [186] | —15,4 | — |
| $[Co(NH_3)_4(H_2O)_2]^{3+}$ | g | —572 | $x$–732 | theor. (1) | — | 505 | (2,4) |
| | aq | 235,7 | 21,5–$y$ | kalor. | — | — | — |
| $[Co(NH_3)_4(H_3O)_2]Cl_3$ | $k_{25}$° | 360,6 | — | ,, | [119] | — 5,8 | — |
| $[Co(NH_3)_5Cl]^{2+}$ | g | —257 | $x$–374 | theor. (1) | — | 211 | (2,36) |
| | $aq_{25}$° | 156,1 | 19,7–$y$ | kalor. | [187] | — | — |
| $[Co(NH_3)_5Cl]Cl_2$ | $k_{25}$° | 247,9 | — | ,, | [187] | —12,4 | — |
| $[Co(NH_3)_5Cl]Br_2$ | $k_{25}$° | 227,1 | — | ,, | [187] | —14,0 | — |
| $[Co(NH_3)_5Cl]J_2$ | $k_{25}$° | 198,5 | — | ,, | [187] | —15,6 | — |
| $[Co(NH_3)_5Cl](NO_3)_2$ | $k_{25}$° | 271,3 | — | ,, | [187] | —16,8 | — |
| $[Co(NH_3)_5Cl]C_2O_4$ | $k_{25}$° | 361,6 | — | theor. (4) | [187] | —11,6 | — |
| $[Co(NH_3)_5Cl](ClO_4)_2$ | k | 252,8 | — | ,, (4) | — | —17,7 | — |
| $[Co(NH_3)_5Cl]Picr_2$ | k | 342,4 | — | ,, (4) | — | —17,3 | — |
| $[Co(NH_3)_5Cl]SO_4$ | k | 374,9 | — | ,, (4) | — | — 3,0 | — |
| $[Co(NH_3)_5Cl]SiF_6$ | k | 711,1 | — | ,, (4) | — | —11,0 | — |
| $[Co(NH_3)_5Cl]CrO_4$ | k | 371,9 | — | ,, (4) | — | — 7,9 | — |
| $[Co(NH_3)_5Cl](JO_3)_2$ | k | 280,2 | — | ,, (4) | — | —15,1 | — |
| $[Co(NH_3)_5Cl]PtCl_6$ | k | 333,8 | — | ,, (4) | — | —12,1 | — |
| $[Co(NH_3)_5Cl] \cdot [Co(NH_3)_2(NO_2)_4]_2$ | k | 512,4 | — | ,, (4) | — | —26,5 | — |
| $[Co(NH_3)_5Br]^{2+}$ | g | —263 | $x$–377 | ,, (1) | — | 208 | (2,43) |
| | aq | 146,8 | 21,4–$y$ | kalor. | — | — | — |
| $[Co(NH_3)_5Br]Br_2$ | k | 216,8 | — | ,, | [186] | —12,7 | — |
| $[Co(NH_3)_5Br]Cl_2$ | k | 236,0 | — | theor. (4) | — | — 9,8 | — |
| $[Co(NH_3)_5Br]J_2$ | k | 187,6 | — | ,, (4) | — | —14,1 | — |
| $[Co(NH_3)_5Br](ClO_4)_2$ | k | 240,3 | — | ,, (4) | — | —14,5 | — |
| $[Co(NH_3)_5Br]SO_4$ | k | 362,6 | — | ,, (4) | — | 0,0 | — |
| $[Co(NH_3)_5Br]CrO_4$ | k | 359,9 | — | ,, (4) | — | — 4,5 | — |
| $[Co(NH_3)_5Br]SiF_6$ | k | 697,7 | — | ,, (4) | — | — 6,9 | — |
| $[Co(NH_3)_5Br](NO_3)_2$ | k | 260,2 | — | ,, (4) | — | —15,6 | — |
| $[Co(NH_3)_5Br]Picr_2$ | k | 332,6 | — | ,, (4) | — | —16,8 | — |
| $[[Co(NH_3)_5J]^{2+}$ | g | —265 | $x$–373 | ,, (1) | — | — | (2,57) |
| $[Co(NH_3)_5J]Cl_2$ | $k_{25}$° | 222,3 | — | kalor. | [187] | — | — |
| $[Co(NH_3)_5J](NO_3)_2$ | $k_{25}$° | 248,6 | — | ,, | [187] | — | — |
| $[Co(NH_3)_5SO_4]^+$ | aq | 331,9 | 19,4–$y$ | ,, | [187] | — | — |
| $[Co(NH_3)_5SO_4]J$ | $k_{25}$° | 355,4 | — | ,, | [187] | — | — |

* — $x$ — Bildungswärme von $Co^{3}$ im Gaszustand;
$y$ — Bildungswärme von $Co^{3}$ in wässr. Lösung.

Fortsetzung

| Verbindung | Zustand | $-\Delta H°$ | $Q$ | Bestimmungsmethode | Literatur | $L$ | Ionenradius |
|---|---|---|---|---|---|---|---|
| | | | **Kobalt (Fortsetzung)** | | | | |
| $[Co(NH_3)_3SO_4]NO_3$ | $k_{25°}$ | 393,0 | — | kalor. | [187] | —11,8 | — |
| $[Co(NH_3)_5NO_2]^{2+}$ | g | —267 | $x$-355 | theor. (1) | — | 218 | (2,30) |
| | $aq_{25°}$ | 153,1 | 31,1-$y$ | kalor. | [187] | — 9,6 | — |
| $[Co(NH_3)_5NO_2]Cl_2$ | $k_{25°}$ | 242,1 | — | „ | [187] | — 9,6 | — |
| $[Co(NH_3)_5NO_2]Br_2$ | $k_{25°}$ | 223,0 | — | „ | [187] | —12,7 | — |
| $[Co(NH_3)_5NO_2]J_2$ | $k_{25°}$ | 192,2 | — | „ | [187] | —12,4 | — |
| $[Co(NH_3)_5NO_2](NO_3)_2$ | $k_{25°}$ | 265,9 | — | „ | [187] | —14,5 | — |
| $[Co(NH_3)_5NO_2](ClO_4)_2$ | k | 249,3 | — | theor. (4) | [187] | —17,2 | — |
| $[Co(NH_3)_5NO_2]SO_4$ | k | 370,3 | — | „ (4) | — | — 1,4 | — |
| $[Co(NH_3)_5NO_2]CrO_4$ | k | 365,7 | — | „ (4) | — | — 4,7 | — |
| $[Co(NH_3)_5NO_2]\cdot$ $\cdot[Co(NH_3)_2(NO_2)_4]_2$ | k | 507,4 | — | „ (4) | — | —24,5 | — |
| $[Co(NH_3)_5NO_2]Picr_2$ | k | 340,1 | — | „ (4) | — | —18,0 | — |
| $[Co(NH_3)_5NO_2]SiF_6$ | k | 706,1 | — | „ (4) | — | — 9,0 | — |
| $[Co(NH_3)_5NO_2]C_2O_4$ | $k_{25°}$ | 358,4 | — | kalor. | [187] | — | — |
| $[Co(NH_3)_5NO_3]Cl_2$ | $k_{25°}$ | 258,3 | — | „ | [187] | —11,4 | — |
| $[Co(NH_3)_5NO_3]J_2$ | $k_{25°}$ | 210,0 | — | „ | [187] | —14,1 | — |
| $[Co(NH_3)_5NO_3](NO_3)_2$[46] | $k_{25°}$ | 282,0 | — | „ | [187] | —14,8 | — |
| $[Co(NH_3)_5NO_3]^{2+}$ | k | —243 | $x$-378 | theor. (1) | — | 210 | (2,40) |
| | $aq_{25°}$ | 168,8 | 22,9-$y$ | kalor. | [187] | — | — |
| $[Co(NH_3)_4(H_2O)NO_3]\cdot$ $\cdot(NO_3)_2$ | $k_{25°}$ | 323,1 | — | „ | [188] | —12,7 | — |
| $[Co(NH_3)_5CO_3]^+$ | aq | 278,1 | 20,9-$y$ | „ | — | — | — |
| $[Co(NH_3)_5CO_3]NO_3\cdot H_2O$ | $k_{25°}$ | 407,9 | — | „ | [187] | —12,2 | — |
| $[Co(NH_3)_5HCO_2]^{2+}$ | g | —194 | $x$-357 | theor. (1) | — | 212 | (2,36) |
| $[Co(NH_3)_5HCO_2]^{2+}$ | $aq_{25°}$ | 219,7 | 23,2-$y$ | kalor. | [189] | — | — |
| $[Co(NH_3)_4(H_2O)NO_3]^{2+}$ | $aq_{25°}$ | 212,4 | 17,4-$y$ | „ | [188] | — | — |
| $[Co(NH_3)_5HCO_2]J_2$ | k | 261,2 | — | „ | [189] | —14,8 | — |
| $[Co(NH_3)_5HCO_2](NO_3)_2$ | $k_{25°}$ | 334,3 | — | „ | [189] | —16,4 | — |
| $[Co(NH_3)_5CNS]^{2+}$ | g | (—300) | ($x$-367) | theor. (1) | — | — | (2,43) |
| $[Co(NH_3)_5CNS](NO_3)_2$ | $k_{25°}$ | 221,7 | — | kalor. | [188] | — | — |
| trans-$[Co(NH_3)_4Cl_2]Cl$ | k | 214,8 | — | „ | [188] | — 8,29 | — |
| cis-$[Co(NH_3)_4Cl_2]Cl$ | k | 214,2 | — | „ | [188] | — 9,51 | — |
| trans-$[CoEn_2Cl_2]Cl$ | k | 171,9 | — | „ | [188] | — 5,34 | — |
| cis-$[CoEn_2Cl_2]Cl$ | k | 172,8 | — | „ | [188] | — 8,01 | — |
| trans-$[Co(NH_3)_4(NO_2)_2]Cl$ | $k_{25°}$ | 210,4 | — | „ | [168] | —10,5 | — |
| cis-$[Co(NH_3)_4(NO_2)_2]Cl$ | $k_{25°}$ | 209,3 | — | „ | [168] | — 9,4 | — |
| trans-$[Co(NH_3)_4(NO_2)_2]I$ | $k_{25°}$ | 184,4 | — | „ | [168] | —12,1 | — |
| cis-$[Co(NH_3)_4(NO_2)_2]I$ | $k_{25°}$ | 185,2 | — | „ | [168] | — | — |
| trans-$[Co(NH_3)_4(NO_2)_2]NO_3$ | $k_{25°}$ | 220,5 | — | „ | [168] | —11,9 | — |
| cis-$[Co(NH_3)_4(NO_2)_2]NO_3$ | $k_{25°}$ | 221,2 | — | „ | [168] | —12,2 | — |
| cis-$[CoEn_2(NO_2)_2]NO_3$ | $k_{25°}$ | 172,8 | — | „ | [168] | —10,3 | — |
| trans-$[CoEn_2Cl_2]NO_3$ | $k_{25°}$ | 186,2 | — | „ | [168] | —10,5 | — |
| trans-$[Co(NH_3)_4Cl_2]^+$ | aq | 165,8 | 9-$y$ | „ | [188] | — | — |
| cis-$[Co(NH_3)_4Cl]^+$ | aq | 165,0 | 8,2-$y$ | „ | [188] | — | — |
| trans-$[CoEn_2Cl_2]^+$ | aq | 126,9 | 18,5-$y$ | „ | [188] | — | — |
| cis-$[CoEn_2Cl_2]^+$ | aq | 125,1 | 16,7-$y$ | „ | [188] | — | — |
| trans-$[Co(NH_3)_4(NO_2)_2]^+$ | aq | 159,1 | 31,1-$y$ | „ | [168] | — | — |

Fortsetzung

| Verbindung | Zustand | $-\Delta H°$ | $Q$ | Bestimmungsmethode | Literatur | $L$ | Ionenradius |
|---|---|---|---|---|---|---|---|
| | | | Kobalt (Fortsetzung) | | | | |
| cis-$[Co(NH_3)_4(NO_2)_2]^+$ | aq | 159,9 | 31,9–$y$ | kalor. | [168] | — | — |
| cis-$[CoEn_2(NO_2)_2]^+$ | aq | 113,3 | 33,7–$y$ | ,, | [168] | — | — |
| $[Co(NH_3)_3(NO_2)_3]$ | k | 169,1 | — | ,, | [168] | — 9 | — |
| | aq | 160 | 23–$y$ | ,, | [168] | — | — |
| $[CoEnNH_3(NO_2)_3]$ | $k_{25°}$ | 147,5 | — | kalor. | [168] | — | — |
| $[Co(NH_3)_2(NO_2)_4]^-$ | g | 222,0 | $x$+69 | theor. (1) | — | — | (2,50) |
| | $aq_{25°}$ | 164,9 | 25,0–$y$ | kalor. | [168] | — | — |
| $K[Co(NH_3)_2(NO_2)_4]$ | $k_{25°}$ | 238,4 | — | ,, | [168] | —13,2 | — |
| $Rb[Co(NH_3)_2(NO_2)_4]$ | k | 240,9 | — | theor. (4) | — | —15,0 | — |
| $Cs[Co(NH_3)_2(NO_2)_4]$ | k | 242,6 | — | ,, (4) | — | —15,7 | — |
| $NH_4[Co(NH_3)_2(NO_2)_4]$ | $k_{25°}$ | 207,3 | — | kalor. | [168] | —10,9 | — |
| $[Co(NH_3)_2(NO_2)_2C_2O_4]^-$ | $aq_{25°}$ | 301,1 | 16,2–$y$ | ,, | [168] | — | — |
| $NH_4[Co(NH_3)_2 \cdot (NO_2)_2C_2O_4]$ | $k_{25°}$ | 342,2 | — | ,, | [168] | — 9,6 | — |
| $K[Co(NH_3)_2 \cdot (NO_2)_2C_2O_4]$ | k | 371,4 | — | ,, | [168] | — 9,7 | — |
| $Na[Co(NH_3)_2 \cdot (NO_2)_2C_2O_4]$ | k | 363,8 | — | ,, | [168] | — | — |
| $[CoEn_3]Cl_3 \cdot 4NH_3$ | k | — | 42,0 | diss. | [115] | — | — |
| trans-$[CoEn_2Cl_2]Cl \cdot NH_3$ | k | 194,0 | 11,1 | ,, | [115] | — | — |
| trans-$[CoEn_2NH_3Cl]Cl_2$ | k | 196,6 | — | ,, | [115] | — | — |
| trans-$[CoEn_2Cl_2]Cl \cdot 2NH_3$ | k | 214,5 | 20,6 | ,, | [115] | — | — |
| trans-$[CoEn_2NH_3Cl] \cdot Cl_2 \cdot NH_3$ | k | 219,2 | 11,6 | ,, | [115] | — | — |
| trans-$[CoEn_2Cl_2]Cl \cdot 4NH_3$ | k | 253,5 | 37,6 | ,, | [115] | — | — |
| trans-$[CoEn_2NH_3Cl]Cl_2 \cdot 3NH_3$ | k | 258,4 | 28,8 | ,, | [115] | — | — |
| cis-$[CoEn_2NH_3Cl]Cl_2$ | k | 199,9 | — | ,, | [115] | — | — |
| cis-$[CoEn_2Cl_2]Cl \cdot 2NH_3$ | k | 216,4 | 21,6 | ,, | [115] | — | — |
| cis-$[CoEn_2NH_3Cl]Cl_2 \cdot NH_3$ | k | 223,5 | 12,6 | ,, | [115] | — | — |
| cis-$[CoEn_2Cl_2]Cl \cdot 4NH_3$ | k | 255,6 | 38,8 | ,, | [115] | — | — |
| cis-$[CoEn_2NH_3Cl]Cl_2 \cdot 3NH_3$ | k | 266,1 | 33,2 | ,, | [115] | — | — |
| cis-$[CoEn_2NH_3Cl]Cl_2 \cdot 5NH_3$ | k | 305,7 | 50,8 | ,, | [115] | — | — |
| | | | Nickel | | | | |
| $[NiEn_3]Cl_2 \cdot 2NH_3$ | k | — | 20,4 | diss. | [115] | — | — |
| $[NiEn_3]Cl_2 \cdot 4NH_3$ | k | — | 38,0 | ,, | [115] | — | — |
| | | | Platin | | | | |
| $[H_3O]\,[PtCl_5H_2O]$ | k | 248,5 | — | kalor. | [171] | — | — |

*4. Polyhalogenide und Polysulfide*

| Verbindung | Zustand | $-\Delta H°$ | $Q$ | Bestimmungsmethode | Literatur | $L$ | Icnen-radius |
|---|---|---|---|---|---|---|---|
| | | | Polyhalogenide | | | | |
| $HClBr_2$ | k | — | (1,04) | diss. | [190] | — | — |
| $HClJ_2$ | k | — | (0,76) | ,, | [190] | — | — |
| $HBr_3$ | k | — | (1,47) | ,, | [190] | — | — |
| $KClBr_2$ | k | — | (0,8) | ,, | [191] | — | — |
| $KBr_3$ | k | — | (2,0) | ,, | [191] | — | — |
| $NaBr_3$ | k | — | (1,9) | ,, | [191] | — | — |
| $Br_3^-$ | aq | 31,3 | — | kalor. | [1,13] | — | — |
| $J_3^-$ | aq | 12,14 | — | ,, | [13] | — | — |
| $KJ_3$ | k | 78,9 | — | ,, | [13] | — | — |
| $CsJ_3$ | k | 91,9 | — | diss. | [1,192] | — | — |
| $CsJ_4$ | k | 92,3 | — | ,, | [1,192] | — | — |
| | | | Polysulfide | | | | |
| $S_2^{2-}$ | aq | —9,3 | — | kalor. | [193] | — | — |
| $S_3^{2-}$ | aq | —7,8 | — | ,, | [193] | — | — |
| $S_4^{2-}$ | aq | —5,3 | — | ,, | [193] | — | — |
| $H_2S_2$ | g | —8,94 | — | theor. | [1] | — | — |
| | fl | —0,4 | — | ,, | [1] | — | — |
| $H_2S_5$ | fl | 2,6 | — | kalor. | [193] | — | — |
| $Na_2S_4$ | k | 99,8 | — | ,, | [193] | 9,9 | — |
| $K_2S_4$ | k | 114,1 | — | ,, | [193] | 1,34 | — |
| $K_2S_4 \cdot \frac{1}{2}H_2O$ | k | 151,5 | — | ,, | [193] | —1,9 | — |
| $K_2S_4 \cdot 2H_2O$ | k | 259,5 | — | ,, | [193] | —7,3 | — |
| $(NH_4)_2S_2$ | k | 32,2 | — | ,, | [193] | —4,3 | — |

## LITERATURVERZEICHNIS ZUM TEIL I


[1] H. Hess, Lieb. Ann., 1839, **31**, 71.

[2] J. Thomsen, Thermochemische Untersuchungen. Stuttgart, 1906.

[3] M. Berthelot, Thermochimie. Paris 1897.

[4] Isambert, C. r., 1880, **91**, 768.

[5] Andre, Ann. chim. phys., 1884 (6), **3**, 66.

[6] R. Varet, C. r., 1895, **121**, 348; 1895, **121**, 398; 1896, **123**, 118; 1896, **123**, 421; 1896, **123**, 497.

[7] C. Truchot, C. r., 1884, **98**, 821; 1884, **98**, 1330; **100**, 794.

[8] L. Pigeon, Zbl., 1891, II, 912.

[9] F. Ephraim, Ber., 1912, **45**, 1322; 1913, **46**, 1303; 1914, **47**, 1828; 1917, **50**, 529; 1918, **51**, 130; 1919, **52**, 236; 1919, **52**, 241,; 1919, **52**, 957; 1919, **52**, 1940; 1921, **54**, 973; 1926, **59**, 1219. Z. phys. Ch., 1913, **81**, 513; 1913, **83**, 196.

[10] F. Ephraim u. R. Linn, Ber., 1913, **46**, 3742.

[11] F. Ephraim u. E. Hochuli, Ber., 1915, **48**, 629.

[12] F. Ephraim u. E. Bolle, Ber., 1915, **48**, 638.

[13] F. Ephraim u. A. Jahnsen, Ber., 1915, **48**, 41.

[14] F. Ephraim u. W. Ritter, Helv. Chim. Acta, 1928, **11**, 848.

[15] F. Ephraim u. E. Ammann, Helv. Chim. Acta, 1953, **16**, 1278.

[16] F. Ephraim u. C. Zapata, Helv. Chim. Acta, 1934, **17**, 278; 1934, **47**, 296.

[17] А. А. Гринберг, Дополнения на стр. 67 книги А. Вернера, „Новые воззрениияе в области неограническoй химии". (A. A. Grinberg, Ergänzung auf S. 67 des Buches von A. Werner „Neue Ansichten auf dem Gebiet der anorganischen Chemie") Химтеорет, Leningrad 1936.

[18] W. Biltz, Z. phys. Ch., 1913, **82**, 688; Z. allg. anorg. Ch., 1922, **124**, 230; 1923, **130**, 93; 1927, **164**, 245.

[19] W. Biltz u. B. Fetkenheuer, Z. allg. anorg. Ch., 1913, **83**, 163; 1914, **89**, 97.

[20] W. Biltz u. G. F. Hüttig, Z. allg. anorg. Ch., 1920, **109**, 89.

[21] W. Biltz u. W. Stollenwerk, Zbl., **1921**, I, 609.

[22] W. Biltz u. C. Messerknecht, Z. allg. anorg. Ch., 1923, **129**, 161; 1925, **148**, 157.

[23] W. Biltz u. C. Manu, Z. allg. anorg. Ch., 1925, **148**, 177.

[24] W. Biltz u. W. Hansen, Z. allg. anorg. Ch., 1923, **127**, 1.

[25] W. Biltz u. W. Wein, Z. allg. anorg. Ch., 1925, **144**, 192.

[26] W. Biltz, H. Bröhan u. W. Wein, Z. allg. anorg. Ch., 1925, **148**, 207.

[27] W. Biltz u. H. Grimm, Z. allg. anorg. Ch., 1925, **145**, 63.
[28] W. Biltz, K. A. Klatte u. E. Rahlfs, Z. allg. anorg. Ch., 1927, **166**, 345.
[29] W. Biltz u. E. Rahlfs, Z. allg. anorg. Ch., 1927, **166**, 351.
[30] G. F. Hüttig, Z. allg. anorg. Ch., 1922, **124**, 322.
[31] F. Bichowsky a. F. Rossini, The thermochemistry. New York 1936.
[32] W. Klemm., Z. allg. anorg. Ch., 1927, **163**, 240.
[33] W. Klemm u. E. Tanke, Z. allg. anorg. Ch., 1931, **200**, 343.
[34] W. Klemm, E. Clausen u. H. Jacobi, Z. allg. anorg. Ch., 1931, **200**, 367.
[35] W. Klemm, W. Tilk u. H. Jacobi, Z. allg. anorg. Ch., 1932, **207**, 186.
[36] C. Spacu, P. Spacu, Z. allg. anorg. Ch., 1933, **214**, 113.
[37] G. Spacu u. P. Voichescu, Z. allg. anorg. Ch., 1936, **226**, 273; 1936, **227**, 129; 1936, **227**, 385; 1940, **243**, 283.
[38] P. Spacu, Z. allg. anorg. Ch., 1936, **230**, 181.
[39] W. Hieber u. A. Woerner, Z. Electroch., 1934, **40**, 256.
[40] W. Hieber, H. Appel u. A. Woerner, Z. Electroch., 1934, **40**, 262.
[41] W. Hieber u. H. Appel, Z. allg. anorg. Ch., 1931, **196**, 193.
[42] W. Hieber u. E. Feder, Z. Electroch., 1938, **44**, 881.
[43] W. Hieber u. W. Reindl, Z. Electroch., 1940, **46**, 556.
[44] А. А. Гринберг и Б. В. Птицын (A. A. Grinberg und B. W. Ptizyn), Изв Ин-та по изучению платины АН СССР, 1932, 73.
[45] С. И. Якубсон (S. I. Jakubson), Записки Ин-та химии АН УССР, 1940, **7**, 17.
[46] В. А. Плотников и С. И. Якубсон (W. A. Plotnikow und S. I. Jacubson), ЖФХ, 1938, **12**, 113.
[47] А. Т. Гладышев и Я. К. Сыркин (A. T. Gladyschew und J. K. Syrkin), ДАН СССР, 1938, **20**, 145.
[48] A. Bouzat e. E. Chauvenet, C. r., 1923, **177**, 1293, Bull. Soc. chim. Fr., 1929, [4], **45**, 913; 1930, [4], **48**, 2878.
[49] F. Puche, C. r., 1939, **208**, 656.
[50] Н. Воробьев (N. Worobjew), ЖРФХО, 1896, **28**, 458.
[51] Landolt-Börnstein, Phys.-Chem. Tabellen, 1923—1935.
[52] Д. И. Менделеев, Основы химии (D. I. Mendelejew, Grundlagen der Chemie), Ausg. 13, Moskau-Leningrad, Гослитиздат.
[53] А. Е. Ферсман, Геохимия (A. E. Fersman, Geochemie), Химтеорет, Bd. III, Leningrad 1937.
[54] А. Ф. Капустинский (A. F. Kapustinski), ЖОХ, 1943, **13**, 497.
[55] G. Boedtker-Naess, O. Hassel, Zbl., 1933, I. 3404; 1933, II, 3391; 1934, I, 344; 1934, I, 1247.
[56] O. Hassel, H. Kringstad, Z. hallg. anorg. Ch., 1932, **109**, 281.
[57] К. Б. Яцимирский (K. B. Jazimirski), ЖОХ, 1947, **17**, 2019.
[58] А. Ф. Капустинский (A. F. Kapustinski), ЖФХ, 1934, **5**, 73.
[59] К. Б. Яцимирский (K. B. Jazimirski), ДАН СССР, 1947, **58**, 1407.
[60] D. D. Eley a. M. G. Evans, Trans. Farad. Soc., 1938, **34**, 1093.
[61] К. Б. Яцимирский (K. B. Jazimirski), Изв. АН СССР, ОХН, 1947, 453.
[62] А. Ф. Капустинский и К. Б. Яцимирский (A. F. Kapustinski und K. B. Jazimirski), ЖОХ, 1949, **19**, 2191.

[63] А. Ф. Капустинский (A. F. Kapustinski), ДАН СССР, 1941, 32, 59.
[64] К. Б. Яцимирский (K. B. Jazimirski) Изв. АН СССР, ОХН, 1948, 398.
[65] К. Б. Яцимирский и Л. Л. Панкова, (K. B. Jazimirski und L. L. Pankowa) ЖОХ, 1948, 18, 2051.
[66] R. JUSA, Z. allg. anorg. Ch., 1937, 231, 121.
[67] C. D. WEST, J. phys. Chem., 1935, 39, 493.
[68] G. BRIEGLEB, Naturw., 1942, 30, 436; 1942, 30, 469.
[69] А. Ф. Капустинский, И. А. Маколкин и Л. И. Кришталик (A. F. Kapustinski, I. A. Makolkin und L. I. Krischtalik), ЖФХ, 1947, 21, 125.
[70] O. K. RICE, Electronic structure and chemical bond, New York 1940.
[71] В. М. Дукельский и Н. И. Ионов (W. M. Dukelski und N. I. Ionow), ЖЭТФ, 1940, 10, 1248.
[72] L. PAULING, The Nature of the chemical bond, New York 1940.
[73] W. M. LATIMER, Oxydation potentials, New York 1938.
[74] H. BOMMER a. E. HOHMANN, C. A., 1942, 4403.
[75] А. Ф. Капустинский (A. F. Kapustinski), Изв. АН СССР, ОХН, 1948, 568.
[76] Я. К. Сыркин и М. Е. Дяткина, Химическая связь и строение молекул (J. K. Syrkin und M. E. Djatkina, Chemische Bindung und Struktur der Molekeln), Госхимиздат, Moskau-Leningrad 1946.
[77] A. G. EVANS, Trans. Farad. Soc., 1946., 17, 719.
[78] Y. A. HIPPEL a. D. P. STEVENSON, Phys. Rev., 1943, 63, 121; 1942, 64, 1590.
[79] A. VOÉT, Trans. Farad. Soc., 1936, 32, 1001.
[80] W. M. LATIMER, K. S. PITZER a. C. M. SLANSKY, J. Chem. phys., 1939, 7, 108.
[81] А. Н. Фрумкин (A. N. Frumkin), J. Chem. phys., 1939, 7, 552.
[82] O. KLEIN u. E. LANGE, Z. Electroch., 1937, 43, 570.
[83] К. П. Мищенко, Доклад на IV Совещанни по химии комплексных объединений. Цитируется по реферату А. М. Рубинштейна, (K. P. Mistschenko, Bericht auf der IV. Tagung über Chemie komplexer Verbindungen. Zitiert nach dem Referat von A. M. Rubinstein), Вестник АН СССР, 1948, No 8, 93.
[84] H. LESCOEUR, Ann. chim. phys., 1892, 25, 423.
[85] К. Б. Яцимирский и А. А. Асташева, (K. B. Jazimirski und A. A. Astaschewa) ДАН СССР, 1949, 69, 381.
[86] W. M. LATIMER, J. Am. Soc., 1921, 43, 818.
[87] H. ULICH, Chemische Thermodynamik, Dresden 1930 (STEINKOPFF).
[88] Е. Н. Гапон (E. N. Gapon), ЖФХ, 1946, 20, 941.
[89] К. Б. Яцимирский (K. B. Jazimirski), ЖФХ, 1947, 21, 629.
[90] А. Ф. Капустинский и К. Б. Яцимирский (A. F. Kapustinski und K. B. Jazimirski), ЖФХ, 1948, 22, 1271.
[91] В. А. Киреев (W. A. Kirejew), ЖОХ, 1946, 16, 1199.
[92] В. А. Киреев (W. A. Kirejew), Acta phys. Chim. URSS, 1945, 20, 905.
[93] В. А. Киреев (W. A. Kirejew), Acta phys. Chim, URSS, 1946, 21, 159.
[94] W. M. LATIMER, R. M. BUFFINGTON, J. Am. Soc., 1926, 48, 2297.
[95] W. M. LATIMER, K. S. PITZER a. W. V. SMITH, J. Am. Soc., 1938, 60, 1938.
[96] А. Ф. Капустинский (A. F. Kapustinski), Acta phys. Chim. URSS, 1941, 14, 503.
[97] Е. Н. Гапон (E. N. Gapon), ЖФХ, 1947, 21, 1057.
[98] W. TREADWELL, A. AMMANN, Helv. Chim. Acta, 1936, 19, 1201; 1938, 21, 1249.

[99] R. Abegg u. G. Bodlender, Z. allg. anorg. Ch., 1899, 20, 453.

[100] F. Garrick, Phyl. Mag., 1941, 32, 353.

[101] W. M. Latimer, Chem. Rev., 1936, 18, 349.

[102] F. Ephraim, Ber., 1921, 54, 379.

[103] К. Б. Яцимирский (K. B. Jazimirski), Изв. Сектора физ.-хим. анализа, АН СССР, 1949, 19, 202.

[104] Ю. Ходаков, Злементы злектростатической химии (J. Chodakow, Elemente der elektrostatischen Chemie), Госхимиздат, Moskau-Leningrad 1934.

[105] F. Ephraim, Ber., 1923, 56, 1530.

[106] J. N. Brönsted, A. Delbanco a. K. Volgvartz, Z. phys. Ch., 1932, 162, 128.

[107] J. N. Brönsted, J. Am. Soc., 1923, 45, 2898.

[108] F. Ephraim, Ber., 1920, 54, 965.

[109] А. Н. Куракин (A. N. Kurakin), ЖОХ, 1948, 18, 2089.

[110] W. Kossel, Ann. Phys., 1916, [4], 49, 229.

[111] А. А. Гринберг, Введение в химию комплексных соединений (A. A. Grinberg, Einführung in die Chemie von Komplexverbindungen), Госхимиздат, Moskau-Leningrad 1945.

[112] A. Werner, Neue Anschauungen auf dem Gebiet der anorgan. Chemie, Braunschweig 1925, 5. Aufl.

[113] A. Magnus, Z. allg. anorg. Ch., 1922, 124, 289.

[114] И. А. Казарновский, Труды IV конференции по физикохимическим вопросам (I. A. Kasarnowski, Abhandlungen der IV. Konferenz über physikalisch-chemische Fragen), Сообщения о научно-технических работах в республике, 1931, 113.

[115] Б. В. Некрасов, Курс общей химии (B. W. Nekrassow, Lehrgang über allgemeine Chemie), Ausg. 8, АН СССР Госхимиздат, Moskau-Leningrad 1950.

[116] A. E. van Arkel a. J. H. de Boer, Rec trav. chim., 1928, 47, 593.

[117] И. И. Черняев (I. I. Tschernjajew), Изв. Сектора платины АН СССР, 1945, 8.

[118] В. А. Кистяковский (W. A. Kistjakowski), ЖРФХО, 1901, 33, 480.

[119] Keley, U. S. Departm. Bur of Mines. Bull., 1935, 383.

[120] Е. Рабинович, и Э. Тило, Периодическая система злементов, Гостехиздат, 1933 (E. Rabinowitsch und E. Thilo, Das periodische System der Elemente, Geschichte und Theorie), Stuttgart: Enke 1930.

[121] F. Seitz, The modern theory of solids, New York-London, 1940.

[122] A. Einstein, Ann. phys., 1910, (4), 34, 170.

[123] К. Б. Яцимирский (K. B. Jazimirski), Изв. АН СССР, ОХН, 1948, No 6, 590.

[124] Б. В. Ерофеев (B. W. Erofejew), жФХ, 1940, 14, 1217.

[125] Сворник речей и докладв, посвященных памяти Л. А. Чугаева (Sammlung von Reden und Berichten zum Gedächtnis von L. A. Tschugajew), Leningrad 1924.

[126] J. Bjerrum, Chem. Rev., 1950, 46, 381.

[127] В. А. Кистяковский (W. A. Kistjakowski), Z. phys. chem., 1890, 6, 97.

[128] W. A. Hynes u. L. K. Janowski, Microch., 1938, 23, 1, 143, 280.

[129] И. М. Коренман, Микрокристаллохимия (I. M. Korenmann, Mikrokristallochemie), Госхимиздат, Moskau-Leningrad 1947.

[130] Е. Бирон (E. Biron), ЖРФХО, 1904, 36, 489.

[131] К. Б. Яцимирский (K. B. Jazimirski), Изв. АН СССР, ОХН, 1948, No 2, 263.

[132] W. PETERS, Z. all. anorg. Ch., 1921, **118**, 172.
[133] P. PFEIFFER, S. MÜLLENHEIM u. K. QUCHE, Zbl., 1933, **1**, 3404.
[134] F. EPHRAIM u. P. MOSIMAN, Helv. Chim. Acta, 1923, **6**, 1112.
[135] F. EPHRAIM u. P. MOSIMAN, Ber., 1921, **54**, 385.
[136] R. DUVAL, Zbl., 1933, **I**, 1102.
[137] К. Б. Яцимирский (K. B. Jazimirski), ЖОХ, 1950, **20**, 8, 1404.
[138] E. CHAUVENET, C. r., 1910, **151**, 387.
[139] G. u. P. SPACU, C. A., 1943, 2891.
[140] C. STILLWELL, Crystall chemistry, New York-London, 1938.
[141] Z. HERRMANN, Z. allg. anorg. Ch., 1931, **197**, 212, 339.
[142] Я. К. Сыркин и М. Е. Дяткина (J. K. Syrkin und M. E. Djatkina), ХОХ, 1946, **16**, 345.
[143] J. BELL, J. Chem. Soc., 1937, 459.
[144] К. Б. Яцимирский и Л. Л. Панкова (K. B. Jazimirski und L. L. Pankowa), ЖОХ, 1949, **19**, 617.
[145] J. MELLOR, Comprehensive treatise in inorg. and theoret. chemistry, New York 1935.
[146] A. LAMB a. J. SIMMONS, J. Am. Soc., 1928, **43**, 2188.
[147] R. TSUCHIDA, Zbl., 1939, **I**, 888.
[148] T. OVENSTON a. H. TERREY, J. Chem. Soc., 1936, 1660.
[149] К. Б. Яцимирский (K. B. Jazimirski), ДАН СССР, 1950, **72**, 307.
[150] И. И. Черняев (I. I. Tschernjajew), Изв. Ин-та платины АН СССР, 1927, 5, **118**.

## LITERATURVERZEICHNIS ZUM TEIL II


[1] F. Bichowsky, F. Rossini, The thermochemistry, New York 1936.
[2] W. M. Latimer, Oxidation potentials, New York 1938.
[3] H. N. Russel, R. B. King a. C. Moore, C. A., 1940, 7738.
[4] Landolt-Börnstein, Phys.-Chem. Tabellen. 1923—1935.
[5] F. Seitz, The modern theory of solids, New York-London 1940.
[6] А. Ф. Капустинский (A. F. Kapustinski), ЖОН, 1943, 13, 497.
[7] Keley, U. S. Departm. Bur. of Mines Bull., 1935, 383.
[8] P. Gombas, Z. Phys., 1936, 100, 609.
[9] J. A. M. van Liempt, Rec. trav. Chim., 1936, 55, 159.
[10] Е. Рабинович, Э. Тило, Периодическая система злементов, Гостехиздат, 1933 (E. Rabinowitsch und E. Thilo, Das periodische System der Elemente), Geschichte und Theorie, Stuttgart: Enke 1930.
[11] A. M. Hughes, R. J. Corruccini a. E. Gilbert, J. Am. Soc., 1939, 61, 2639.
[12] V. C. Bushnell, A. M. Hughes u. E. Gilbert, J. Am. Soc., 1937, 59, 2142.
[13] M. Berthelot, Thermochimie. Paris 1897.
[14] W. Hieber, H. Appel, Z. allg. anorg. Ch., 1931, 196, 193.
[15] W. Hieber, A. Woerner, Z. Electroch., 1924, 40, 252.
[16] А. Ф. Капустинский, И. А. Маколкин и Л. И. Кришталк (A. F. Kapustinski, J. A. Makolin und L. I. Krischtalik), ЖОХ, 1947, 21, 125.
[17] O. K. Rice, Electronic structure and chemical bond. New York-London 1940.
[18] R. Metzner, Ann. chim. phys., 1898, (7), 15, 203.
[19] W. R. Forsythe a. W. F. Giague, J. Am. Soc., 1942, 64, 48.
[20] D. D. Eley a. M. G. Evans, Trans. Farad. Soc., 1938, 34, 1093.
[21] А. Я. Богородский (A. J. Bogorodski), ЖРФХО, 1911, 43, 1268.
[22] Maier, Dissert (цитир. по 23).
[23] C. Slonim u. G. Hüttig, Z. allg. anorg. Ch., 1929, 181, 55.
[24] G. Hüttig u. F. Renscher, Z. allg. anorg. Ch., 1924, 137, 155.
[25] C. Smeets, Naturw. Tijdsch., 1933, 15, 105.
[26] J. Morgan, H. Benson, J. Am. Soc., 1907, 29, 1168.
[27] J. Thomsen, Thermochemische Untersuchungen. Stuttgart 1906.
[28] P. Sabatier, C. r., 1881, 93, 56.
[29] J. Bell, J. Chem. Soc., 1937, 459.

[30] R. Portillo, Zbl., 1931, **1**, 437.
[31] P. Sabatier, C. r., 1894, **118**, 918.
[32] C. N. Shomate a. E. H. Huffman, J. Am. Soc., 1943, **65**, 1625.
[33] P. J. Hartog, C. r., 1887, **104**, 1793.
[34] К. Б. Яцимирский (K. B. Jazimirski), Изв. АН СССР, ОХН, 1947, No 5, 461.
[35] W. Ewing, A. Rogers, J. Miller a. Mc. Gowern, J. Am. Soc., 1932, **54**, 1335.
[36] F. Bichowsky, J. Am. Soc., 1923, **45**, 2225.
[37] И. Цельцов (J. Tschelzow), C. r., 1885, **101**, 381.
[38] H. Schottky, Z. phys. Ch., 1908, **64**, 415.
[39] P. Portillo, Ann. Soc. Esp. Fis. him., 1929, **27**, 249. Цитир. по Landolt-Börnstein (4).
[40] B. Greensfelder a. W. Latimer, J. Am. Soc., 1928, **50**, 3286.
[41] Chronstschoff, C. r., 1887, **104**, 1711.
[42] К. Б. Яцимирский (K. B. Jazimirski), Изв. АН СССР, ОХН, 1948, No 6, 590.
[43] F. E. Young, J. Am. Soc., 1944, **66**, 773.
[44] C. Matignon, C. r., 1905, **141**, 53.
[45] V. Thomas, Ann. chim. phys., 1905, **11**, 204.
[46] Forcrand de, C. r., 1903, **142**, 1252.
[47] Ebenda, C. r. 1901, **133**, 223.
[48] Ebenda, C. r., 1901, **133**, 157.
[49] A. Recoura, C. r., 1889, **110**, 1029.
[50] A. Recoura, Ann. Chim. phys., 1895, **4**, 494.
[51] H. Foote a. B. Saxton, J. Am. Soc., 1914, **36**, 1695.
[52] К. Б. Яцимирский и А. А. Асташева (K. B. Jazimirski und A. A. Astaschewa), ДАН СССР, 1949, **69**, 381.
[53] Forcrand de, C. r., 1914, **158**, 20.
[54] G. Lemoine, Ann., 1893, **30**, 289.
[55] C. Carpenter a. E. Jette, J. Am. Soc., 1923, **45**, 578.
[56] J. Derby a. V. Yngwe, J. Am. Soc. 1916, **38**, 1439.
[57] M. J. Perren, C. r., 1934, **198**, 1767.
[58] W. Biltz u. E. Keuneke, Z. allg. anorg. Ch., 1925, **147**, 185.
[59] F. Ephraim u. J. Kornblum, Ber. 1916, **49**, 2007.
[60] H. W. Foote a. J. Fleischer, J. Am. Soc., 1931, **53**, 1752.
[61] E. Baud, Ann. chim. phys., 1904, (8), **1**, 8.
[62] H. W. Foote a. J. Fleischer, J. Am. Soc., 1932, **54**, 3702.
[63] Forcrand de, C. r., 1885, **100**, 244; Ann. chim. phys., 1887, (6), **11**, 277.
[64] P. Sabatier, C. r., 1886, **103**, 267.
[65] E. Moles u. F. Gonsales, Zbl., 1923, **III**, 727.
[66] A. de Passilé, M. Séon, C. r., 1934, **199**, 417.
[67] A. de Passilé, C. r., 1935, **200**, 1852.
[68] C. Matignon, Ch. Ztg., 1905, **29**, 986.
[69] J. Walker a. J. Wood, J. Chem. Soc., 1900, **77**, 21.
[70] F. Raabe, Rec. trav. Chim., 1882, **1**, 158.
[71] S. Tanatar, Z. phys. Ch., 1898, **26**, 132.

[72] L. Troost, Zbl., 1879, 323.
[73] W. H. Bachuis-Roosebooм, Rec. trav. Chim., 1885, 4, 361.
[74] R. Bach, Z. phys. Ch., 1892, 9, 241.
[75] E. Gilbert a. A. Cobb, J. Am. Soc. 1935, 57, 39.
[76] E. Gilbert a. V. Bushnell, J. Am. Soc., 1935, 57, 2611.
[77] В. Свентославский (W. Swentoslawski), ЖРФХО, 1909, 41, 587.
[78] W. Biltz a. W. Hansen, Z. allg. anorg. Ch., 1923, 127, 1.
[79] W. Biltz, Z. allg. anorg. Ch., 1923, 130, 93.
[80] Bouzat, C. r., 1902, 135, 534.
[81] G. Spacu u. P. Voichescu, Z. allg. anorg. Ch., 1936, 226, 273.
[82] W. Biltz, H. Brohana, W. Wein, Z. allg. anorg. Ch., 1925, 148, 207.
[83] W. Biltz, K. Klatte u. E. Rahlfs, Z. allg. anorg. Ch., 1927, 166, 339.
[84] G. Spacu u. P. Spacu, Z. allg. anorg. Ch., 1933, 214, 113.
[85] G. Bruni u. G. Levi, Gazz., 1917, 471, 259.
[86] W. Biltz u. W. Stollbenwerk, Zbl., 1921, I. 609.
[87] F. Jirsa u. J. Diamant, Z. phys. Ch., 1926, 123, 261.
[88] W. Biltz u. W. Wein, Z. allg. anorg. Ch., 1925, 148, 192.
[89] W. Biltz u. G. Hüttig, Z. allg. anorg. Ch., 1921, 119, 115.
[90] F. Ephraim, Z. phys., Ch., 1913, 83, 196.
[91] C. Smeets, Zbl., 1939, II, 3544.
[92] G. F. Hüttig, Z. allg. anorg. Ch., 1922, 123, 31.
[93] A. B. Harta, J. R. Partington, J. Chem. Soc., 1943, 104.
[94] G. F. Hüttig, Z. allg. anorg. Ch., 1922, 124, 322.
[95] G. Hüttig u. Martin, Z. allg. anorg. Ch., 1922, 125, 269.
[96] L. J. Gillespie a. E. Lurie, J. Am. Soc., 1931, 53, 2978.
[97] F. Ephraim, Ber. 1926, 59, 1219.
[98] W. Biltz u. C. Messerknecht, Z. allg. anorg. Ch., 1923, 129, 161.
[99] G. Spacu u. P. Voichescu, Z. allg. anorg. Ch., 1936, 227, 385.
[100] W. Biltz u. C. Mau, Z. allg. anorg. Ch., 1925, 148, 170.
[101] G. Spacu u. P. Voichescu, Z. allg. anorg. Ch., 1936, 227, 385.
[102] W. Klemm u. E. Tanke, Z. allg. anorg. Ch., 1931, 200, 343.
[103] W. Klemm u. E. Tanke, Z. allg. anorg. Ch., 1931, 200, 367.
[104] Barré, C. r., 1913, 156, 1017.
[105] C. Matignone, R. Trannoy, C. r., 1906, 142, 1042.
[106] C. Matignone, R. Trannoy, Ann. chim. phys., 1906, (8), 8, 284.
[107] W. Klemm, W. Tilk u. H. Jacobi, Z. allg. anorg. Ch., 1932, 207, 186.
[108] W. Klemm, Z. allg. anorg. Ch., 1927, 163, 240.
[109] W. Biltz u. Fischer, Z. allg. anorg. Ch., 1923, 129, 1.
[110] W. Biltz, Z. allg. anorg. Ch., 1922, 124, 230.
[111] E. Chanyenet, C. r., 1910, 151, 387.
[112] W. Biltz u. E. Rahlfs, Z. allg. anorg. Ch., 1927, 166, 351.
[113] F. Ephraim, Ber., 1917, 50, 529.
[114] H. Drawe, Dissert. (цитир. по W. Klemm, E. Clausen u. H. Jacobi), Z. allg. anorg. Ch., 1931, 200, 343.

[115] P. SPACU u. P. VOICHESCU, Z. allg. anorg. Ch., 1940, **243**, 288.
[116] P. SPACU, Z. allg. anorg. Ch., 1938, **230**, 181.
[117] W. BILTZ u. G. HÜTTIG, Z. allg. anorg. Ch., 1926, **109**, 89.
[118] W. BILTZ u. E. RAHLFS, Z. allg. anorg. Ch., 1925, **148**, 145.
[119] К. Б. Яцимирский и Л. Л. Панкова (K. B. Jazimirski und L. L. Pankowa), ЖОХ, 1949, **19**, 617.
[120] W. HIEBER, A. WOERNER, Z. Electroch., 1934, **40**, 256.
[121] ISAMBERT, C. r., 1880, **91**, 768.
[122] А. А. Гринберг и Б. В. Птицын (A. A. Grinberg und B. W. Ptizyn), Изв. Сектора платины АН СССР, 1932, **9**, 73.
[123] A. SIMON u. H. KIMMERLE, Z. allg. anorg. Ch., 1931, **202**, 395.
[124] J. BONNEFOI, Ann. chim. phys., 1901, (7), **23**, 317.
[125] R. JARRY, Ann. chim. phys., 1899, (7), **17**, 327.
[126] W. HIEBER u. E. REINDL, Z. Electroch., 1940, **46**, 559.
[127] F. ASKEW, E. BULLOCK, a. etc., J. Chem. Soc., 1936, 1368.
[128] P. WALDEN, Z. phys. Ch., 1907, **58**, 479.
[129] W. HIEBER, A. WOERNER, Z. Electroch. 1934, **40**, 256.
[130] W. HIEBER u. E. E. FEDER, Z. Electroch., 1938, **44**, 881.
[131] W. HIEBER u. E. REINDL, Z. Electroch., 1940, **46**, 556.
[132] W. HIEBER, H. APPEL u. A. WOERNER, Z. Electroch., 1934, **40**, 262.
[133] R. HÖLTJE u. H. SCHLEGEL, Z. allg. anorg. Ch., 1940, **243**, 246.
[134] R. HÖLTJE, Z. allg. anorg. Ch., 1932, **209**, 241.
[135] H. HAMMERL, C. r., 1879, **89**, 97.
[136] А. Т. Гладышев и Я. К. Сыркин (A. T. Gladyschew und J. K. Syrkin), ДАН СССР, 1938, **20**, 145.
[137] E. LLOYD, C. BROWN, D. BONNEL a. W. JONES, J. Chem. Soc., 1928, 658.
[138] D. BONNEL a. W. JONES, J. Chem. Soc., 1926, 318.
[139] J. L. CRENSHAW, A. C. COPE, N. FINKELSTEIN a. R. ROGAN, J. Am. Soc., 1928, **60**, 2308.
[140] A. W. LAUBENHAYER a. G. K. FINLEY, J. Am. Soc., 1943, 65, 884.
[141] A. W. LAUBENHAYER a. D. S. SEARS, J. Am. Soc., 1945, **67**, 164.
[142] C. MATIGNON, Zbl., 1893, 345.
[143] C. MATIGNON, C. r., 1892, 114, 1432.
[144] H. M. HUFFMAN, J. Am. Soc., 1940, **62**, 1009.
[145] DE FORCRAND, C. r., 1911, **152**, 1556.
[146] F. GAROLI, Zbl., 1929, I, 363.
[147] A. BOUZAT u. E. CHAUVENET, Zbl., 1930, II, 2878.
[148] A. BOUZAT u. E. CHAUVENET, Zbl., 1924, I, 1008.
[149] Ebenda, C. r., 1914, **158**, 40.
[150] WEBB, Dissert (zitiert nach BICHOWSKY, ROSSINI), (1).
[151] J. FOGH, C. r., 1890, **110**, 709.
[152] N. PARRAVANO u. G. MALQUORI, Zbl., 1926, I, 2872.
[153] W. D. TREADWELL, A. COHEN, Helv. Chim. Acta. 1939, **22**, 433.
[154] ANDRÉ, Ann. chim. phys., 184, (6), 3, 83.
[155] M. BERTHELOT, Ann. chim. phys., 1899, (7), **17**, 453.

[156] P. AGOSTINI, Zbl., 1929, **I**, **1314**.

[157] E. TASSILY, Ann. chim. phys., 1899, (7), **17**, 38.

[158] В. А. Плотников и С. И. Якубсон (W. A. Plotnikow und S. I. Jakubson), ЖФХ, 1938, **12**, 113.

[159] C. TRUCHOT, C. r., 1884, **98**, 821.

[160] С. И. Якубсон (S. I. Jakubson), Записки Ин-та хим., АН СССП, 1940, **7**, 17.

[161] C. TRUCHOT, C. r., 1884, **98**, 1330.

[162] C. TRUCHOT, C. r., 1885, **100**, 794.

[163] E. CHAUVENET, Ann. chim. phys., 1911, (8), **23**, 275.

[164] R. SCHENCK u. H. PARDUN, Z. allg. anorg. Ch., 1933, **211**, 209.

[165[ H. W. FOOT a. B. SAXTON, J. Am. Soc., 1914, **36**, 1695.

[166] JOANNIS, C. r., 1882, **94**, 531.

[167] JOANNIS, C. r., 1882, **94**, 725.

[168] К. Б. Яцимирский и Л. Л. Панкова (K. B. Jazimirski und L. L. Pankowa), ЖОХ, 1949, **19**, 623.

[169] G. GIRE, Zbl., 1926, **I**, 811.

[170] JOANNIS, C. r., 1882, **895**, 295.

[171] L. PIGEON, Zbl., 1891, **II**, 912.

[172] A. BOUZAT, Zbl., 1903, **II**, 417.

[173] ANDRÉ, Ann. chim. phys., 1884, (6), **3**, 66.

[174] R. VARET, C. r., 1895, **121**, 348.

[175] R. VARET, C. r., 1895, **121**, 398.

[176] R. VARET, Ann. chim. phys., 1896, (7), **8**, 79.

[177] E. CHAUVENET et J. TONNET, C. r., 1932, **194**, 1078.

[178] N. BJERRUM, Z. phys. Ch., 1910, **73**, 724.

[179] A. RECOURA, C. r., 1890, **110**, 1193.

[180] G. O. HIGHLEY, J. Am. Soc., 1904, **26**, 613.

[181] F. MORGES, C. r., 1878, **87**, 15.

[182] J. ALLOY, C. r., 1896, **122**, 1541.

[183] J. A. MÜLLER, C. r., 1906, **142**, 1516.

[184] J. A. MÜLLER, Bull. Soc. chim. Franc., 1914, (4), **15**, 494.

[185] E. LECOCQ, Bull. Soc. chim. Belg., 1911, **25**, 72.

[186] A. LAMB, J. SIMMONS, J. Am. Soc., 1921, **43**, 2188.

[187] К. Б. Яцимирский и Л. Л. Панкова (K. B. Jazimirski und L. L. Pankowa), ЖОХ, 1948, **18**, 2051.

[188] T. C. J. OVENSTON a. H. TERREY, J. Chem. Soc., 1936, 1660.

[189] К. Б. Яцимирский (K. B. Jazimirski), ЖОХ, 1950, **20**, 8, 1408.

[190] SUSIL KUMAR RAY, Zbl., 1933, **I**, 197.

[191] Ebenda, Zbl., 1933, **II**, 2804.

[192] H. W. FOOT, W. M. BRADLY a. M. FLEISCHER, J. Phys. Chem., 1938, **37**, 21.

[193] P. SABATIER, Ann. chim. phys., 1881, (5), **22**, 79.

[194] W. M. LATIMER, J. Am. Soc., 1926, **48**, 1236.

[195] R. JUSA, Z. allg. anorg. Ch., 1937, **231**, 121.

[196] G. BRIEGLEB, Naturw., 1942, **30**, 469.

[197] H. LESCOEUR, Ann. chim. phys., 1894, (7), **2**, 78.
[198] J. PERREU, C. r., 1934, **199**, 48.
[199] J. PERREU, C. r., 1941, **212**, 701.
[200] W. BILTZ u. C. MESSERKNECHT, Z. allg. anorg. Ch., 1925, **148**, 157.
[201] M. ELLIOT a. D. M. JOST, J. Am. Soc., 1934, **56**, 1057.
[202] C. GARNER, E. GREEN a. D. YOST, J. Am. Soc., 1936, **57**, 2055.
[203] H. J. SCHLESINGER a. E. S. HAMMOND, J. Am. Soc., 1933, **55**, 3971.
[204] F. EPHRAIM, C. ZAPATA, Helv. Chim. Acta, 1934, **17**, 287.
[205] W. BILTZ u. B. FETKENHEUER, Z. allg. anorg. Ch., 1914, **89**, 97.
[206] W. BILTZ u. B. FETKENHEUER, Z. allg. anorg. Ch., 1913, **93**, 163.

## SACHREGISTER

Bei Fragen zur Produktsicherheit wenden Sie sich bitte an:
If you have any questions regarding product safety,
please contact:

Walter de Gruyter GmbH
Genthiner Straße 13
10785 Berlin
productsafety@degruyterbrill.com